TURING 图灵数学·统计学丛书

ВОСЕМЬ ЛЕКЦИЙ ПО МАТЕМАТИЧЕСКОМУ АНАЛИЗУ

数学分析八讲

[苏] A. Я. 辛钦 著

王会林 齐民友 译

（修订版）

人民邮电出版社
北京

图书在版编目(CIP)数据

数学分析八讲/（苏）辛钦著；王会林，齐民友译.
—修订本. —北京：人民邮电出版社，2015. 8
（图灵数学·统计学丛书）
ISBN 978-7-115-39747-8
Ⅰ.①数… Ⅱ.① 辛… ②王… ③ 齐… Ⅲ.①数学分析 Ⅳ. ① O17
中国版本图书馆 CIP 数据核字（2015）第 143885 号

内 容 提 要

本书通过八讲内容（连续统、极限、函数、级数、导数、积分、函数的级数展开、微分方程）概述了数学分析的基本思想、基本概念和基本方法，使读者可以在短时间内对数学分析的全貌有初步了解，并开始学会掌握数学分析的精髓.

本书原本是写给那些想提高数学分析水平的工程师，但出版半个多世纪来的读者反馈表明，它对于数学专业及其他与数学相关的经济学、计算机科学等领域的教师和学生也具有非凡意义. 本次修订改正了一些错误，新增加了一些注解.

◆ 著 [苏] A. Я. 辛钦
译 王会林 齐民友
责任编辑 明永玲 楼伟珊
责任印制 杨林杰
◆ 人民邮电出版社出版发行 北京市丰台区成寿寺路 11 号
邮编 100164 电子邮件 315@ptpress.com.cn
网址 https://www.ptpress.com.cn
北京虎彩文化传播有限公司印刷
◆ 开本：700×1000 1/16
印张：11.5 2015 年 8 月第 2 版
字数：222 千字 2024 年11月北京第 28 次印刷
ISBN 978-7-115-39747-8

定价：49.80 元

读者服务热线：(010) 84084456-6009 印装质量热线：(010) 81055316

反盗版热线：(010) 81055315

广告经营许可证：京东市监广登字 20170147 号

中文版再版序

本书中译本于 1998 年出版至今已经 12 年了. 在这段时间里, 不断有读者告诉我这本书对他们很有帮助, 其中有正在教数学分析课程或比较简单的高等数学课程的教师, 更多的则是学习数学分析课程的大学生 (包括非数学专业的大学生). 总的意见与原作者辛钦的期望一致, 他们认为本书以短小的篇幅和通俗易懂的笔法为他们释疑解惑, 读后获益匪浅. 所以, 我首先要感谢人民邮电出版社愿意重印此书, 满足读者的要求. 在再版此书之际, 我也有一点想法愿与读者商讨, 向读者求教.

书中一再提到如数学分析这样成熟了的数学分支, 内容一直比较稳定, 这对于教学两方面增加了不少便利. 但是即便如此, 新的教材、参考书仍然一再出现, 说明科学的发展必然影响教学工作. 我在本书第一次出版的译后记里曾提出, 原书对于紧性的处理似尚有改进余地. 现在又过了十多年, 这个感觉更加突出. 所以借这次再版的机会, 增加了好几个脚注, 目的是提请读者注意这个问题. 上次的译后记里说到, 在数学分析的教学中, 可以不求一律地添加教师愿意告诉学生的内容. 现在看来, 由于数学的应用领域日益扩大, 应用的深度也今非昔比, 这门课程看来仍应以着重加深对基础概念和方法的理解深度以及运用的熟练程度为好. 译后记里还曾提到几本经典著作, 实际上, 近年来这方面的佳作不少. 即以人民邮电出版社出的书为例, 我深切希望读者注意小平邦彦的《微积分入门 I, II》和陶哲轩的《陶哲轩实分析》两本书. 它们虽没有讲到数学分析的新应用, 但是对于真正以数学发展为基础的许多新学科、高科技方面的从业者 (更具体说是工科数学教师和大学生), 加强基础的教学会大有好处, 更不说数学专业的师生了. 但是, 它们都比较深, 本书则可视为踏脚石.

这次再版, 由程少兰教授对原书和原译稿比较仔细地重新推导了一遍, 改正了一些错误, 同时又增加了一些脚注. 书中错误应该少一些, 但难免留存, 仍希望读者提出批评和改进意见.

齐民友

2010 年 3 月

原版第三版前言

第三版相比第一版变化不多, 其中最主要的是我从基本引理中删去了 “归纳法原理”, 因此所有依赖此原理进行的证明都代之以其他原理. 我期望大多数读者能因此而更易于掌握本书, 因为依我看来, 这个原理以及赖以进行的研究, 在逻辑方面对读者提出的要求, 比起本书中一般采用的要更高一些.

其他变化中值得一提的, 只有泰勒公式的新解释以及有界变差函数这一节.

原版第一版前言

高等数学教程在相当多的高等院校里都或多或少要讲授. 所有的工科院校以及大部分军事院校、农业院校和经济院校的学生们都了解数学分析的基础, 更不用说综合大学以及师范院校专门系科的学生了. 所有这些在各类学校讲授的教程不仅在其范围上, 而且在其赖以建立的原则、思想以及逻辑的基础上都十分不同. 另一方面, 从本质上讲, 只有综合大学的教程才达到了较为可靠的科学水平, 其余的则不得不进行压缩, 只能满足或局限于科学观远远落后于现代科学的思想–逻辑基础, 而有时由于大纲的限制, 只能满足于有限的教学要求.

然而我们却时常遇到这样的情况：工程师、教师、经济学家原来是依照那种简易的教程来学习高等数学的, 现在开始感觉需要拓宽自己的数学知识, 且先要有更加牢固的基础. 这种需要可能产生于该专家在其专业领域内的某个具体的研究, 或者是由于一般的拓宽科学和生活视野而必然提出来的——不管怎样, 这个要求当然应当得到满足. 乍看起来, 做到这一点很简单：拿一本完整的数学分析教程, 如Немыцкий 的[①]或者Фихтенгольц 的[②], 然后凭借自己已有的不太牢固、不太深刻的知识来系统地钻研它. 但是经验表明, 这个看似自然的途径几乎从来就不能达到目的, 除少数例外, 都会让学习者失望, 时常就放弃了按此既定方向继续尝试. 问题在于, 一方面, 我们的学生为自己提出的目标一般只安排了十分有限的时间, 因此研究多卷的大教程是不可能的. 另一方面, 可能是最重要的, 他还没有坚实的科学基础且不是专业的数学家, 没有人指导, 不可能自己从研究中区分出哪些是原则性的内容, 因而可能会以全部精力注意于没有实质意义的微不足道的小事上, 最终迷失方向. 就像俗话所说的, 只见树木, 不见森林.

然而要完全满足这类学生的要求和需要, 其实所需非常有限. 几年前, 我有机会在国立莫斯科大学讲授了一门专门为此目的而设的课程, 总共 12 讲, 每讲两小时, 学生则是想要提高自己数学水平的工程师们. 应当承认, 起初我对此项任务几乎毫无信心, 然而后来我不得不承认, 我的课程满足了学生们的要求, 尽管它很简略. 取得这个成功的诀窍在于, 我找到了解决摆在我面前的教学难题的秘诀：从一开始就拒绝了充分详细地讲授本课程哪怕只是某一章的想法, 而只限于讲授那些

---

① Немыцкий и др., Курс математического анализа, т. I-II, Гостехиздат, 1944.
② Фихтегольц, Курс дифференциального и интегрального исчисления, т. I, Гостехиздат, 1947. [第八版有中译本: [俄罗斯] 菲赫金哥尔茨,《微积分学教程》, 高等教育出版社, 2006. —— 译者注]

具有原则性、扼要、突出、具体且使人有难忘印象的发展. 我讲的更多的是关于目的和趋势、问题和方法、基本的分析概念之间的以及它们与应用之间的关系, 而不是个别的定理及其证明. 我宁愿在许多情况下抛开不具有原则意义的证明细节 (有时是一连串定理及其证明), 而让我的学生去看教科书. 但要是为阐明某个有着主导作用和原则意义的概念、方法或者思想, 我则不吝时间, 力求用各种手段, 通过各种各样的表述、直观形象等, 尽可能明白而有效地把这些基本内容灌输给我的学生. 我坚信: 有了这种修养, 他们每一个人在需要更深入地研究数学分析的某一章节时, 就能够独立地找到他所需的材料, 然后进行研究. 也就是说, 可以自立地区分主要和次要、本质和非本质.

通过同个别或一组学生进行的许多次谈话以及课堂授课, 我确信自己所选择的道路是唯一正确的道路. 我愿借此机会指出: 大课堂上坐满了学习本课程的工程师, 他们大多数直到课程结束都没有退席, 这充分证明了工程师们广泛存在着要求提高自己数学知识水平的愿望.

这本书与我刚刚提到的那门课程都是为了同一目的, 并且力求以同样的方法来实现它, 因而一开始就应当告知读者: 你在这里找不到大学数学分析教程的完整表述, 或者哪怕是本课程个别选定章节的完整表述. 我给自己提出的任务仅仅是给出数学分析的一般的、尽可能容易了解和记忆的基本思想、基本概念和基本方法的概述. 这种概述对任何人都是容易阅读和掌握的, 即使是只学过最简单的数学分析课程的人. 而且一旦掌握了它, 它就能使你任意并独立地研究本课程的任何一部分、任何一章的所有细节.

我相信, 国立大学数学系的许多学生阅读本书也能带来实质性的收益. 问题在于, 无论是教科书还是讲座, 自然要受到大纲和时间的限制, 只可能充分注意原则问题的讨论, 而对阐述具体问题的所有细节必然有所限制. 然而, 谁都知道, 有时撇开树木来观察森林是多么有好处. 我希望本书能对某些未来的数学家, 首先是着手研究数学分析的人有所帮助.

目　录

第一讲　连　续　统

1.1　为什么数学分析必须从研究连续统开始？

"如果对于变量 x 的每一个值, 变量 y 都有唯一确定的值与之对应, 那么变量 y 称为变量 x 的函数." 这句话可以用来开启高等数学领域的大门：借助于这句话我们可以定义最重要的、最首要的数学分析概念——**函数关系**. 在此概念中, 已经奠定了借助数学工具来把握自然现象和技术过程的完整思想的萌芽. 这就是为什么我们必须毫不含糊地要求这个定义有完全的、无可指责的明确性, 其中的每一个字都不应有引起一点怀疑的阴影. 在此, 极小的一点歧义都可能危及所构筑的庄严的大厦. 这个大厦就是科学, 它就是以此概念为基础建造起来的, 而歧义会使得这座大厦不完善, 需要从根本上重建.

同时, 在对开始时的那个简单表述做进一步研究时, 我们发现在许多地方含义不明并且容许不同的解释. 我们在这里只注意这种不清楚的地方, 因为恰恰是试图把这一点最后弄清楚, 才把我们紧紧地引向了今天的讲义内容.

我们的定义包含了这样的字眼："对于变量 x 的每一个值". 为了不留下任何含糊之处, 我们必须无条件地向大家解释清楚术语 "变量的值" 的意义. 更重要的是, 定义中说到的是 "每一个值". 由此得知：要想充分了解这个定义, 只掌握变量 x 的某些个别值的概念是不够的. 最要紧的是, 应当完全精密地理解这些值的**整个**集合, 整个的 "储备", 对于这些值中的任何一个都应当有一个确定的变量 y 的值与之对应. 我们应当了解在数学分析中, 称为已知函数的 "定义域" 的是什么东西.

什么是变量的个别值？我们知道, 这就是数. 如果是这样, 则所有这些值的集合就是某些数的集合——某个所谓的**数集**. 这个集合是什么样的？它包含什么样的数？我们从一开始就排除了虚数, 而假设所有的变量 x 和变量 y 的值都是实数. 那么所有的实数都可以作为变量 x 的值吗？如果不是, 那么什么样的值可以, 什么样的值不可以呢？

关于所有这一切, 我们的定义里没有说, 但这是可以理解的, 因为不可能对所有函数使用同一方式回答这个问题 (实质上, 甚至对同一个函数在不同的问题中也不行). 函数的定义域既取决于该函数的性质, 也取决于那些特定的问题, 正是为了解决这些问题, 我们才在当前的研究中需要这个函数. 因为很容易明白, 同一个函数在不同的问题中是对不同的自变量值进行研究的. 对所有这一切, 我们知道许多例子. 例如函数 $y = x!$ 只对正整数 x 研究才有意义 (至少在初等数学范围内); 函

数 $y = \lg x$ 只对 $x > 0$ 有意义, 等等. 可以容易地想出这类例子, 其中函数的自然定义域会是结构十分复杂的数集.

但如果我们自问: 在数学分析本身及其应用中, 最常见的变量 x 的值的集合是什么样的? 则应该说: 绝大多数情况下, 函数的这类定义域是 "区间"(闭的或开的), 即介于两个已知数之间的**所有**实数的集合 (包含或者除去这两个数或其中之一). 有时这个区间成为半直线 (例如 $x > 0$), 这就表明, 变量 x 的值的集合是大于 (或者小于) 某个数的**所有**实数的集合 (有时条件 $>$ 或 $<$ 要代之以条件 $\geqslant$ 或者 $\leqslant$). 最后, 还有这样的情形, 即区间变成整个直线, 即变量 x 的值可以是**所有**的实数. 这时则说函数的定义域是整个实轴或者 "数直线".

无论如何, 对于数学分析中的函数而言, 函数在其上发展且展现其个别特点的域、场地——函数在其中才能成为自然科学和技术的强大数学武器的载体——都是所有实数的集合. 这个集合在数学中称为**连续统**(确切地说, 是**线性连续统**). 完全像培育植物之前必须仔细研究土壤一样, 在高等数学中, 我们期望热心人应当依靠科学, 在以函数关系概念为基础建筑这个科学的整个大厦之前, 仔细地研究这个概念赖以生存和发展的载体. 这就是为什么在所有认真而科学地编成的数学分析教程中, 连续统都是第一个研究对象. 且只有充分掌握其本质以及性质之后, 我们才可能转而对函数关系概念进行根本的研究. 连续统的结构并不像我们初看时设想的那么简单. 展现在我们眼前的实数世界是一个复杂的、富含各种各样细节的结构. 直到现在, 对它作全面的研究仍在继续.

1.2 为什么没有建立完整的实数理论是不能研究连续统的?

如果这样, 连续统是什么样的? 存在什么样的实数? 何时以及为什么我们才能相信实际上已经掌握了**所有**实数?

在初等代数里, 我们掌握了**全部**有理数的集合, 即所有的整数和分数, 既有正的, 也有负的. 但很快我们就开始注意到, 这些数对我们来说是**不够用的**. 这是什么意思? 为什么不能只局限于有理数呢? 我们不能这样做, 是因为在有理数中没有如 $\sqrt{2}$ 这个数, 即找不到平方等于数 2 的有理数. 而为什么必须有这样的数呢? 因为边长为 1 的正方形的对角线的长度恰好为 $\sqrt{2}$. 因此, 如果我们否定这个数的存在, 则对几何学中如此简单地生成的线段的长度, 就无法以任何数来表达了. 显然, 在这种基础上度量几何就不可能得到发展. 这就是说, $\sqrt{2}$ 应当在实数中找到其位置. 但它在有理数中是没有位置的, 因此我们称它为无理数. 但这个 $\sqrt{2}$ 绝对不会只满足于我们承认它的存在: 它马上就会开始要求, 首先在有理数中间给它找到完全确定的位置, 即准确地指出什么样的有理数小于它以及什么样的有理数大于它 (例如 $\sqrt{2} > 1$——正方形的对角线长大于其边长). 其次, 它要求我们要学会对它进行运算, 就像对有理数一样, 还要与有理数的运算相容 (例如正方形的边与对角线的和等于 $1+\sqrt{2}$, 这要求我们对这个数也赋予意义, 即把它归并入实数集合之中). 新数的所有这些要求都完全是根本性且合理的. 如果我们目前还不回答这些问题, 则只是因为我们马上还要将另外的许多新数引入我们的领域, 它们都全部毫无例外地对我们提出同样的要求, 所以最简单的办法是在今后同时满足所有这些新数的要求, 而不对每一个数个别地处理其细节.

$\sqrt{2}$ 以后, 我们的领域自然且不可避免地要包含所有的有理数的平方根 (正的和负的), 然后是立方根以及一般的所有形如

$$r^{\frac{1}{n}} \tag{1}$$

的数, 其中 r 是任意的正有理数, n 是任意一个 $\geqslant 2$ 的整数. 但众所周知, 事情还不止这些. 像前面作出正方形的对角线的表示一样, 还有许多具体的问题要求我们在一系列情况下把全部代数方程的根作为新的数. 只要已知方程的根尚未在我们已经引入的数中, 就会发生这样的情况, 因为我们不能否认这些根的存在, 也不能剥夺某些完全具体确定的量具有数的特征.

让我们在此方向上继续探索. 我们称形如 $P(x)=0$ 的方程的所有根 (实的) 为**代数数**, 其中的 $P(x)$ 为带整系数的任意多项式. 这样就把所有实的代数数都引入了我们的领域, 特别地, 引入所有形如 (1) 的数. 因为数 $r^{\frac{1}{n}}$ 可定义为方程 $qx^n-p=0$ 的根, 其中 $\dfrac{p}{q}=r$是有理数 r 的一般分数表示. 更为特殊的情况, 任何有理数 $r=\dfrac{p}{q}$ 作为方程 $qx-p=0$ 的根也应属于代数数的集合之中.

可以很容易将代数数的整个领域进行 "排序", 即给出一个法则, 使得对任意两个代数数都能确定谁大谁小; 稍微困难一点但还不太复杂的是, 确定一个法则对这些数进行任何通常的代数运算, 使得运算的结果仍然是代数数. 因此 (这是关键点), 对代数数进行代数运算只会得出代数数, 而不需要引入什么新的数.

也许我们现在就能够停下来, 认为实数域的构造完成了, 并且因此把所有的代数数的集合当作连续统?

众所周知, 我们不能这样做, 并且也熟知为什么不能这样做. 如果说对于许多代数理论而言, 我们可以满足于至此为止所构造的数, 但恰恰是对于数学分析而言, 限于代数数是完全不行的. 问题在于, 数学分析的第一步就是要对初等代数运算添加基本且最重要的分析运算——**极限过程**. 在很多情形下, 有完全具体的理由迫使我们了解这个或那个数序列极限的存在. 况且, 这个极限是作为有着具体而现实意义的数显现在我们面前的, 而且我们还期望今后对它进行代数运算和分析运算. 如果我们认为应当具有确定极限的任何代数数序列, 其极限实际上同样存在于代数数的范围之内, 则可假设代数数这个范围也就是连续统, 除代数数之外, 数学分析不

再需要任何其他实数.

但事情并非如此. 如果我们取一个半径为 1 的圆, 并且作出其内接正多边形, 无限地增加其边数, 则所有这些多边形的周长都可以用代数数表示. 我们称这个数序列的极限为圆周长. 否认这个极限的存在就意味着在几何学中不能提及圆周的长度. 容易想象, 这种禁令不仅使几何学, 而且令所有其他用到圆形的精确科学都会崩溃.

与此同时, 可以证明, 在代数数中是没有这个极限的. 摆脱这种情形的出路在哪里? 显然, 我们不得不承认, 对于数学分析而言, 只有代数数是不够用的, 必须再给它添加新的实数. 所有这些非代数数的实数通常称为 “超越数”. 我们上面构造的数 (半径为 1 的圆的周长) 表示成 2π, 这就意味着 π 是一个超越数. 在数学分析中, 另一个重要的超越数是我们熟悉的数 $e=2.718\cdots$, 正如我们了解的那样, 它也是从有理数出发由简单的极限过程产生的. e 和 π 的超越性很晚才被证明, 即在 19 世纪的后半叶. 但是引入超越数的必要性在较早就被提出, 即 19 世纪的中叶, 这是在另一些更简单且不太重要的例子中给出的 (由法国数学家刘维尔作出).

这样, 我们的连续统仍然没有建成. 继续下去, 我们应当怎样做呢? 我们能否停留于此并且说: “连续统就是所有的代数数的全体, 再加上 ‘根据需要, 从代数数通过极限过程得出的但其本身又不是代数数的数 (像 e 和 π, 作为超越数)’? ” 我们之所以提出这个问题, 是因为大多数 “简易的” 数学分析教程正是以此为基础编写的 (当然, 通常没有明说), 而回避了阐述完整的无理数理论.

不, 当然不能这样说, 也不能停留于此. 对此有一系列简单而有说服力的原因. 首先, 作为**所有**实数的总体的连续统应当定义为某个固定的集合 (例如, 仿照上面定义所有代数数的集合的那种模式), 而不留下以后再添加越来越新的数的可能性. 其次, 在我们的初步定义中, “根据需要” 这个说法显然缺少准确的内容. 如果我们面对一个没有代数数极限的代数数的序列, 从形式的观点来看, 我们现在可以随意回答, 或者认为它有超越数极限或者完全没有极限. 如果不是从形式观点考虑, 而是按照具体的现实考虑来选取这个或那个解答, 那么无论它们多么必要, 这样做法在数学定义中却是不能允许的. 拒绝 π 这个数的存在, 在目前是极为不利的. 而在其他情况下, 做类似的否认可能不会带来任何不便. 但很显然, 那个使我们 “每当没有它就进行不下去” 时就引入超越数的准则, 不论怎么说都不能成为数学准则. 最后, 我们也不能得出, 我们可以就此满足于以这样的途径引入的数, 因为新的数还得进行加法、乘法, 进行极限过程 (对数学分析来说, 不允许对这些数进行这些运算就什么也不能做). 我们从何能够确信, 所有的运算结果都将是我们的连续统的实数? 而如果不是, 我们又要补充它们, 可见我们的连续统还没有包含**所有的**实数.

可以看到, 我们不能坚持所持的这种立场, 即在给出一个或两个超越数后就说 “等等”. 这是不行的, 因为我们刚刚看到, 这样并没有定义任何连续统.

因此我们看到, 要对数学分析做完全的论证, 就不可避免地要建立实数的一般理论, 这个理论不能只限于构造一些作为例子的新数, 而要包含这种构造方法的一般原则, 按此原则可以刻画出所有实数的集合.

1.3 无理数的构造

在科学中有几种不同的连续统理论, 但所有这些理论在处理各自问题时其思想是完全一样的 (牢记这一点很重要). 与这些原则性的统一比较起来, 对待它们之间的差别应当像我们在审查建筑物的建筑设计时对待结构的细节一样.

所有这些理论都有相同的目标, 即把有理数集合作为最初的已知的依据, 而用统一的构造原则得到所有实数的整个集合. 这个原则在各种理论中形式不同, 但其间的相似之处还远不止于我们所指出的那些. 问题在于, 一种构造新的无理数的原则, 在所有的理论中, 尽管存在着形式上的区别, 但都基于同一思想, 这个思想就是: 在构造新数时, 基本的解析运算, 即极限过程, 起首要、主导的作用, 所遇到的种种方法都可归结为它, 看做是它的特殊情形. 我们知道, 即使是整数的平方根也是适当选择的有理数序列 (“近似根”) 的极限, 另外一些情形也是如此.

据上所述, 为了更具体地认识连续统理论的构造, 我们没有必要在细节上研究所有这些不同的论证方法, 取其一作为模型就完全够了, 这里看到的所有原则上重要的内容对其他理论都是同样的. 我们将选择戴德金理论, 这并不是因为它相对其他理论有什么本质上的优越性, 而只是因为一种纯粹外在的理由: 占压倒性多数的最通用的教科书都采用它. 因此对读者来说不难寻找帮助, 可以在那些书里找到我们在表述中漏掉的细节.

1. 在着手引入无理数之前, 我们应当仔细地观察以 R 来表示的有理数的集合. 首先, 我们来注意该集合的一个很初等的性质: **在任何两个有理数 r_1 和 r_2 之间总可以找到第三个有理数**. 最为简单地, 注意到两者和的一半 $\dfrac{r_1+r_2}{2}$ 永远是位于 r_1 和 r_2 之间的有理数, 就可以明白这一点. 作为这一事实的推论, 我们重复运用这一点, 马上就得出: 在 r_1 和 r_2 之间始终存在有理数的无穷集合.

2. 现在, 我们注意观察在寻找或者定义 $\sqrt{2}$ 时产生的情况 (我们取的是正根). 首先在有理数中 (对我们来说, 任何其他的数暂时还不存在) 找这样的数: 它的平方等于数 2. 容易发现, 这种 (有理) 数不存在 (我们在这里将不给出中学教材中对此事实的人所熟知的算术证明). 这就表明: 无论我们选择什么有理数 r, 都将有 $r^2<2$ 或者 $r^2>2$. 我们首先只研究正有理数的情形. 按照刚才的法则, 它们自然地分成两类: 正有理数 r_1 所构成的 A 类, 其中 $r_1^2<2$; 以及正有理数 r_2 所构成的 B 类, 其中 $r_2^2>2$. 因为 r_1 和 r_2 都是正数, 则从 $r_1^2<2<r_2^2$ 可以得出 $r_1<r_2$, 即 **A 类的每一个数都小于 B 类的每一个数**. 很明显, 如果我们把零和一切负 (有理) 数

都归入 A 类, 则上述结论不会改变. 此时我们得到将整个集合 R 分为 A 和 B 两类的一个分割, 同时 A 类的每一个数都小于 B 类的每一个数. 我们约定, 若将集合 R 分成两个非空的类[①](A,B), 且使 A 类中的每一个数都小于 B 类中的任意数, 就称它是一个**分割**(确切地说, 是集合 R 的分划). 由此, 我们得到了集合 R 的某个确定的分割.

我们可以用各种完全初等的方法来建立集合 R 的分割. 例如, 把所有的有理数 $r_1 \leqslant 5$ 归入 A 类, 而把所有的有理数 $r_2 > 5$ 归入 B 类, 显然也会得出集合 R 的一个确定的分割. 如果以通常的方式用直线上的点来表示数, 则所有的分割都很显然地可以用直线上的点分出两个集合的某个 (有理数的) 分划表示出来: 这两个集合中的第一个 (A) 整个位于第二个 (B) 的左边.

初看起来可能会认为, 集合 R 的所有分割都有同样的图像, 两个不同的分割彼此间的区别只在于做出它们的点的位置, 因而其中之一可以通过简单的移动而变为另一个. 但极为重要的是: **这种看法是错误的**. 分割在自身结构上可能有着深刻的(且对于我们的目的来说, 有重大价值的) 差别.

实际上, 在后一个例子中, 存在一个数 (即有理数, 我们暂时还没有任何其他的数), 它具有这样一条重要的性质, 即使得所有小于它的数都属于 A 类, 而所有大于它的数都属于 B 类. 在我们的例子中, 这个数很明显是数 5. 具有这个性质的数我们将称之为已知分割的**界限**, 因而在这个例子中做出的分割是有界限的.

相反地, **在第一个**(与 $\sqrt{2}$ 相关的)**例子中这样的界限是没有的**. 我们来证明这一点.

设 (有理) 数 r 是界限. 与对任何 (有理) 数一样, 应当或者有 $r^2 < 2$, 或者有 $r^2 > 2$. 为确定起见, 设 $r^2 < 2$. 按照界限的性质, 对每一个 $r' > r$, 应有 $r'^2 > 2$. 但若 $r < 1$, 则设 $r' = 1$, 就会得到矛盾的结果. 而如果 $r \geqslant 1$, 则 $r^2 \geqslant r$, 记 $2 - r^2 = c (> 0)$ 且令 $r' = r + \dfrac{c}{4}$, 我们有

$$r'^2 = r^2 + \frac{rc}{2} + \frac{c^2}{16} \leqslant r^2 + \frac{r^2 c}{2} + \frac{c^2}{16} = 2 - \frac{7}{16}c^2 < 2,$$

又出现矛盾, 因为由 $r' > r$, 应有 $r'^2 > 2$.

这样一来, 集合 R 的所有分割分为两个类型: 有界限的和没有界限的. 这里需要指出以下几点.

a) 一个分割不可能有两个界限. 如果 r 和 r' 都是这样的界限, 且若 $r < r'$, 则由第一段存在这样的数 r'', 使得 $r < r'' < r'$. 但此时根据界限的性质, 从 $r'' > r$ 得出 $r'' \in B$[②], 而从 $r'' < r'$ 得出 $r'' \in A$, 这就造成矛盾.

---

① 即每一个类中至少包含一个数.

② 记号 $a \in M$ 表示 a 是集合 M 的元素.

b) 如果界限存在, 很显然, 它或者是 A 类中最大的数, 或者是 B 类中最小的数. 如果界限不存在, 则 A 类中既没有最大的数, B 类中也没有最小的数.

c) 每一个 (有理) 数 r_0 都是两个不同分割的界限. 其中一个的 A 类由数 $r \leqslant r_0$ 构成 (而 B 类则由数 $r' > r_0$ 构成), 而另一个中的 A 类则由数 $r < r_0$ 构成 (而 B 类则由数 $r' \geqslant r_0$ 构成).

d) 集合 R 的任何分割集都分成两种类型——有界限的和没有界限的. 很显然, 这是集合 R 的内部结构特点. 这一事实总是完全成立的, 这里我们只用到 R 中的数是有理数, 而不必用到任何其他性质.

3. 现在, 数 $\sqrt{2}$ 的例子已经直接暗示我们以后的行动方式. 情况很明白: 从直观看, 我们看到的是数直线, 即实轴, 我们在其上的确定位置将它分割, 而对于分割的位置, 我们找到了不与任何有理数对应的点. 我们不能拒绝考虑该点的存在. 没有它, 我们的直线, 即连续统(变量在变化时遍历的数的集合), 就失去了其连续性、致密性, 而这正是连续统得其名的特征. 说得深刻一些, 我们直接看出, 如果使变量在变化时只取有理值, 则其从一个值变为另一个值时就不得不跨过其间的间隙. 从实际来讲, 正如我们之前就这点论述的, 如果我们容忍在两个类之间什么样的界限都不存在, 那么所有的应用科学 (首先是几何学) 必将感受极大的不便. 因此, 不仅是直观表示, 还是所有实际情形, 都要求我们把新的 $\sqrt{2}$ 引入到数域中来. 该数按照定义是分割的界限, 我们称之为**无理数**.

我们所选择的分割, 同那种没有 (有理) 界限的集合 R 的任何其他分割在原则上没有任何不同. 因此在一般理论的构造次序中, 我们自然地把我们的定义推广到任何这类分割的情形. 对于集合 R 的每一个没有有理界限的分割, 我们都提出某个新的无理数与之相应, 并且定义这个无理数就是分割的界限.

因此, 借助于这个统一的原则, 我们很快确定了整个无理数的集合. 连同早已存在的有理数, 它们就构成了所有实数的集合, 即连续统. 现在连续统已完全确定了.

1.4 连续统理论

当然, 连续统理论不会因为我们引入了构造无理数的原则就算是完成了. 实质上, 它还只能算是开始. 在能够说连续统理论实际上已经完善之前, 我们还必须要做的工作是极为宽广的. 首先, 我们应当对连续统进行**排序**, 即准确地确定在什么条件下可以认为一个已知的实数大于或者小于另一个已知的实数. 其次, 我们还要对实数定义其运算, 因为至今为止, 我们对数 1 和 $\sqrt{2}$ 相加是什么还一无所知. 再次, 我们还要仔细证明这些运算具有我们在有理数域中所熟知的全部性质. 例如, 和与加法的次序无关 (加法的交换律) 是我们应当对任意实数重新加以证明的定理. 最后, 我们应当找到方法来证明: 我们定义的连续统确已适合所有实际和直观表示

的需要 (它也正是为满足这些需要而建立的). 当然, 在我们讲义的范围内要讲清此计划的各个细节是完全不可能的. 这也是极其枯燥的, 我们在今后只涉及该计划的某些原则上最重要的内容.

首先, 对连续统进行排序很容易. 设有两个实数 α_1 和 α_2, 需要确定其中哪个大, 哪个小. 如果两个数都是有理数, 则这个问题在算术中已经解决, 这里就不再讲它. 如果 α_1 是无理数, 而 α_2 是有理数, 问题也能马上得到解决: α_1 是集合 R 的某个分割的界限, 根据界限的定义, $\alpha_2 < \alpha_1$ 或者 $\alpha_2 > \alpha_1$ 取决于有理数 α_2 属于此分割的 A 类或 B 类. 最后, 设数 α_1 和 α_2 是两个无理数. 因为这两个数互不相同, 则以它们为界限的两个分割也互不相同. 特别地, 这两个分割的左边的类 A_1 和 A_2 也互不相同. 这就表明在这些集合中的某一个, 例如在 A_2 中可以找到这样一个有理数 r, 它是在 A_1 中所没有的. 从 $r \in A_2$ 得出 $r < \alpha_2$, 从 $r \bar{\in} A_1$[①]得出 $r \in B_1$, 因而有 $r > \alpha_1$. 所以存在这样的有理数 r, 使得 $\alpha_1 < r < \alpha_2$. 在这种情况下, 我们认为 $\alpha_1 < \alpha_2$; 如果相反地得到了这样的 r', 使得 $\alpha_2 < r' < \alpha_1$, 则我们将认为 $\alpha_2 < \alpha_1$. 现在已经证明了两种情形之一一定成立, 因此我们对连续统的排序得以完成.

然而, 以上只是完成了定义, 还必须证明其性质. 应当证明 $\alpha_1 < \alpha_2$ 与 $\alpha_1 > \alpha_2$ 是不相容的; 从 $\alpha_1 < \alpha_2$ 一定且只能得出 $\alpha_2 > \alpha_1$, 反之亦成立; 最后, 从 $\alpha_1 < \alpha_2$ 及 $\alpha_2 < \alpha_3$ 可以推得 $\alpha_1 < \alpha_3$. 总而言之, 实数之间的不等式服从有理数之间的不等式的同样基本规律. 读者会很容易证明所有这些命题.

顺便说一下, 我们上面所作的讨论表明, 在任何两个无理数之间总可以找到一个有理数. 我们知道, 如果两个已知数是有理数, 这是成立的. 现在设数 r 是有理数, 数 α 是无理数, 且为确定起见设 $r < \alpha$. 我们来证明此时在 r 和 α 之间能够找到有理数. 数 α 是集合 R 的分割 (A, B) 的界限, 同时从 $r < \alpha$ 推得 $r \in A$. 但在有无理数界限的分割里, A 类不含最大数, 因此存在有理数 $r' > r$, 它像 r 一样属于 A 类且小于 α. 因而 $r < r' < \alpha$, 这就是要证明的.

这样, 我们就证明了在两个任意的实数之间都可以找到一个有理数, 当然, 也就可以找到无穷多个有理数. 集合 R 的这个重要性质通常就说是: **R 是处处稠密的**(在连续统中). 容易证明, 无理数集合也是处处稠密的. 为了说明这一点, 最简单的方法是研究所有形如 $r\sqrt{2}$ 的数的集合, 其中 r 是任意的有理数. 所有这样的数都是无理数, 它们就已构成了处处稠密的集合. 然而, 严格地说, 表达式 $r\sqrt{2}$ 只有在对实数定义了运算之后才有确切的意义. 我们现在转到这一点上来.

我们不可能研究这个问题的所有细节, 但要想弄清该定义的思想, 只要详细分析一个例子就足够了. 设 α_1 和 α_2 是两个实数, $\alpha_1 + \alpha_2$ 是它们的和. 数 α_1 和 α_2 无论是有理数还是无理数, 在任何情况下, 它们两个都是集合 R 的某个分割的界限.

---

① 记号 $a \bar{\in} M$ 表示: a 不是集合 M 的元素. [现在比较通用的记号是:$a \notin M$.—— 译者注]

我们分别以 (A_1, B_1) 和 (A_2, B_2) 来表示这些分割. 其次, 设 a_1, b_1, a_2, b_2 表示属于相应的集合 A_1, B_1, A_2, B_2 的任意数. 很显然, 所有形如 $a_1 + a_2$ 的有理数都小于任何形如 $b_1 + b_2$ 的有理数. 我们现在证明这样的实数 α 的存在性与唯一性, 使得对任意的 a_1, a_2, b_1, b_2(当然属于相应的集合) 都有

$$a_1 + a_2 \leqslant \alpha \leqslant b_1 + b_2.$$

我们很自然地就会将这个数 α 定义为数 α_1 和 α_2 的和, 这样就在一切情况下确定了和的存在性和唯一性.

现在研究以下述方式定义的集合 R 的分割 (A, B) : 如果有理数 r 小于所有形如 $b_1 + b_2$ 的数, 我们将把它归入 A 类; 相反地, 则归入 B 类 (很容易证明, 集合 R 的这样定义的分划实际上是分割). 该分割的界限我们表之以 α. 很显然, 所有形如 $a_1 + a_2$ 的数属于 A 类, 而所有形如 $b_1 + b_2$ 的数属于 B 类. 因此

$$a_1 + a_2 \leqslant \alpha \leqslant b_1 + b_2, \tag{2}$$

即数 α 实际上满足所提的条件. 余下的是确定其唯一性.

为此我们先来证明, 可以选择数 a_1 和 b_1 使得其差 $b_1 - a_1$ 为任意小. 实际上, 设 a 是 A_1 类中的任意的有理数, 且 c 为任意小的正有理数. 在有理数序列

$$a,\ a + c,\ a + 2c,\ \cdots,\ a + nc,\ \cdots$$

中, 第一项属于 A_1 类, 其后, 一般来说还有一些项也属于 A_1 类, 但从某个位置起所有后面的项都将属于 B_1 类, 因为 $a + nc$ 随着 n 的增加在无限增加. 因此可以找到这样一个整数 k, 使得

$$a + kc = a_1 \in A_1, \quad a + (k+1)c = b_1 \in B_1,$$

由此得知差 $b_1 - a_1 = c$ 是任意小. 因此命题得证. 由于同样的理由, 数 a_2, b_2 之差, 还有 $a_1 + a_2, b_1 + b_2$ 之差也可以选择为任意小.

现在设 (还不知道这是否可能) 存在着两个不同的实数 α 和 α' 满足不等式 (2), 且为确定起见设有 $\alpha < \alpha'$. 正如我们了解的那样, 存在着这样一对有理数 r 和 r', 使得

$$\alpha < r < r' < \alpha';$$

这些关系连同不等式 (2) 一起表明: 任何形如 $a_1 + a_2$ 的数与任何形如 $b_1 + b_2$ 的数之间的距离必定超过一个常数 $r' - r$. 这很显然与我们刚刚得出的结果相矛盾. 因此数 α 的唯一性得证.

我们作出的加法的定义, 按其形式讲, 可以方便地把有理数加法所遵从的所有基本规律, 直接推广到任何实数的加法. 你们可尝试, 哪怕只对交换律试一下, 马上就会发现这些都是如此简单.

我们已经说过, 在这里将不再论及其他运算的定义以及它们所遵循的规律. 我们只提醒一下: 乘法最好类似于加法来定义, 而减法和除法则最好定义为逆运算.

我们现在转到这个问题的思路中最后一个极为重要的问题：怎样证明我们定义的连续统实际上表现出连续性和稠密性呢？作为数学分析的基础，它们是必需的，正因为数集 R 缺乏它们，才迫使我们在适当的时候引入无理数.

回答这一问题，要先回想一下，为什么我们说集合 R 缺乏这种连续性. 这是指这样一件事实：在集合 R 的分割中具有这样一类，它们不具有属于集合 R 的界限. 因此，如果我们能证明，对于连续统来说，这样的事实任何时候再也不存在，即**连续统的任何分割都有也属于连续统本身的界限**，则我们就能够认定这是令人满意的，并且相信我们建立的连续统作为数学分析的基础，能适合对它所提出的要求.

要避免一个误解，即上面提出的命题不可能从以前的结果直接推得，因为迄今为止我们所说的总是集合 R 的分割，现在才第一次谈到连续统的分割. 但我们规定，连续统的分割的形式定义仍然没有改变.

现在来证明我们的论断. 设 (A, B) 是连续统的任意一个分割. 任何有理数，更一般地说，任何实数，或者属于 A 类，或者属于 B 类. 因此连续统的分割 (A, B) 就直接导出了集合 R 的某个完全确定的分割 (A', B'). 设 α 是作为分割 (A', B') 的界限的一个实数. 我们来证明，它也是分割 (A, B) 的界限，从而使得我们的命题得证.

现在需要证明：任何实数 $\alpha_1 < \alpha$ 都属于 A 类，而任何实数 $\alpha_2 > \alpha$ 都属于 B 类. 由对称性，只要证明第一个命题就够了. 设 r 为介于 α_1 和 α 之间的有理数，因为 $r < \alpha$，则

$$r \in A' \subset A^{①},$$

而因 $\alpha_1 < r$，则由此得出也有 $\alpha_1 \in A$. 这就是所要证明的.

1.5 基本引理

数学分析的逻辑基础就这样建立起来了. 当以此为基础逐步建立数学分析基础时，我们当然不得不经常引证已经奠立的基础，即直接回到我们所建立的实数的定义. 这必然会伴随众所周知的不便，因为对此所必需的分割，构造和研究通常都是十分繁琐的. 找到摆脱此困境的方法在科学上是极其有意义的，因为它可以当作在数学科学中经常遇到的所有类似的逻辑结构的一种典范. 注意到，在数学分析的发展历程中，尽管在讨论中直接应用借助于分割给出的实数定义是很经常的，但其中的多数应用在形式上是彼此十分相似的，因此实际上几乎所有的这些应用都是按照三四种形式来完成的 (当然，每次都要添加特别的内容). 如果发现了这种情况，再几十次地重复同一逻辑过程，只是每次添加新的基本内容，这不论是为了建立这门学科，还是为了掌握这门学科都是很不经济的，也是极为麻烦的. 不过数学科学早就已经有了办法 (当然是有充分根据的)，即在所有类似情况下，通常把这种逻辑形式明显地表述为几个辅助命题 (引理)，然后一劳永逸地证明这些引理，这样以后

① 记号 $A \subset B$ 表示：集合 A 包含于集合 B 之内.

就再也不必每次都重复这种作为该引理基础的形式结构, 而可以直接引用这已准备好了的引理. 证明了三四个这样的辅助命题, 我们就有可能在今后的任何时候都不用再来构造分割, 而只要引用一个基本引理来代替它. 这些引理就构成了把数学分析与其逻辑基础连接起来的几座桥梁. 毫无疑问, 在不同的讲法中, 这些基本引理的选择可以是各不相同的, 但在任何情况下都要尽可能地劝告学生, 要不惜时间和精力, 尽可能地掌握尽可能多的这类引理, 因为其中的每一个都各有作用, 能对将来的工作给以本质上的方便. 因此为掌握它们而花费的力气, 毫无疑问不会是徒然的浪费.

我们现在以几个例子给出这类引理的典型表述和证明.

1. 关于单调序列的引理. 如果对于任何 n 都有 $\alpha_n \leqslant \alpha_{n+1}$ 或者 $\alpha_n \geqslant \alpha_{n+1}$, 则实数序列

$$\alpha_1,\ \alpha_2,\ \cdots,\ \alpha_n,\ \cdots \tag{3}$$

称为**单调的**. 准确地说, 第一种情况是**单调不减的**, 第二种情况则是**单调不增的**. 如果存在这样一个正数 c, 使得

$$|\alpha_n| < c \quad (n = 1, 2, \cdots),$$

则序列 (3) 称为有界的.

引理 1 *任何单调有界序列都有极限.*

为确定起见, 设 $\alpha_n \leqslant \alpha_{n+1}$ 且 $|\alpha_n| < c(n = 1, 2, \cdots)$. 把连续统分成两个集合 A 和 B, 大于所有 α_n(例如数 c) 的任何实数放入 B, 而其余的所有实数放入 A. 很显然, 连续统的这个分划是一个分割. 设 α 是该分割的界限. 我们来证明 $\lim\limits_{n\to\infty} \alpha_n = \alpha$, 这就是引理 1 所要证明的.

首先指出, 对任意的 n 有

$$\alpha_n \leqslant \alpha;$$

实际上, 当 $\alpha_n > \alpha$ 时, 依照界限的定义会有 $\alpha_n \in B$, 这与集合 B 的定义相矛盾. 如果与我们的命题相反, α 不是序列 (3) 的极限, 则存在这样的正常数 ε, 使得对数 n 的无穷集合有

$$\alpha - \alpha_n > \varepsilon,$$

由此得 $\alpha_n < \alpha - \varepsilon$. 但由序列 (3) 的单调性知, 这个应该对无穷多个 n 值成立的不等式, 应该对**所有的**n 成立. 按照集合 B 的定义, 由此得出 $\alpha - \varepsilon \in B$. 但由 $\alpha - \varepsilon < \alpha$ 知, 数 $\alpha - \varepsilon$ 应当属于 A 类 (因为 α 是分割 (A, B) 的界限). 所得之矛盾证明了我们的论断.

当然, 在引理的条件中, 单调性是不能丢掉的. 单从序列 (3) 的有界性不能得出极限的存在, 正如例子 $\alpha_n = (-1)^n$ 所指明的那样.

关于单调序列的引理不仅在数学分析中得到大量的应用, 甚至在初等数学中也得到了大量的应用. 它在初等数学中常被作为 “公理”, 甚至有时都没有考虑到, 如

果没有掌握全部的实数, 这个“公理”就是不成立的. 这种缺陷不仅在初等数学里有, 而且在“简化”的数学分析教程里也有.

特别是, 对于几何学中圆的周长 (即当边数无限增加时, 圆内接正多边形周长的极限) 的存在, 以及作为数学分析中最基本的数之一的 $\mathrm{e}=\lim\limits_{n\to\infty}(1+\frac{1}{n})^n$ 的存在, 利用这个引理进行证明是最简单的了.

与描述单调有界序列的基本特征的引理相比较, 关于连续变化变量的连续函数的下述引理, 对数学分析的意义也不相上下.

引理 1′ *若变量 x 增加且趋近于 a, 并且函数 $f(x)$ 在某个以点 a 为其右端点的区间上有界且单调, 则当 $x\to a$ 时 $f(x)$ 趋近于确定的极限.*

这里函数 $f(x)$ 在以 $a-\varepsilon$ 和 a 为端点 $(\varepsilon>0)$ 的区间内的有界性, 表明存在这样的数 c, 使得

$$|f(x)|<c\quad(a-\varepsilon<x<a);$$

单调性则表明对该区间的任意一对数 x_1 和 $x_2(x_1\neq x_2)$, 比值 $\dfrac{f(x_1)-f(x_2)}{x_1-x_2}$ 或者 $\geqslant 0$, 或者 $\leqslant 0$.

引理 1′ 的证明可以很简单地由引理 1 作出. 为确定起见, 设 $f(x)$ 是不减的, 即当 $a>x_2>x_1>a-\varepsilon$ 时有 $f(x_2)\geqslant f(x_1)$. 因为当 $n>\dfrac{1}{\delta}$ 时有

$$a-\delta<a-\frac{1}{n}<a,$$

则增加的数序列 $a-\dfrac{1}{n}(n>\dfrac{1}{\varepsilon})$落在以 $a-\varepsilon$ 和 a 为端点的区间内且以 a 为极限. 数序列 $f(a-\dfrac{1}{n})(n>\dfrac{1}{\varepsilon})$ 显然有界且不减. 因此由引理 1, 存在极限 $\lim\limits_{n\to\infty}f(a-\dfrac{1}{n})=b$. 如果数 x 充分靠近 a, 则可以找到这样一个 $n=n(x)$, 使得

$$a-\frac{1}{n}\leqslant x<a-\frac{1}{n+1},$$

由函数 f 的单调性即得

$$f(a-\frac{1}{n})\leqslant f(x)\leqslant f(a-\frac{1}{n+1}).\tag{4}$$

但当 $x\to a$ 时很显然地有 $n\to\infty$, 由此得出不等式 (4) 的左右两边都以 b 为其极限, 由此得出当 $x\to a$ 时也有 $f(x)\to b$, 引理 1′ 由此得证.

2. 收缩区间套引理. 我们约定把以 a 和 b 为端点的闭区间, 即满足不等式 $a\leqslant x\leqslant b$ 的所有实数的总体记为 $[a,b]$, 而具同样端点的开区间, 即满足不等式 $a<x<b$ 的所有实数 x 的总体记为 (a,b). 如果区间序列

$$[a_1,b_1],[a_2,b_2],\cdots,[a_n,b_n],\cdots\tag{5}$$

满足下述条件:

1° $a_n \leqslant a_{n+1} \leqslant b_{n+1} \leqslant b_n (n=1,2,\cdots)$, 即后面的每一个区间全部包含在前一个区间之内;

2° $\lim\limits_{n\to\infty}(b_n-a_n)=0$, 即随着序号的无限增加, 区间的长度趋于零.

我们称之为**收缩的区间套**.

引理 2 *如果序列 (5) 是一个收缩的区间套, 则存在唯一的实数 α 属于所有这些区间.*

当然, 可以通过构造相应的分割来证明此引理 (这样做时常是很有益的), 但是根据引理 1 来证明要简单得多. 实际上, 由条件 1°, 序列

$$a_1,\ a_2,\ \cdots,\ a_n,\ \cdots$$

单调、有界 (后一点从 $a_n < b_1$ 对任何 n 成立可以明显看出). 据引理 1, 序列有极限, 设

$$\lim_{n\to\infty} a_n = \alpha.$$

因为对任何 k 有 $a_n \leqslant b_k (n=1,2,\cdots)$, 所以也有

$$\alpha \leqslant b_k \quad (k=1,2,\cdots),$$

因此

$$a_n \leqslant \alpha \leqslant b_n \quad (n=1,2,\cdots), \tag{6}$$

因此数 α 属于每一个区间 $[a_n,b_n]$, 因而满足引理的条件. 其唯一性可以这样推得: 当有两个不同的数 α 和 β 满足不等式 (6) 时, 我们有 (为确定起见设 $\alpha<\beta$):

$$a_n \leqslant \alpha < \beta \leqslant b_n \quad (n=1,2,\cdots),$$

由此得

$$b_n - a_n > \beta - \alpha \quad (n=1,2,\cdots),$$

这与收缩的区间套的性质 2° 相矛盾, 因而引理 2 得证.

应当指出: 对于引理 2 非常重要的是, 对每一个区间而言, 其端点 a_n, b_n 都要包括在内. 如果我们丢掉了这一点而以开区间 $a_n < x < b_n$ 来代替 $[a_n,b_n]$, 则引理就可能不成立. 如开区间序列 $0 < x < \dfrac{1}{n}(n=1,2,\cdots)$ 就没有属于所有区间的公共点.

3. 海涅–博雷尔引理. 这个时代稍晚些才产生的辅助命题, 也时常成为证明数学分析中的定理的方便武器.

我们约定, 称一组 (一般说来是无穷的) 区间 M 覆盖了 (闭的) 区间 $[a,b]$, 如果这后一区间的每一个点都位于这组区间 M 中的至少一个区间的话.

引理 3 *如果开区间组 M[①] 覆盖了区间 $[a,b]$, 则从中可以分出一个有限的开区间组 M', M' 也覆盖区间 $[a,b]$.*

① 原文误为 "一组区间 M". 实际上, 如果这一组区间 M 是一组闭区间, 这个引理可能不成立.

—— 译者注

实际上, 如果区间 $\Delta_1=[a,b]$ 不能被引理要求的有限个开区间覆盖, 则将其平分成两半, 我们可以断定, 其中至少有一个半区间也不能被有限覆盖 (因为很显然, 如果两者都能被有限覆盖, 则整个区间 Δ_1 也就被有限覆盖). 我们以 Δ_2 来表示这不能被有限覆盖的一半 (如果两者都不能被有限覆盖, 则 Δ_2 可以表示其中任意一个). 再将 Δ_2 平分成两半, 我们又可以断言, 其中至少有一个半区间 (以 Δ_3 表之) 不能被有限覆盖. 可以把这个过程无限地进行下去, 这样区间 $\Delta_1,\Delta_2,\Delta_3,\cdots$, 显然构成了一组收缩的区间套. 根据引理 2, 存在唯一的点 α 属于所有这些区间. 设 Δ 为组 M 中包含点 α 在其内的开区间. 因为当 $n\to\infty$ 时区间 Δ_n 的长度趋近于零, 同时 $\alpha\in\Delta_n$, 则对充分大的 n 就有 $\Delta_n\subset\Delta$(因为开区间 Δ 的长度不会为 0), 于是得出矛盾: 区间 Δ_n 按其定义不能被有限覆盖, 现在又只需组 M 的一个区间 Δ 即可覆盖它. 引理 3 由此矛盾而得证.

现在我们不仅学会了建立数学分析的基础, 而且证明了三个最重要的辅助命题, 准备好了将此基础最方便地用于今后进一步构建基本的大厦的过程. 这座大厦将以什么方法耸立起来, 在其建筑过程中还会用到什么样的基本概念、思想和研究方法——所有这些你们都将从后面的各讲中了解到.

第二讲 极　　限

2.1 什么是极限?

如同函数关系概念一样, 极限是数学分析最重要的概念之一. 当然, 你们了解许多关于极限的定理, 但我们还必须十分认真地研究这些概念, 一方面是为了使之更明确, 另一方面则是为了补充、深化和拓展我们所熟悉的这个概念.

我们首先研究 "(在已知的现象或过程中的) 变量 x 趋近于数 a (或者说, 是以数 a 为其极限)" 这句话的意思. 我们用下述两种记号之一来表述这句话: $x \to a$ 或 $\lim x = a$. 如果我们期望在定义极限时遵守一切形式上的要求 (没有这一点通常就不能建立数学科学), 则首先遇到的是特殊的独有的困难. 问题在于, 在极限概念的准确定义中, 不能有其数学意义完全不明晰的术语 (诸如 "现象"、"过程" 之类) 出现. 但如果没有这些 (或类同的) 术语, 要描述通常所熟知的极限概念的定义是很困难的. 我们不是常说: 无论数 a 的邻域 U[①]是怎样的, **从已知过程的某个时刻起的**所有 x 值都属于邻域 U[②] 于是我们现在应当找到一种方法来描述这个定义, 以使它不含任何数学意义不完全确定的术语. 应当说明, 这个任务迄今还解决得不够好.[③]现代数学家宁肯完全放弃去解决它, 而认为记号 $\lim x = a$ 是没有数学内容的. 当然, 这并不是说他们完全拒绝极限概念. 那如何摆脱这一困境呢?

事实上, 在数学分析中我们总是遇到这种情形: 当变量 x 在某个确定的状态时, 某个**函数**y 趋近于极限. 例如 "当 x 趋近于 a 时, y 以 b 为极限" 或者 "当 n 无限增加时, a_n 趋近于 a" 等. 这种说法 (相应地有记号 $y \underset{x\to a}{\to} b$ 或者 $\lim\limits_{x\to a} y = b$ 或者 $a_n \underset{n\to\infty}{\to} a$) 已经有了完全确定的含义. 于是, 表达式 $\lim\limits_{x\to a} y = b$ 意味着: **无论数b的邻域V是怎样的, 总存在数a的一个邻域U, 使得对除$x = a$以外**[④]**的任何 $x \in U$, 总有$y \in V$**. 你们已经看到, 这个无可指责的极限概念的精确定义不需要过程的概念. 通常把它说成是: 当 x 充分接近 a[⑤] 时 y 足够地接近 b. 当然, 若对数学形式的典型特征不熟悉, 可能会对此感到奇怪: 语句 (A)"当 x 的极限等于 a 时, y 的极限等

---

① 数 a 的邻域是包含数 a 在其中的任何开区间.

② 当然, 有时这句话也说成这样: 无论正数 ε 如何小, 在**已知过程**中数 $x-a$ 按其绝对值总小于 ε. 不论如何, 在极限的展开了的定义中, 总是要像这样提到一个 "过程", 否则极限定义是没有意义的.

③ 参见 "译后记". —— 译者注

④ 当 $x = a$ 时函数 y 可以是没有定义的, 也可能当 $x = a$ 时 y 有确定的值, 但这个值不是 b.

⑤ 对于 $x \to \infty, x \to -\infty, y \to \infty, y \to -\infty$ 不需专门的定义, 只要把大于 (小于) 某个任意确定的数的集合理解为 $+\infty(-\infty)$ 的邻域即可.

于 b" 可能有确定的意义, 而**条件自身**"x 的极限等于 a" 却没有意义? 实际上, 这里不仅没有任何不能接受的东西, 甚至也没有什么可奇怪的. 语句 (A) 是作为一个完整的整体, 完全不必让其中每一部分都对我们有意义, 只要对这句话整个赋予了确定的内容就行了.

毫无疑问, 我们所给的极限概念的定义包含了数学分析上最重要的两种情况: 数列的极限 $\lim\limits_{n\to\infty} a_n$ 及连续变量的函数的极限 $\lim\limits_{x\to a} y$ (其中 a 是实数, 也可以是 $+\infty$ 或者 $-\infty$, 函数 y 的极限同样可理解为这三种类型中的任一种).

2.2 趋于极限的各种类型

设 x 的函数 $y = f(x)$, 当 x 趋近 a(a 是一个数) 时以数 b 为极限. 同时为简单起见, 我们设 x 的所有值均大于 a. 这一点常用以下记法非常方便地表示为 $x \to a+0$(而不写 $x \to a, x > a$). 于是有

$$\lim_{x\to a+0} f(x) = b. \tag{1}$$

我们假定对充分接近于 a 的任何 $x > a$, 有 $f(x) > b$, 此时函数 $f(x)$ 在点 a 附近通常的几何表示有两种形状, 即图 1 和图 2. 在图 1 中, x 愈靠近 a 则 $f(x)$ 就愈靠近 b, 当 $x \to a+0$ 时 y 单调减少地趋近于 b. 图 2 的情形则完全不同: $y \to b$ 时, 它时而接近又时而离开其极限. 当 $x \to a+0$ 时, 函数 $f(x)$ 不是单调变化的, 它时而增加, 时而减小. 当然, 所有这些本质上的差别并不妨碍我们用同一个关系式 (1) 来类似地表示这两个图形. 这个关系所描述的是这两种情况所共有的一个基本事实: 只要 x 充分接近 a, y 就任意地接近 b.

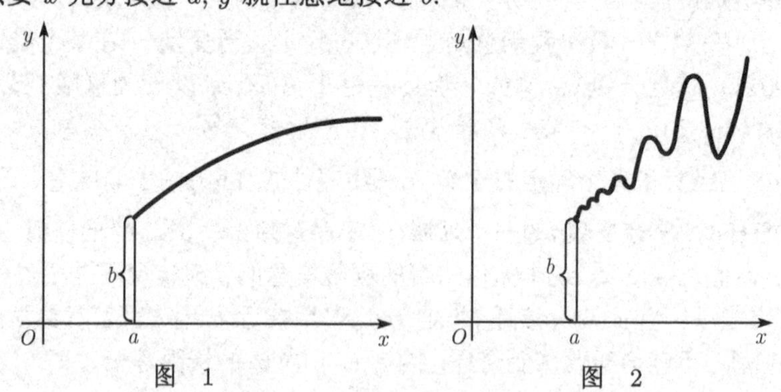

图 1　　图 2

当 x 充分趋近于 a 且均有 $x > a$ 时, 若有 $y < b$, 则完全类似于前者, 它可以用图 3 和图 4 来表示, 显然无需解释.

最后, 可能有这样的情形, 当 x 在点 a 的右方任意接近 a 时, 函数 $y = f(x)$ 的值有时大于 b, 而有时又小于 b(图 5). 很明显, 此时当 $x \to a+0$ 时 y 不可能是单调地趋近于其极限 b. 此时若函数 $f(x)$ 连续 (如同我们在所有图形中所描绘的), 则

它必然在点 a 的右方充分靠近 a 的无穷点集上等于其极限值 b. 从几何上说, 函数 $f(x)$ 的图形在点 a 附近无限多次地穿过直线 $y=b$.

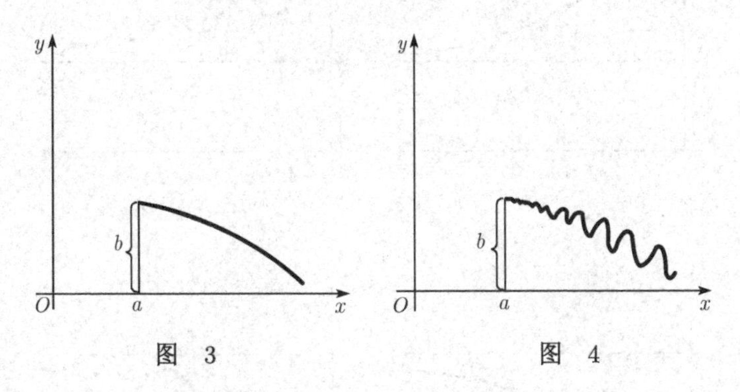

图 3　　图 4

很显然, 当 $x\to a+0$ 时, 趋近于 b 的连续变化的量的所有可能类型仅限于这些情况. 我们不再去单独研究 $x\to a-0$ 的情形, 即所有 x 均小于 a 的情形. 很明显, 把图 $1\sim 5$ 对直线 $x=a$ 反转即可得到相应的图形.

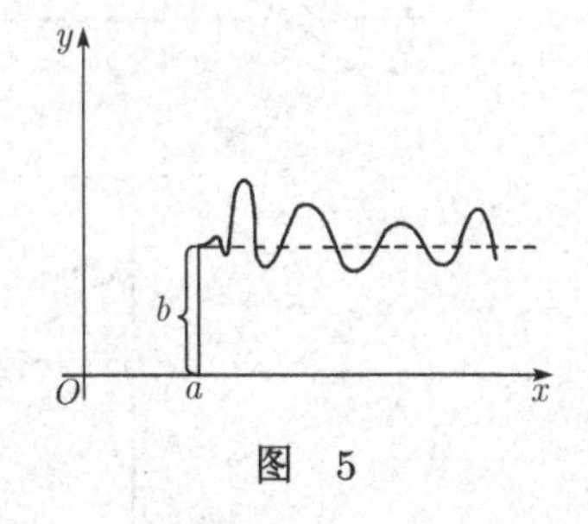

图 5

如果我们假设当 $x\to a$ 时 $y\to b$, 则当然有 $y \underset{x\to a+0}{\longrightarrow} b$ 以及 $y \underset{x\to a-0}{\longrightarrow} b$. 此时对于函数 y, x 从点 a 的右边趋近于 a 的五种极限类型的每一种, 都可以与从点 a 的左边趋近于 a 的五种极限类型结合起来, 从而得到了当 $x\to a$ 时函数 $y\to b$ 的 25 种不同类型的极限.

我们还注意到, 图 $1\sim 4$ 中所描述的情形可以方便地写成相应的形式

$$y \underset{x\to a+0}{\longrightarrow} b+0 \quad 及 \quad y \underset{x\to a+0}{\longrightarrow} b-0.$$

到目前为止, 我们认定 a 及 b 是实数. 当这两个字母之一 (或者两个一起) 表示 $+\infty$ 或 $-\infty$ 时, 也不难列举出函数 y 的各种类型的极限. 你们自己将不难作出. 作为例子, 我们指出当 $a=+\infty$, 而 b 是实数时, 所有的类型可以表示成图 $1'\sim 5'$.

函数 $f(x)$ 在图 $1'$ 及图 $3'$ 的情形是单调的, 而在其他情形则不是单调的. 在图 $5'$ 的情形 (如果它连续的话), 函数 $f(x)$ 可以无穷多次地等于其极限值 b (对充分大的 x 值).

当 a 是实数, 而 $b=+\infty$ 时, 则当 $x\to a+0$ 时, 很显然, 只可能有图 6 及图 7 所描述的两种类型.

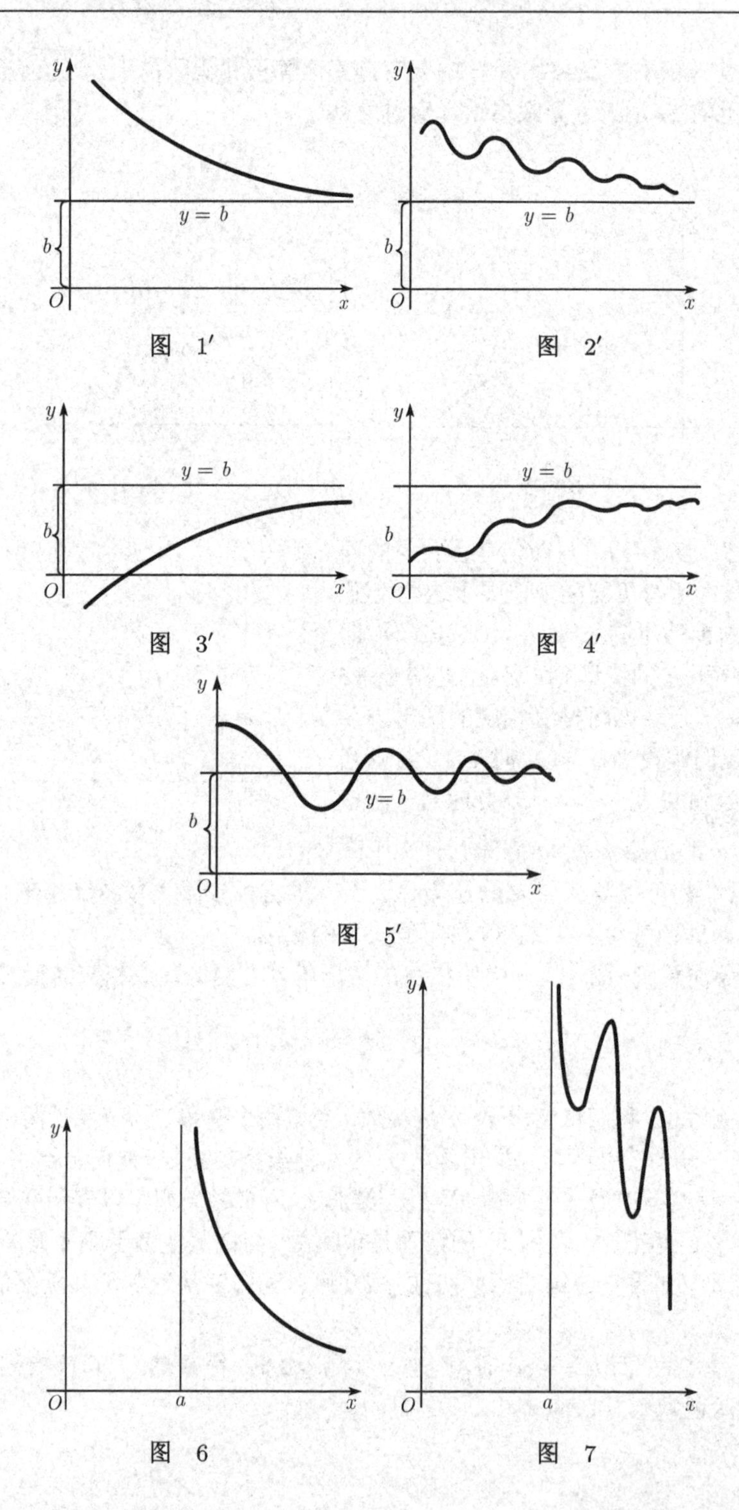

图 1′

图 2′

图 3′

图 4′

图 5′

图 6

图 7

2.3 常量的极限

当然, 常量 (即仅可能取单一一个值的量) 的极限总是存在的并且等于这个单一的值. 这个规定有时不可理解: 我们一开始说的是变量的极限, 怎么还有常量的极限存在呢?

但是这个规定对我们而言, 首先在逻辑上是必然的, 如果我们不想在极限定义中出现矛盾的话. 实际上, 对任何 x 值, 若 $y=b$, 则对点 b 的邻域 V, 对任何 x 都有关系式 $y \in V$. 由此依照极限的定义, 我们一定可以得出: 对任何 a, 都有

$$\lim_{x \to a} y = b. \tag{2}$$

其次, 这个约定又是十分合理 (实际上, 也几乎是不可避免的) 和实用的. 事实上, 如果我们暂时认为常量没有极限, 而设有一个函数使 (2) 对它成立, 则大家知道

$$\lim_{x \to a}(-y) = -b.$$

但对任何 $x, y+(-y)=0$. 量 y 与 $-y$ 都是有极限的, 且它们的和是常量 0. 而按照我们的约定, 常量又是没有极限的. 这样一来, 在表述我们熟知的两个变量的和的极限定理时, 我们不得不预先声明: "只有这个和不是常量", 和的极限的定理才成立. 这种附加的话, 其人为的繁琐特征是显而易见的, 而我们又不得不把它们放入所有关于极限的定理之中. 但若对任何常量都给以极限, 我们就可以完全解脱了. 像我们看到的那样, 这样做不会导致与已建立的极限概念的定义产生任何矛盾, 所以我们在讲述数学分析基础时始终采用了这个约定.

2.4 无穷小和无穷大

如果当 $x \to a$ 时 $y \to 0$, 量 $y=f(x)$ 就称为当 $x \to a$ 时的无穷小量. 在数学分析的早期的讲法中, 无穷小概念在极限理论中起着基本的作用. 可以先给出无穷小的定义, 然后再给出一般的极限概念; 这样就反过来, 把极限的定义归结为无穷小量的概念. 但历史事实是相反的, 后来的学者在阐述分析教程时完全不理会无穷小的概念, 认定这个概念是多余的, 它会留下许多误解. 事实也确实如此.[①]

关于这一点, 应当指出, 这里所谈的当然不是趋近于零的量的**概念** (这个概念在数学分析的任何讲法中, 包括在其所有的应用中, 都起着本质的作用), 而只是谈要不要有 "无穷小量" 这个**术语**. 这个名称实际上是不通顺的并且常常导致误解: 使用这个名称似乎是想去刻画这类量的**大小**——把一些在其变化的已知阶段并不是完全小的量叫做无穷小量总是不方便的. 而事实上, 这个名称所要描述的仅是已

① 这里指的是, 在牛顿和以前的讲法中, 都是先讲无穷小, 再讲一般的极限概念. 但大概从柯西开始, 是以函数极限为基础, 而把无穷小作为特定的函数的极限. —— 译者注

知量的**变化特征**, 而绝不是它的大小. 这个用词上的失误应归咎于历史, 即在无穷小量的叫法所出现的时代, 其意义完全不同于我们现在为它确定的意义.

然而, 如同我们已指明的那样, 趋近于零的量在数学分析及其应用中如此经常出现, 所以不给它一个简单的名称也是非常困难的. 另一方面, 把在历史上已经使用了几个世纪的名称换成另外的说法确实是一场灾难, 而这样的灾难在数学中却总是经常不断, 让人感到毫无好处. 最后, 如果我们不把无穷小量作为极限理论的基础 (如同我们现在所做的那样), 而仅仅是把它理解为趋于极限的量的一般概念的一种特殊情形, 则概念间严重混淆的危险性就不会太大, 并且不致引起太严重的后果.

如果

$$\lim_{x\to a}|y| = +\infty,$$

则量 y 称为**无穷大量**. 这就是说, 无穷大量就是要么趋于 $+\infty$, 要么趋于 $-\infty$, 要么不趋近于某个极限而是时而取正值、时而取负值, 但按其绝对值则无限增加. 变量 $y=(-1)^n n$ 当 $n\to+\infty$ 时就是后一种情形, 其中 n 在增加时仅取整数值. 关于术语 “无穷大量” 也可以重复我们上面对 “无穷小量” 的论述.

这里我们毋需对已熟知的无穷小量的和、差、积的定理再说什么, 只需要对常导致误解的两个地方加以注意.

1) 在无穷小量的和及积的定理中经常要求加项 (或因子) 的个数是有限的. 若没有这个说明, 我们很容易就能找出简单的例子来证明这两个定理是不能成立的.

2) 关于两个无穷小量的**商**不可能作出任何一般的结论. 这里商可以具有任何变化特征, 特别地, 可能不趋于任何极限.

在继续讲述之前, 我们需要对记号 $+\infty$ 和 $-\infty$ 再作些说明. 我们现在经常遇到这些记号, 当然, 它们并不表示任何数. 例如, 在问到记号 $+\infty$ 表示什么时, 最正确而清楚的说法就是它本身什么意义也没有. 但 “$+\infty$ 的邻域” 这种说法是有意义的, 它表示的是大于某个 (任意的) 实数 a 的全体实数集合. 给这样的集合一个简单的名称是很方便的, 因为在数学分析中我们经常碰到这类集合, 所以就称它为 $+\infty$ 的邻域. 与 “$+\infty$ 的邻域” 这种说法一样, 诸如 $\lim\limits_{x\to a} y=+\infty$(其中 a 本身可以是符号 $+\infty$ 与 $-\infty$ 之一) 这种表达式也就有了意义. 实际上, 在我们已给出的极限定义 $\lim\limits_{x\to a} y=b$ 中, 谈到字母 a 及 b 时总是一起谈到它们的邻域, 因此这两个字母中的任何一个都可用符号 $+\infty$(或者 $-\infty$) 来代替 (只要我们指明, 把什么样的集合称为这些符号的邻域就行), 没有必要对这些符号本身给予任何意义.

已经看出, 在使用符号 $+\infty$ 及 $-\infty$ 时需要特别细心. 特别地, 对它们作某些算术运算 $\left(\dfrac{1}{\infty}=0\text{ 等}\right)$ 是完全不允许的, 但在某些 “简略” 的分析教程中是这样用的. 同样, 对于所有有符号 $+\infty$ 及 $-\infty$ 出现的等式, 如果这些符号不是直接起着上述类型的极限的作用, 也都是没有意义的. 如三角表示中形如 $\tan\frac{\pi}{2}=\pm\infty$[①]之类的任何等式都是如此. 反之, 不等式

$$a<+\infty,\quad b>-\infty,\quad -\infty<c<+\infty$$

却可以有确定的意义, 它们依次表示: 1) a 要么是一个数, 要么是符号 $-\infty$; 2)b 要么是一个数, 要么是符号 $+\infty$; 3)c 是一个数.

最后, 在谈到函数 $y=f(x)$ 的极限存在时, 必须准确地声明, 我们这里所说的是存在一个**数**, 它是这个量 y 的极限, 或者我们也将允许符号 $+\infty$ 和 $-\infty$ 作为极限. 当然, 在术语问题上我们显然可以取两种说法中的任何一种, 怎样选择就看哪一种适合. 通常约定把 "y 有极限" 理解为存在一个**数**作为量 y 的极限, 而如果需要对这个论断作广义的理解, 则应作专门的声明. 今后我们都将这样处理.

2.5　柯西准则

极限理论的最重要问题之一是: **已知函数$y=f(x)$, 当$x\to a$时它是否有极限**? 这里, 1) 按照我们的约定, 要讨论的是这样的**数**b 是否存在, 使当 $x\to a$ 时 $y\to b$; 2) 反之, a 可以是数, 也可以是符号 $+\infty$ 与 $-\infty$ 之一; 3) 在此问题中只谈及极限的**存在性**问题, 至于怎样去找出极限, 我们目前完全不必管它.

下述极限存在的重要准则是十分重要的工具, 特别是在理论研究中.

柯西准则　*函数 $y=f(x)$ 当 $x\to a$ 时有极限, 当且仅当下述条件得到满足: (A) 无论对于怎样小的正数 ε, 都存在数 (或符号)a 的一个邻域 U, 使得对邻域 U 中的任何两个数 x_1 和 x_2, 都有*

$$|f(x_1)-f(x_2)|<\varepsilon.$$

证明　1) 设当 $x\to a$ 时量 y 趋近于数 b. 依照极限的定义, 存在数 a 这样的邻域 U, 使得当 $x\in U$ 时有

$$b-\frac{\varepsilon}{2}<f(x)<b+\frac{\varepsilon}{2},$$

因此, 若 $x_1\in U$ 且 $x_2\in U$, 则 $f(x_1)$ 及 $f(x_2)$ 均介于 $b-\frac{\varepsilon}{2}$ 与 $b+\frac{\varepsilon}{2}$ 之间, 因而彼此之差小于 ε. 这就证明了条件 (A) 的必要性.

2) 现在设条件 (A) 成立. 对每一个自然数 n 都存在数 a 的一个邻域 U_n, 使得当 $x_1\in U_n, x_2\in U_n$ 时总有

$$|f(x_1)-f(x_2)|<\frac{1}{n}.\tag{3}$$

① 当然, 正确的表述应当是

$$\lim_{x\to\frac{\pi}{2}-0}\tan x=+\infty,\qquad \lim_{x\to\frac{\pi}{2}+0}\tan x=-\infty.$$

我们可以把每一个这样的邻域 U_n 都取为区间 (闭的), 同时有权假设 $U_{n+1} \subset U_n(n = 1, 2, \cdots)$. 实际上, 若区间 U_{n+1} 不是区间 U_n 的部分, 则我们通常取区间 U_n 与 U_{n+1} 的公共部分 U'_{n+1} 来代替 U_{n+1}.① 很明显, U'_{n+1} 是区间, 且 $U'_{n+1} \subset U_n$, 并且对任何 $x_1 \in U'_{n+1}, x_2 \in U'_{n+1}$, 都有

$$|f(x_1) - f(x_2)| < \frac{1}{n+1},$$

所以邻域 U'_{n+1} 在任何情况下都可以用来代替邻域 U_{n+1}.

因为函数 $f(x)$ 在区间 U_n 上是满足条件 (3) 的, 所以函数在此区间上所取的值的整个集合 M_n 将落在长度为 $1/n$ 的某个区间 Δ_n 之内. 但 $U_{n+1} \subset U_n$, 于是 $M_{n+1} \subset M_n$, 因而区间 Δ_{n+1} 将整个落在区间 Δ_n 之内, 即 $\Delta_{n+1} \subset \Delta_n$; 又因为当 $n \to \infty$ 时区间 Δ_n 的长度 $1/n$ 将趋近于零, 则区间序列 $\Delta_n(n = 1, 2, \cdots)$ 将构成收缩的区间套. 根据第一讲的引理 2 我们可以断定, 存在唯一的一个数 b 属于所有的区间 Δ_n.

最后, 我们来证明 $\lim\limits_{x \to a} y = b$. 为此我们以 V 来表示数 b 的任意邻域. 依照这个数的定义, 对任何充分大的 n, 都有 $\Delta_n \subset V$. 所以若 $x \in U_n$, 则 $f(x) \in M_n \subset \Delta_n \subset V$. 由此, 依照极限的定义应有 $\lim\limits_{x \to a} y = b$.

这样一来, 柯西准则就已完全证明. 特别地, 要使数列

$$a_1, a_2, \cdots, a_n, \cdots$$

有极限, 当且仅当对任意的 $\varepsilon > 0$ 以及任何充分大的 n 和 m, 都有

$$|a_n - a_m| < \varepsilon.$$

在证明某个别函数的极限存在性时, 柯西准则只在很少有的情形下, 才得到具体的应用. 为此常常采用更为简单的准则, 但这种准则不是极限存在的特征, 即不是充分必要的准则. 相反地, 在一般的理论研究中, 柯西准则正是由于这个特点, 才起到几乎是不可取代的作用, 这一点我们即将看到.

2.6 关于基本定理的注记

极限理论的基本定理, 即和、差、积等极限定理, 你们当然是很熟悉的, 这里不仅不需再去证明, 也不必陈述它们. 但与这些定理相关的一个注记还必须给出. 因为这个注记对于整个一系列定理都是相同的, 我们只用其中的一个为例来加以说明.

当我们说到 "两个量之和的极限等于它们的极限之和" 时 (在大量 "简略" 的教程中正是使用这样的简单措词), 指的是 (尽管它们没有提到这一点): 所有这三

① 显然, 它是非空的.

个量 (两个加项以及和) 都是有极限的, 并且问题只涉及这些极限之间的关系. 实际上, 我们这里的假设多于所需, 只需假设这两个加项都存在极限就够了, 因为可以证明这时和必有极限 (等于加项的极限之和). 对这个证明不需任何附加的讨论, 这个结果可以从和的极限的定理的任何证明中自动地得出, 成为一个附加的结果.

反之, 从和有极限则不能直接推出每一个加项都有极限. 实际上, 设量 y 当 $x \to a$ 时不趋近于任何极限, 很显然, 量 $1-y$ 也同样没有极限, 但这两个量之和 (这是一个常数, $y+1-y=1$) 当 $x \to a$ 时有极限 1.

也就是说, 关于和的极限的定理的最完整陈述应为: **如果已知的有限多个量中的每一个当$x \to a$时都有极限, 则它们的和也有极限, 并且和的极限等于各项的极限之和**. 所有这一系列的定理都有类似的陈述.

2.7 部分极限、上极限和下极限

我们现在需要详细研究变量 x 的这种函数 —— 当 $x \to a$ 时这些函数没有极限. 所有 "简略" 的教程通常是不研究这个问题的.

如果对于数 a 的任意邻域 U 以及数 b 的任意邻域 V, 都可以找到一个异于 a 的点 $x \in U$, 使得 $f(x) \in V$, 那么当 $x \to a$ 时我们称数 b 是函数 $y=f(x)$ 的**部分极限**. 这个简单的定义不加任何改变可以推广到 b 是符号 $+\infty$, $-\infty$ 之一的情形. 这就是说, 部分极限 b 是这样的数, 使得不论怎样靠近 a, 总可以找到 x 值, 使相应的量 y 任意地接近于 b[当 a 或 b 是 $+\infty$ 时, 我们当然应当把 "任意接近于 a(或 b)" 改变成 "任意大的数"; 当 a 或 b 是 $-\infty$ 时也完全类似].

类似地, 我们也可以定义当 $n \to \infty$ 时数列 $a_1, a_2, \cdots, a_n, \cdots$ 的部分极限.

如果 $\lim\limits_{x \to a} y$ 存在, 则正如从极限概念的定义中所看到的那样, 它必然也是量 y 的一个部分极限 (且是唯一的), 而不管这个极限是一个数还是符号 $+\infty$ 与 $-\infty$ 之一. 但如果这个极限不存在, 则这个量 y 至少有两个不同的部分极限. 也就是说, 任何函数 $y=f(x)$ 当 $x \to a$ 时都至少有一个部分极限. 当且仅当 $\lim\limits_{x \to a} y$ 存在时, 部分极限才是唯一的.

要证明这些论断的正确性, 显然必须证明下面两个命题.

命题 1 任何函数 $y=f(x)$ 当 $x \to a$ 时都至少有一个部分极限.

命题 2 如果 b 是函数 $y=f(x)$ 当 $x \to a$ 时的唯一部分极限, 则 $\lim\limits_{x \to a} y = b$.

在所有这些情形里, 所有的极限和部分极限都可以是数, 也可以是符号 $+\infty$ 及 $-\infty$.

命题 1 的证明 若符号 $+\infty$ 与 $-\infty$ 之一是量 y 当 $x \to a$ 时的部分极限, 则命题已经得证. 因此我们假设这里不是这样, 并且指明这时存在一个数 b, 它是量 y 当 $x \to a$ 时的部分极限.

但如果 $+\infty$ 或者 $-\infty$ 都不是函数 $f(x)$ 当 $x \to a$ 时的部分极限, 则很显然, 存在这样的一对数 $\alpha, \beta(\alpha < \beta)$, 使得对任何充分靠近 a 的 x, 都有

$$\alpha \leqslant f(x) \leqslant \beta.$$

特别地, 这就表明: **在数a的任何邻域内都可以找到数x, 使得$f(x)$属于区间$[\alpha, \beta]$**. 为简便计, 我们记这样的区间为 Δ_1, 并且约定只用字母 A 来表示区间 Δ_1 具有以上性质. 如果我们将此区间等分, 则其两个半区间中至少有一个具有性质 A(因为若数 a 的邻域 U_1 不含任何使得 $f(x)$ 属于左半区间的 x, 且邻域 U_2 不含任何使 $f(x)$ 属于右半区间的 x, 则作为这两个部分 U_1 与 U_2 的公共部分所组成的邻域 U①很显然将不包含任何使 $f(x) \in \Delta_1$ 的点 x, 即区间 Δ_1 不具有性质 A). 我们再用 Δ_2 来表示区间 Δ_1 的具有性质 A 的半区间, 并且重复我们对区间 Δ_1 所进行的工作, 即把 Δ_2 平分且把具有性质 A 的半区间表之以 Δ_3. 无限继续这个过程, 很显然, 我们就得到一个收缩的区间套 $\Delta_1, \Delta_2, \Delta_3, \cdots, \Delta_n, \cdots$. 设 b 就是根据收缩的区间套引理而一定存在的属于所有这些区间的唯一公共数, 并以 U 和 V 来表示数 a 及 b 的相应邻域. 依照数 b 的定义, 可以找到一个区间 $\Delta_n \subset V$. 但每一个区间 Δ_n 都具有性质 A, 因而存在这样的一个数 $x \in U$, 使得 $f(x) \in \Delta_n \subset V$. 此即表明, b 是量 y 当 $x \to a$ 时的部分极限.

命题 2 的证明　由命题 1, 量 y 当 $x \to a$ 时至少有一个部分极限 b. 若关系式 $\lim\limits_{x\to a} y = b$ 不成立, 则存在着数 (或符号)b 的一个邻域 V 具有以下性质: 对数 (或符号)a 的任何邻域 U, 都可以找到这样的 x, 使得相应的 $f(x)$ 不属于 V. 因此, 很显然, 应当有下述两种情形之一成立: 要么符号 $+\infty, -\infty$ 中有一个, 而且不是 b, 是量 y 当 $x \to a$ 时的极限; 要么存在 **V外的**一个区间 $[\alpha, \beta]$, 使得数 (或符号)a 的任何邻域 U 都包含 x, 使得 $f(x) \in [\alpha, \beta]$. 在前一种情形, 命题 2 得证. 在后一种情形, 如同我们在命题 1 的证明过程那样, 同样可以证明: 量 y 当 $x \to a$ 时有部分极限 b' 属于区间 $[\alpha, \beta]$, 因而不等于 b. 这就是说, 此时命题 2 也得证.

于是, 我们就证明了, 在已知过程中任何没有极限的量都至少应当有两个部分极限. 一般说来, 不可能做出更多的结论了. 如量 $y = (-1)^n$(其中 n 是自然数) 当 $n \to \infty$ 时, 很显然丝毫不差地有两个部分极限 $+1$ 和 -1. 另一方面, 存在着这样的量, 在其变化过程中可以有无穷多个部分极限, 如函数 $y = \sin\dfrac{1}{x}$ 当 $x \to 0$ 时就以区间 $[-1, +1]$ 上的所有数作为其部分极限. 实际上, 当 $x \to 0$ 时量 $\dfrac{1}{x}$ 连续且无限地增加, 因而其正弦无数次地从 -1 到 $+1$ 连续反复地变化. 无论取区间 $[-1, +1]$ 之中的哪一个数 β, 我们总能找到这样小的一个非 0 的数 α(即在数 0 的任意小的

① $U = U_1 \cap U_2$. —— 译者注

邻域中), 使得

$$\sin\frac{1}{\alpha}=\beta.$$

尽管大多数部分极限作为一个集合而言, 具有完全不同的特征, 但在其部分极限集合的构造上却有着对任何变量都共有的特征, 而这些特征对数学分析来讲恰恰具有本质上的重要性. 我们现在就来给出其中的一些.

性质 1 若数 (或符号)b 不是量 y 当 $x\to a$ 时的部分极限, 则存在数 (或符号)b 的一个邻域 V, 其中不含任何一个这样的部分极限为其内点.

实际上, 如果 b 不是量 y 当 $x\to a$ 时的部分极限, 则存在数 (或符号)b 的一个邻域 V 及数 (或符号)a 的一个邻域 U, 使得当 $x\in U$ 时, y 不属于开区间 V; 但因为区间 V 是其任何内点的邻域, 则上述性质对 V 的任何内点都成立, 因而所有这些内点, 作为数, 都不是量 y 当 $x\to a$ 时的部分极限, 于是性质 1 得证.

在讲述性质 2 之前, 我们注意如下的事实.

若已知量 y 当 $x\to a$ 的部分极限中有符号 $+\infty$ 时, 则我们自然把这个部分极限理解为最大的. 类似地, 如果符号 $-\infty$ 是量 y 的部分极限, 则可以把它理解为最小的部分极限. 作了这些约定, 我们现在就可以来讲述性质 2 了.

性质 2 任何变量的所有部分极限中总有最大的和最小的.

你们当然明白, 这个结论并不是自明的! 例如开区间 $(0,1)$ 之中就既没有最大的数, 也没有最小的数. 一般来说, 并不是在任何数集中都有最大的数和最小的数 (或符号). 我们命题的意义就在于: 绝对不是任何集合都可以是变量的部分极限的集合 (从性质 1 也可以看出这一点). 部分极限的集合可能具有某种专门的特点, 其中之一就是: 它包含最大的数和最小的数 (或符号). 我们来证明这一点.

我们将只讨论关于**最大**部分极限的情况, 因为最小部分极限的所有讨论可以完全类似地得出.

我们可以假设符号 $+\infty$ 不是已知变量的部分极限 (否则, 如同已经指出的, 它就是最大部分极限, 恰好正是性质 2 要证明的). 根据性质 1, 由此得出在符号 $+\infty$ 的某个邻域内没有部分极限, 换言之, 所有的部分极限都小于某个数. 如果我们的已知量唯一的部分极限是以符号 $-\infty$ 来表示的, 则它同时也就是最大部分极限, 于是性质 2 得证. 因此我们可以设已知量的部分极限中存在着某个数 b.

现在我们将所有实数的集合按下述原则分成 A 和 B 两类: 若在 x 右边有已知量的哪怕一个部分极限, 则 $x\in A$; 否则就令 $x\in B$. 当然容易证明, 这个分划是一个分割. 设 α 是其一个界限, 我们来证明 α 是已知量的最大部分极限. 实际上, α 首先是一个部分极限. 因为反之由性质 1, 数 α 的某个邻域 $(\alpha_1,\alpha_2)(\alpha_1<\alpha<\alpha_2)$ 将不包含任何一个部分极限, 但由不等式 $\alpha_1<\alpha$ 我们得出 $\alpha_1\in A$, 因此 α_1 的右边应当有部分极限. 又因为在区间 $[\alpha_1,\alpha_2]$ 上没有这样的部分极限, 则它们应在 α_2

的右边, 而这是不可能的, 因为由于不等式 $\alpha_2 > \alpha$, 则 $\alpha_2 \in B$. 其次, α 的右边是没有部分极限的. 因为若 $\beta > \alpha$ 是部分极限的话, 则对任何介于 α 与 β 之间的 $\gamma(\alpha < \gamma < \beta)$, 应当有: 由 $\gamma > \alpha$, 则 $\gamma \in B$, 而同时又由 $\beta > \gamma$, 有 $\gamma \in A$. 但这是不可能的, 因为定义一个实数的分割, 其 A 类与 B 类不会有公共的数. 这就是说, 数 α 实际上是已知量的最大部分极限. 于是性质 2 得证.

这样一来, 任何变量在其变化过程中都有最大和最小的部分极限. 这两个部分极限有着重要的意义: 它们分别称作量 $y = f(x)$ 当 $x \to a$ 时的**上极限和下极限**, 并用以下符号表示:

$$\overline{\lim_{x\to a}} f(x) \quad 及 \quad \underline{\lim_{x\to a}} f(x),$$

或者

$$\limsup_{x\to a} f(x) \quad 及 \quad \liminf_{x\to a} f(x).$$

显然, 总有

$$\limsup_{x\to a} f(x) \geqslant \liminf_{x\to a} f(x).$$

此外, 这两个数可以取任何值, 同时其中的任何一个或者二者都可以是符号 $+\infty$ 或 $-\infty$. 如果当 $x \to a$ 时其上极限和下极限都是数, 则量 y 称为**有界的**; 如果两者中哪怕有一个取符号 $+\infty$ 或者 $-\infty$, 则称其为**无界的**. 很显然, 当 $x \to a$ 时量 y 的有界性意味着存在数 α 和 β 以及数 a 的邻域 U, 使得对任何 $x \in U$, 都有

$$\alpha < f(x) < \beta.$$

要使 $\lim\limits_{x\to a} y$ 存在 (数或者符号), 当且仅当以下关系成立:

$$\overline{\lim_{x\to a}}\, y = \underline{\lim_{x\to a}}\, y,$$

因为上、下极限重合等价于部分极限的唯一性.

介于 $\underline{\lim\limits_{x\to a}}\, y$ 以及 $\overline{\lim\limits_{x\to a}}\, y$ 之间的数, 可以是也可以不是量 y 当 $x \to a$ 时的部分极限. 我们前面已经见过了两个这样的极端例子: 1) 介于这两个数中的任何一个数都不是部分极限; 2) 反之, 介于其中的每一个数都是部分极限. 一般说来, 它们之间有一些数是部分极限, 而另一些则不是.

有时上极限和下极限是以其他形式来定义的. 这些其他的定义方法不仅对于拓广和具体化这些概念本身有益, 而且对其应用也有益. **数(或符号)b称作当$x \to a$时量$y = f(x)$的上极限, 如果对于任意的数 (或者符号)α和$\beta(\alpha < b < \beta)$, 都可以找到数(或符号)$a$的这样小[①]的一个邻域$U$, 它包含使得$\alpha \leqslant y \leqslant \beta$的数$x(x \neq a)$, 但不包含使得$y > \beta$的数$x(x \neq a)$.**

① 如果 a 是一个符号, 例如 $a = +\infty$, 则 "这样小" 的邻域 U 应理解为可以找到一个数 (可能是很大的)M, 使得其中有 $x > M(x \neq a)$. —— 译者注

要想证明新定义等价于前面的定义, 首先注意到, 若数 (或符号)b 依照新定义是量 y 的上极限, 则 b 很显然是这个量的部分极限. 若还存在着部分极限 $b'>b$, 则我们可以找到数 $\alpha,\beta,\alpha',\beta'$ 使得

$$\alpha<b<\beta<\alpha'<b'<\beta'.$$

同时, 因为 b' 是部分极限, 则数 (或符号)a 的任何邻域 U 应当包含使得 $\alpha'<y<\beta'$ 的数 x, 由此得 $y>\beta$. 但很显然, 这与 b 依照新定义是上极限这一事实相矛盾.

反之, 我们现在设 b 是量 y 当 $x\to a$ 时的最大部分极限. 若 $\alpha<b<\beta$, 则数 (或符号)a 的任何邻域 U 就包含使得 $\alpha<y<\beta$ 的数 x(依照部分极限的定义). 要证明 b 是量 y 在新定义下的上极限, 余下只要证明对适当选择的邻域 U, 对任何 $x\in U$ 都有 $y\leqslant\beta$.

若 $b=+\infty$, 则没有什么要证明的; 若不是这样, 即 $+\infty$ 不是部分极限 (因为 b 是最大部分极限). 这就意味着, 存在数 y_0 以及数 (或符号)a 的邻域 U_0, 使得对任何 $x\in U_0$, 都有 $y<y_0$. 若 $y_0\leqslant\beta$, 则所求的一切均已得证. 若 $y_0>\beta$, 则区间 $[\beta,y_0]$ 内的每一个数 λ 都不是部分极限且有与数 (或符号)a 的这样的邻域 U_λ 对应的邻域 V_λ, 对任何 $x\in U_\lambda, f(x)=y$ 位于 V_λ 之外. 开区间 V_λ 覆盖了区间 $[\beta,y_0]$. 应用海涅–博雷尔引理 (参见第一讲引理 3), 我们可以得到区间 $[\beta,y_0]$ 的一个有限覆盖 $V_{\lambda_1},V_{\lambda_2},\cdots,V_{\lambda_r}$. 这里设 U 是邻域 $U_0,U_{\lambda_1},U_{\lambda_2},\cdots,U_{\lambda_r}$ 的公共部分, 很显然, U 是数 (或符号)a 的邻域, 使得若 $x\in U$, 则相应的 y 值不可能属于区间 $V_{\lambda_1},V_{\lambda_2},\cdots,V_{\lambda_r}$ 中的任何一个. 换言之, 对任何 $x\in U$ 均有 $y<\beta$. 命题得证.

不言而喻, 也可以得到下极限的类似的新定义, 并且新老定义之间的等价性可以用完全类似的方法得到证明.

若想以更加具体的观点来看这个抽象体系, 则要在我们眼前打开这样一幅图画: 可以用下述的基本线索来描述它, 而不求任何形式上的严格性. 变量在其某个变化过程中时而趋近于一个数, 时而趋近于另一个数, 时而趋近于第三个数 …… 我们称数 b 是已知量的部分极限, 若变量在过程越来越后的阶段, 一而再地如此接近于数 b(同时完全可能的是, 在两次趋近 b 之间, 它可以偏离数 b 十分远; 重要的仅仅是: 或迟或早它又要离 b 的距离任意小). 若 b 是**唯一的**这种吸引中心, 则显然, 我们的量 y 不仅可以变到离 b 任意近, 而且最终**变得一直**如此靠近于 b, 这样我们就有 $\lim\limits_{x\to a}y=b$. 而一般来说, 无论我们注视变量 y 变化过程多久, 它都像不减幅的摆一样在已知的范围内来回不断地振动, 这样的量 y 就不趋于什么极限, 而这个范围的界限 (其中可能会遇到 $-\infty$ 和 $+\infty$) 则是我们所说的这个量的上极限和下极限.

2.8 多元函数的极限

我们下面还要研究几个与多元函数有关的不太复杂的极限理论问题. 为叙述简便起见, 这里我们将只谈及**两个**自变量的函数. 这里所述的一切, 作一些相应的改变后, 就可适用于任意多个变量的函数.

我们用坐标平面 Oxy 上的点来表示自变量 x 与 y 的每一对值, 并且为简便计, 我们今后把**点** (a,b) 理解为这些变量的一对值 $x=a, y=b$. 把点 (a,b) 的邻域理解为平面 Oxy[①]的任何包含此点在内的邻域, 这个邻域可以是圆、矩形或更复杂的形式. 我们认为, 术语 "点 (a,b) 的邻域", 当 a 或者 b, 或者两个字母一起都是符号 $+\infty$ 或 $-\infty$ 时都是有意义的. 因为若 a 是数, 而 b 是符号 $+\infty$, 则点 (a,b) 的邻域是任何形如 $\alpha<x<\beta, y>\gamma$(其中 $\alpha<a<\beta$, 而 γ 是任意的) 的区域 (图 8). 若 a 是 $-\infty$, 而 b 仍然是 $+\infty$, 则 (a,b) 的邻域是任何形如 $x<\alpha, y>\beta$(其中 α,β 是任意的数) 的区域 (图 9). 以此类推.

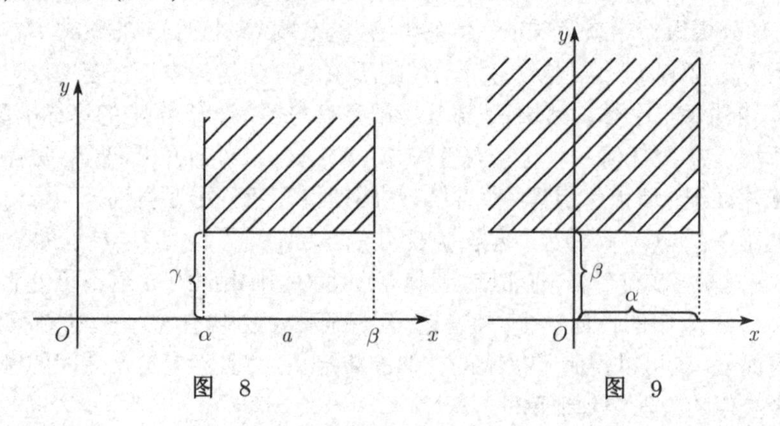

图 8 图 9

我们说, 当 $x\to a, y\to b$ 时, 函数 $z=f(x,y)$ 以数 (或符号)c 为极限, 是指对于数 (或符号)c 的任何邻域 V 都可以找到点 (a,b) 的邻域 U, 使得对任何 $(x,y)\in U((x,y)\neq(a,b))$ 都有 $z\in V$. 此事实可记成如下形式:

$$\lim_{\substack{x\to a\\ y\to b}} z=c \quad 或者 \quad z\underset{\substack{x\to a\\ y\to b}}{\longrightarrow} c. \tag{4}$$

在此定义下, 对一元函数所建立的整个极限理论可以很容易、很自然地移植到二维情形. 特别是, 部分极限、上极限和下极限的定义和性质都能保持, 柯西准则及其证明也同样有效.

至于其论证, 则同一维的情形完全类似. 唯一的区别在于: 我们现在要用到二维的辅助定理, 如二维的收缩邻域系定理、二维的海涅–博雷尔引理, 等等. 所有这

① 具有下述性质的平面点集我们称之为平面邻域: 若点属于此集合, 则可以找到以此点为中心的一个圆, 整个属于这个集合.

些辅助定理的证明如同一维情形那样简单, 方法也都一样, 因此我们不必在此多加解释.

必须把逐次极限

$$\lim_{y \to b}(\lim_{x \to a} z) \quad 及 \quad \lim_{x \to a}(\lim_{y \to b} z) \tag{5}$$

与二重极限 (4) 严格区分开来. 这里我们有两个逐次的一维极限过程而不是一个二维极限, 与平面 Oxy 上的点 (a,b) 的邻域有关的几何图形则完全不见了. 因为要想得到 $\lim\limits_{y \to b}(\lim\limits_{x \to a} z)$, 我们需先给 y 以任何常数值从而使变量 z 成为变量 x 的**一元**函数, 再求其当 $x \to a$ 时的极限. 这个极限可以对 y 的某些固定值存在, 而对 y 的另一些值则不存在. 如果这个极限对点 (或符号)b 的某个邻域 V 内的所有 y 值都存在, 则在此邻域内 $\lim\limits_{x \to a} f(x,y)$ 将是单变量 y 的函数, 因而我们就可以求其当 $y \to b$ 时的极限. 若后面这个极限也存在, 则它就是 $\lim\limits_{y \to b}(\lim\limits_{x \to a} z)$.

可能有这样的情形: 两个逐次极限 (5) 都存在, 但二重极限 (4) 却不存在. 我们来研究函数

$$z = \frac{2xy}{x^2 + y^2}$$

在坐标原点附近的情形 (注意, 这个函数在坐标原点本身无定义, 不论在二重极限的定义里, 还是在逐次极限的定义里, 量 $f(a,b)$ 都完全不出现, 函数在此不取任何值; 如果愿意, 当 $x = y = 0$ 时可以让函数 z 取任何值). 当固定 $x \neq 0$ 时 $\lim\limits_{y \to 0} z = 0$, 而当固定 $y \neq 0$ 时 $\lim\limits_{x \to 0} z = 0$, 因而有

$$\lim_{x \to 0}(\lim_{y \to 0} z) = \lim_{y \to 0}(\lim_{x \to 0} z) = 0.$$

另一方面, 点 (0,0) 的任何邻域都既包含 $x = 0, y \neq 0$ 的点, 也包含 $x = y \neq 0$ 这样的点. 由于第一种情形下 $z = 0$, 而第二种情形下 $z = 1$, 所以这两个数 0 和 1 都将是函数 z 当 $x \to 0, y \to 0$ 时的部分极限. 存在至少两个不同的部分极限就意味着 $\lim\limits_{\substack{x \to 0 \\ y \to 0}} z$ 不存在.

可能有相反的情形: 二重极限 (4) 存在, 但两个逐次极限 (5) 却一个也不存在. 研究函数

$$z = \begin{cases} (x^2 + y^2)\sin\dfrac{1}{xy}, & 若\ xy \neq 0, \\ 0, & 若\ xy = 0 \end{cases}$$

在坐标原点附近的情形. 因为对圆 $x^2 + y^2 < \varepsilon^2$ 的所有点都有 $|z| < \varepsilon^2$, 所以

$$\lim_{\substack{x \to 0 \\ y \to 0}} z = 0;$$

另一方面, 当 $y \to 0$ 时固定 $x \neq 0$(也同样可固定 $y \neq 0$ 而令 $x \to 0$), $\sin\dfrac{1}{xy}$, 从而

函数 z 不趋近于任何极限. 也就是说, 极限 $\lim\limits_{x\to 0} z(y\neq 0)$ 与 $\lim\limits_{y\to 0} z(x\neq 0)$ 都不存在. 当然, 逐次极限 (5) 中任何一个的存在性就无从谈起.

但应当指出, 若 (4) 和 (5) 这三个极限都存在时, 它们应当是完全相同的. 实际上, 例如令

$$\lim_{x\to a}(\lim_{y\to b} z) = c, \tag{6}$$

设 V 是数 (或符号)c 的任何一个邻域且 U 是点 (a,b) 的任何一个邻域. 由 (6) 则存在数 (或符号)a 的这样一个邻域 A, 使得对任何 $x\in A$, 都有

$$\lim_{y\to b} z\in V;$$

这个邻域 A 是 Ox 轴的某个区间, 很明显, 我们可以在此区间上选取如此靠近 a 的点 x_0, 使得点 (x_0,b) 属于邻域 U(图 10). 固定此 x_0, 由 $x_0\in A$ 得到

$$c_{x_0} = \lim_{y\to b} z\in V;$$

但由极限概念的定义, 这就表明: 对数 (或符号)c_{x_0} 的任何邻域 V', 都可以找出数 (或符号)b 的邻域 B_{x_0}, 使得当 $x=x_0$ 以及对任何 $y\in B_{x_0}$, 都有 $z\in V'$. 很显然, 这不妨碍我们把邻域 V' 选得这样小, 以致 $V'\subset V$(因为 $c_{x_0}\in V$). 另一方面, 因为点 $(x_0,b)\in U$, 所以我们可以选取如此靠近 b 的数 $y_0\in B_{x_0}$, 使得点 (x_0,y_0) 也属于邻域 U(图 10).

由于 $y_0\in B_{x_0}$, 此时在点 (x_0,y_0) 处, $z\in V'\subset V$. 现在注意到, 由于 U 是点 (a,b) 的**任意**邻域以及 V 是数 (或符号)c 的**任意**邻域, 则我们找到了点 $(x_0,y_0)\in U$, 使得 $z\in V$. 这件事证明了 c 是量 z 当 $x\to a, y\to b$ 时的部分极限. 如果我们假设 $\lim\limits_{\substack{x\to a\\ y\to b}} z$ 存在, 则它是唯一的部分极限, 因而应当等于 c. 此即所要证明的.

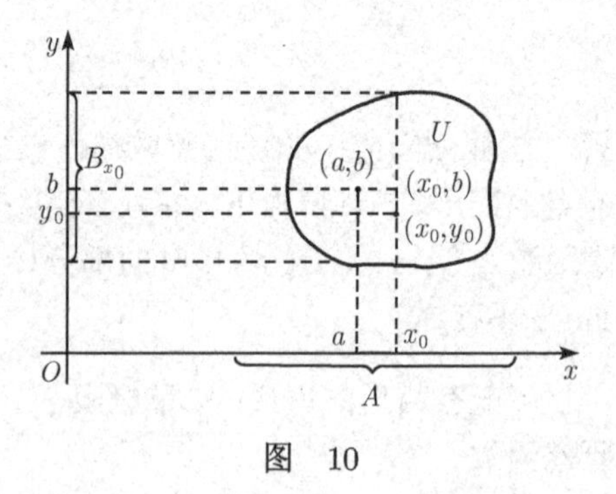

图 10

第三讲　函　　数

3.1　何谓函数?

第一讲开始就一些问题所提到的函数的定义, 是在关于什么是函数的许多观点的持续争辩中产生并最后取得胜利的. 这个争辩直到现在还没有结束, 尽管这个定义在实际的科学活动中谁也不再怀疑了.① 这场斗争的根本目的是打破解析工具的霸权, 过去是现在仍然是. 这种霸权, 即把解析表达式从方便的研究工具变成为对函数思想的主宰者, 并把自身的规律性强加于函数概念, 从 18 世纪起就笼罩在函数关系的概念上. 这种霸权仅在数学科学自身范围内有所破除, 而在应用科学以及在教学中 (甚至在高等工科院校里) 仍然保持着相当程度的影响. 几乎每一个工程师, 都形式地看待函数关系的科学定义 (尽管这定义中没有一个字提到解析表达式), 把函数首先看作是一个公式, 一个解析表达式, 而不去思考解析表达式以外的函数关系, 这是他们同数学家之间的本质区别. 数学家习惯于认真理解其概念的定义, 而在他们眼里 "函数" 这个词始终被认为是两个集合之间的一个对应, 而函数定义讲的就是这种对应, 怎么也不会把它同什么解析工具相联系. 正是基于这种情况, 我们将在函数关系的意义上多停留一下, 并且讨论与之相关的几个概念和表示方法.

也许, 最好是放弃引入完整的系统分析 (我们也没有时间这么做), 而直接讲述一些来自对函数关系的理解中典型的尖锐冲突的例子更好一些. 冲突的一方是数学家, 另一方则是固有传统培养出来的人. 我们这些综合大学的教授们每年都要在一年级的大学生那里遇到这类冲突. 这些学生从培养他们的中学里带来了几百年来的传统和习惯.

现在我们来讨论一个函数的解析表示, 数的几何表示如图 11 所示. 对照这个简单的图形, 我们就会相信, 可以设想有一个现实的量 y 按照所指明的规律变化, 这个想法中并不包含任何不能容许的东西. 这个结论, 工程师或者物理学家甚至比数学家更加深信不疑.

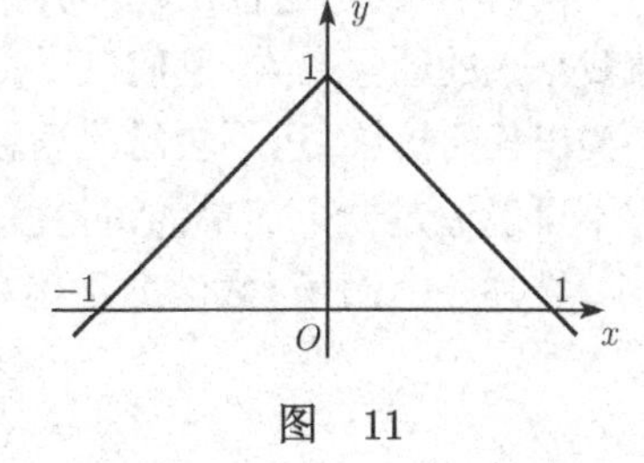

图　11

① 如果不包括直觉主义学派, 我们就可以这样说. 他们关于函数依赖性的概念绝不意味着回归到老的概念.

但对于所提出的问题 (解析地表达出已知函数), 数学家马上会写出按他的观点唯一可以接受的解答:

$$y=\begin{cases}1-x & (x\geqslant 0),\\ 1+x & (x\leqslant 0).\end{cases} \tag{1}$$

这就产生了冲突. 工程师 (为简便起见, 我们以此称那些旧传统的代表, 希望工程师们不要介意) 会立刻抗议, 认为数学家 "写出的不是一个, 而是两个函数". 但数学家回答道: 1) "写出函数" 一般来说是不可能的, 能写出的只是解析表达式; 2) 数学家实际上是写出了两个解析表达式, 准确地指明对未知量 x 的哪些值该采用哪一个表达式来计算相应的 y 值; 3) 根据已采用的函数关系的定义, 式 (1) 恰好是定义了**一个**函数, 因为根据此式, 对 x 的每一个值都只对应量 y 的一个值; 4) 解析表达式 (1) 确切地表示了图 11 中给出的函数关系, 因而数学家会说他已完全回应了所提出的任务. 数学家还会补充说 (但从教学角度他不会这样做): 如果强求, 他也可以只用一个公式来表示图 11 中的函数:

$$y=1-|x|. \tag{2}$$

它对任何 x 都适用. 他不这样做, 仅仅是因为表达式 (1) 实际上比表达式 (2) 更为方便, 而且原则上他认为这两种表示方法是完全等同的. 并且按照函数关系的定义, 他还可以进一步说, 例如下式

$$y=\begin{cases}x, & 当\ x<0,\\ \dfrac{1}{2}, & 当\ x=0,\\ 1+x, & 当\ x>0\end{cases}$$

也是给定单一一个函数的同样有价值的方法 (图 12).

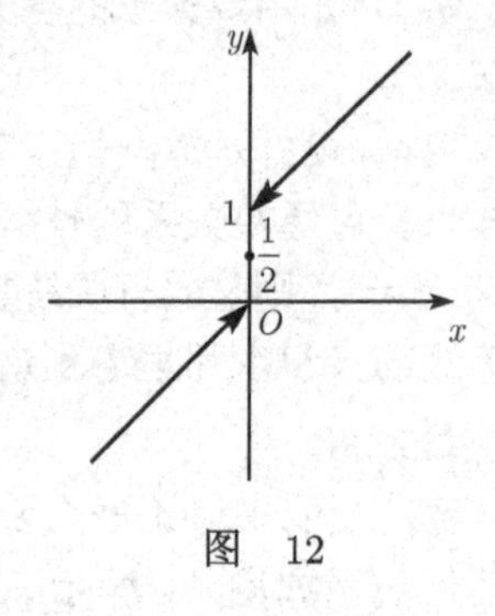

图　12

我们不知道, 这位工程师会如何对此抗议, 但从我个人的经验来看, 我们可以做出预测: 他即使不提出任何抗议, 也不会对此满意, 多年形成的习惯不可能通过一个简单的讨论就改变.

再举一个例子, 数学家给出狄利克雷函数的定义如下:

$$y=\begin{cases}1, & 若\ x\ 为有理数,\\ 0, & 若\ x\ 为无理数.\end{cases}$$

工程师困惑地发问: "这是一个什么样的函数? 既不能用一个公式来写出它, 也不能从几何上画出来!" 对此, 数学家回答: 1) 在函数关系的定义中没有任何一个字谈

到函数的解析表示以及几何图示, 因而给出一个函数关系并不取决于这个关系是用解析法还是用几何图形给出的; 2) 所述的狄利克雷函数的定义对每一个 x 的值都对应唯一的 y 值, 因而是无可争议的完满的定义; 3) 实际上, 狄利克雷函数的几何表示很困难, 而用一个公式来表示它却十分简单, 为此只要把它写成 $f(x)$ 就行了.

工程师开始时还平静地听着, 接着便引发了不可避免的愤怒, 于是发生了如下的对话.

工程师: 难道这也是——公式?

数学家: 你把什么叫做公式呢?

工程师: 啾, 像解析表达式 $y = x^2 - x^3$ 或者 $y = \sin x$, 但 $y = f(x)$ 是什么样的公式?

数学家: 很好. 这就是说, 按你的说法, 记号 $y = \sin x$ 是称为正弦的已知函数的解析表达式, 那记号 $y = f(x)$ 对于狄利克雷函数而言不也是一种解析表达式吗? 是什么样的原则让你如此不同地对待符号 sin 和 $f()$ 呢?

工程师: 每一个有头脑的人都知道公式 $y = \sin x$ 表示什么, 但对于你称之为狄利克雷函数的 $y = f(x)$ 来讲, 完全是你想象出来的, 并且几乎谁都不知道它表示什么.

数学家: 在这里我们似乎有些共识; 你所指的区别 (我并不否认有区别), 正如你所了解的, 并不是原则性的, 而只具有历史性. 因为最初用 $\sin x$ 表示函数的时候, 还没有任何通用的记号, 那时对待函数 $y = \sin x$ 正如现在对待狄利克雷函数 $y = f(x)$ 一样; 难道你可以说, 函数 $y = \sin x$ 那时是无法作出解析表达式的, 而后来特别是引入了所建议的记号并得到公认后, 这个函数又可以用解析式表达了? 如果今天建议用 $y = f(x)$ 来表示狄利克雷函数, 过些年后被整个科学界接受, 那时难道你会说: 它是一个用解析法表达的公式, 而狄利克雷函数本身是可以解析表示的? 你们应该明白, 这种对解析表示的理解只是一种吹毛求疵的态度, 而不具有任何一点数学价值. 如果抛弃这种理解, 你们就不会不明白, 符号 $f()$ 和符号 sin 一样, 原则上是有同样价值的. 在这种程度上, 也就是在这种意义上, 狄利克雷函数也可以解析表示, 同正弦函数和余弦函数一样. 对于这个或那个函数是否可以解析表示的讨论, 一般来说, 在任何情况下都应当被认为是毫无意义的, 因为我们可以用任何符号来表示这个函数, 并且有充分的理由认为这个表示就是它的解析表示. 最后, 我可以告诉你们, 狄利克雷函数也可以用你们熟悉的符号表示出来, 但我们几乎从来不使用这个表达式, 因为它极其复杂, 并且没有给出认识此函数的任何性质的可能. 而我们已经给出的非公式化的定义则一目了然地指明了它的所有这些性质. 我们一般并不迷信解析表达式, 而且只在它们能帮助我们研究已知函数关系时才乐意使用它们. 当没有它们研究也能照样进行时, 如同刚刚研究过的情形一样, 我们将毫不可惜地抛弃它们, 就像它们是没有用的工具一样.

在此, 我们认为讨论应当结束了. 我们看不到工程师会怎样抗议, 另一方面, 数学家已如此清晰地描述了现代数学科学关于函数与其解析表达式之间的关系, 结论如此明显, 再不需要任何说明了.

3.2 函数的定义域

有一个与前面紧密相关的问题还要稍微说一下. 要认为函数 $y = f(x)$ 是给定的, 毫无例外地对变量 x 的所有值都确定出 y 的值并不总是必要的. 通常, 只有 x 的所有值集合中的某一段才多少有些现实意义, 所以在这个区间段之外定义函数 $f(x)$ 是毫无意义的, 有时甚至是荒唐的. 对于变量 x 的值的集合加以限制的理由多种多样, 有纯粹逻辑上的, 也有更为现实的, 这在第一讲已经多多少少谈过. 例如, 我们定义 $f(x)$ 为内接于半径为 1 的圆的正 x 边形的周长. 显然, 按这样的条件, 它对任何整数 $x \geqslant 3$ 有定义, 且**仅仅**对这种 x 有定义, 此时我们说 $y = f(x)$ 为 x 定义于 $x \geqslant 3$ 的整数集合上的函数. 当然, 从形式上看, 没有什么妨碍我们对 x 的其余的值以任何方式定义函数 $f(x)$. 但若无必要, 我们不会去做这件事, 且不会理会函数 $f(x)$ 在上面提到的集合之外为什么没有定义的问题. 再看另一个例子. 如果在给定的物理研究中, x 表示的是某物体的温度 (摄氏温度), 则对小于 $-273.15°C$ 的 x, 定义函数 $f(x)$ 多半是毫无意义、毫无用处的.[①]

这就是说, 要求每一个函数 $y = f(x)$ 对变量 x 的**所有**值都有定义是不恰当的, 因为若坚持强求的话, 则我们在一切实际问题中就必须以随心所欲的、人为的和完全不必要的方式来扩大自变量值的自然领域, 而仅在这些领域内来研究已知函数才有意义. 这就需要我们对函数关系的定义本身作必要的明确化.

我们约定, **如果 M 是一个实数集, 而对于每一个 $x \in M$ 都对应一个确定的值 y, 则称变量 $y = f(x)$ 为定义在实数集 M 上的变量 x 的函数**. 函数关系的这个定义比第一讲开始所给出的定义更准确. 它马上就解决了所有的困惑, 并且使得我们在研究每一个个别的函数时, 仅限于研究量 x 的值的这个集合. 它就是函数 y 的自然的 "定义域", 决定了这一项研究的目标.

我们知道, 函数的定义域的选择可能受纯粹数学的支配, 也可能受现实 (例如物理) 的考虑所支配. 这里必须提醒的只是你们在写法上的模糊. 遗憾的是, 这里经常碰到的问题主要来自于传统观念, 即对函数和它的解析表达式不加区别. 函数的定义域时时被当作使得这样或那样的解析表达式有意义的区域. 例如认为 "函数 $\sqrt{1-x^2}$ 的定义域是区间 $[-1, 1]$" 或者 "函数 $\lg x$ 的定义域是半直线 $x > 0$". 当然, 实际上这里说的并不是某一个函数的定义域, 而是对所给的解析表达式有意义的区域. 这样一来, 很可能会出现这样的情形 (数学上有大量这类的例子): 有一个

① 在物理学中, $-273.15°C$ 称为绝对零度, 比它更低的温度是没有意义的. ——译者注

定义于区间 $[0,2]$ 上的函数 $y=f(x)$, 实际上我们对它在整个区间上都有兴趣, 而当 $0\leqslant x\leqslant 1$ 时,

$$y=\sqrt{1-x^2};$$

从中我们不能得出区间 $[1,2]$ 在已知函数的定义域之外的结论. 相反地, 我们应该在区间 $[1,2]$ 上寻找此函数另外的解析表达式 (当然要根据它的定义). 如果我们找不到, 则在这个区间上研究它, 就需要用另外的非解析的表示法.

每一个函数定义域的选定要么根据纯粹数学的理由, 要么根据现实的理由. 但在任何情况下, 这些理由都应来自事情的本质, 而不应从某个特定解析工具的纯粹形式的特性中去寻找.

3.3 连续性

着手研究函数关系时, 我们必须首先借助于合理的分类, 把某种秩序带入我们面前这个多彩的世界. 分类和安排的第一个原则通常 (也有充分理由) 是, 把所有的函数划分为**连续的**和**间断的**. 而且数学分析实际上几乎都是关于连续函数的, 只在比较少的情况才会研究最简单的间断函数. 连续函数具有一系列特殊性质, 而间断函数一般来说是不具备这些性质的. 正是这些性质, 使连续函数的研究与应用变得轻松了, 因而研究这些性质对于数学分析来说就成了特别重要的任务.

若 $\lim\limits_{x\to a}f(x)=f(a)$, 我们就说, **函数 $y=f(x)$ 当 $x=a$ 时**(**或者说在点 a**)**连续**. 或者按照极限概念的定义, 它等价于: 若对于数 $f(a)$ 的任何邻域 V, 都找得到数 a 的一个邻域 U, 使得对任何 $x\in U$ 都有 $f(x)\in V$. 也就是说, 对于函数在点 a 处的连续性, 首先要求极限 $\lim\limits_{x\to a}f(x)$ 存在, 其次要求这个极限与函数在 $x=a$ 处所取的值要相同. 不言而喻, 第二条不能从第一条推得, 函数

$$f(x)=\begin{cases}x^2, & \text{当 } x\neq 0,\\ 1, & \text{当 } x=0,\end{cases} \tag{3}$$

就是一个例子.

首先要指出, 应当把这个定义理解为函数的**局部**性质, 即这是一种使函数在一个点可以具有而在另一点可以不具有的性质. 于是, 函数 (3) 当 $x=0$ 时间断 (即不连续), 而在另外的任何 x 值处却连续. 这是一个很重要的情况, 任何时候也不应当忘记.

其次, 如果函数在给定区间 $[a,b]$ 的每一点上都依前述意义连续的话, 则我们称**该函数在区间 $[a,b]$ 上连续**. 这里在点 a 处只要求其**从右边**的连续性, 即 $\lim\limits_{x\to a+0}f(x)=f(a)$, 而在点 b 处则只要求其**从左边**的连续性, 它也由类似的等式确定, 你们自己可以写出来 (如果是**开**区间 (a,b), 则当然在点 a 及点 b 处对函数没有要求). 顺便指出, 数学家们早已采用了很方便的记号:

$$\lim_{x \to a+0} f(x) = f(a+0), \quad \lim_{x \to a-0} f(x) = f(a-0),$$

借助于此, 函数 $f(x)$ 在点 a 处的连续性的定义可以写成十分简单的式子:

$$f(a+0) = f(a-0) = f(a).$$

这个表示不会导致任何误解, 只要把 $f(a+0)$ 和 $f(a-0)$ 理解为不是函数 $f(x)$ 在某些点的值, 而只是函数值在量 x 的某个确定的变化中的极限就行了.

3.4 有界函数

现在我们应当来熟悉函数的另一性质. 和连续性相反, 它不是局部的, 而是整体的性质, 即不需要先对自变量的个别值 (个别点) 预先定义好一种性质, 而是对自变量值的任一个集合整体一下子定义好的性质.

函数 $y = f(x)$ 称为**在集合 M 上是有界的**, 如果此函数在此集合上所取的所有值都属于某个区间. 很显然, 对此我们可以代之以更明白的完全等价的说法: 存在这样一个正数 c, 使得对任何 $x \in M$, 都有 $|f(x)| \leqslant c$.① 更详细一点, 如果存在这样的数 c, 使得对任何 $x \in M$ 都有 $f(x) \leqslant c(f(x) \geqslant c)$, 则称函数 y 为在 M**上 (下) 有界**. 很显然, 有界的函数应当既是上有界的, 也是下有界的.

有界性不像函数在区间上的连续性那样, 它不是对此区间上的一点来给定的条件. 在有界性定义中说到的数 c 是同整个集合 M 一起选定的. 在此集合的每一个个别的点上, 只要函数在这一点上有定义, 这样的数 c 总是存在的, 这一点是平凡不足道的, 例如对点 x 只要设 $c = |f(x)| + 1$ 即可. 所以, 说函数在一点处有界, 必是指另一种意义. 这一点下面就要说明. 但在此区间上每一点处都有定义的函数却可能在此区间上是无界的. 为说明这一点, 可以注意当 $x \to \dfrac{\pi}{2} - 0$ 时 $\tan x$ 无限增加, 因而函数

$$y = \begin{cases} \tan x & \left(0 \leqslant x < \dfrac{\pi}{2}\right), \\ 0 & \left(x = \dfrac{\pi}{2}\right) \end{cases}$$

在区间 $\left[0, \dfrac{\pi}{2}\right]$ 上无界.

同许多整体性质一样, 对函数在已知区间上的有界性也可以找出这样一个局部性质: 若它在已知区间上的每一点处成立, 则所研究的整体性质成立. 我们约定, 如果函数 y 在点 x 的某个邻域 U 上有界, 则称函数 y 为**在点 x 处有界**(注意, 这里的局部性质是由前面的整体性定义确定的, 连续性时则情况恰恰相反). 我们现在可以

① 原书说的是 $|f(x)| < c$, 但是改为 $|f(x)| \leqslant c$ 更好, 因为下面就会说到, 函数有可能取最大值和最小值. 如果只用 $|f(x)| < c$, 若不小心, 容易引起误会: 函数一定不能达到上确界和下确界. 所以多数教材都是用的 $|f(x)| \leqslant c$. 后面几个译者注也都是这样的. —— 译者注

断言: **要使函数 $y = f(x)$ 在区间 $[a, b]$ (闭的)上有界, 当且仅当其在此区间上的每一点处都有界**. 此条件的必要性从定义本身即可推得, 因而无需证明. 为证其充分性, 我们假设区间 $[a, b]$ 的每一个数 x 都含在一个邻域 U_x 中, 而函数 y 在其上有界, 利用海涅–博雷尔引理, 我们可以找到区间 $[a, b]$ 的一个有限的开覆盖 $\Delta_1, \Delta_2, \cdots, \Delta_n$, 在其中的每一个上函数 y 都有界. 若在区间 $\Delta_i (i = 1, 2, \cdots, n)$ 上 $|y| \leqslant c_i$, 令 c 是数 $c_1, c_2, \cdots, c_n$ 中最大的, 则 $|y| \leqslant c$ 对任何 $x \in [a, b]$ 都成立, 于是我们的命题得证.

我们约定, 如果数集 N 的所有数都包含于某个区间, 则称数集 N 为**有界集**. 很显然, 函数 $y = f(x)$ 在集 M 上的有界性就等价于, 当 x 值 "跑遍" 集合 M(即取尽一切可能的属于此集合的值) 时该函数所取的值的集合 N 的有界性. "集合 N 上有界 (或右有界)" 以及 "集合 N 下有界 (或左有界)" 的含义也就不言而喻了.

我们称数 β 为集合 N 的**上确界**, 如果

1) 集合 N 不包含大于 β 的数;

2) 在数 β 的任何邻域内都可以找到属于集合 N 的数.

类似地, 我们称这样的数 α 为集合 N 的**下确界**, 如果

1) 在集合 N 中没有比 α 还小的数;

2) 在数 α 的任何邻域内都可以找到属于集合 N 的数.

很显然, 有上 (下) 确界的集合必是界于上 (下) 的.① 在数学分析中, 有相当大作用的是其逆命题.

定理 *任何界于上 (下) 的数集必有唯一的上 (下) 确界.*

特别地, 任何有界集都是既有上确界, 也有下确界的.

证明 我们把所有的实数依照下述原则分成 A 和 B 两类: $x \in A$, 若 x 的右边哪怕有一个属于集合 N 的点; 反之, 则 $x \in B$. 不难证明, 这个分划是一个分割. 设 α 是这个分割的界点, 我们来证明 α 是集合 N 的上确界.

首先来证明 α 的右边不会再有集合 N 的点. 实际上, 若有 $\beta \in N$ 且 $\beta > \alpha$, 则令 $\gamma = \dfrac{1}{2}(\alpha + \beta)$, 我们就得到 $\alpha < \gamma < \beta$. 从 $\gamma > \alpha$ 得出 $\gamma \in B$, 而从 $\beta > \gamma$ 及 $\beta \in N$ 得出 $\gamma \in A$, 也就是说, 我们得到了矛盾的结果.

其次, 令 $U = (\alpha_1, \alpha_2)(\alpha_1 < \alpha < \alpha_2)$ 为点 α 的任意邻域.

很显然, $\alpha_1 \in A, \alpha_2 \in B$. 由前一个关系知 α_1 的右边有集合 N 的点, 而由第二个关系知 α_2 的右边没有这样的点. 这就是说, 这样的点在区间 (α_1, α_2) 之内. 也就是说, 数 α 具有上确界的两个性质, 其存在性因而得证.

这个上确界是唯一的. 实际上, 如果集合 N 有两个上确界 β 和 $\beta'(\beta < \beta')$, 则马上就会矛盾: 一方面集合 N 不可能包含大于 β 的数 (因为 β 为其上确界), 而另

---

① 集合 N 界于上 (下), 指必有一个数 c 使 N 中任何数 x 都满足 $x \leqslant c (x \geqslant c)$. c 称为 N 的上 (下) 界, 如果 N 同时有上下界, 则称 N 为有界. 注意上 (下) 确界是唯一的. ——译者注

一方面, 它又应当包含大于 β 的数, 因为它应当包含数 β' 的任意小的邻域中的数, 而因为 $\beta' > \beta$, 所以 β' 的任意小领域中也包含大于 β 的数. 很显然, 对下确界的情形, 定理的证明完全类似.

直观上, 我们应当把已知有界集的确界看成是包含了此集合的所有数的那个最小区间的端点. 很明显, 我们可以把上确界定义为下述的数 c 中最小的一个: 对任何 $x \in N$ 都应满足不等式 $x \leqslant c$. 并且对下确界也可以有类似的定义.[①]

有一点很重要: 已给的有界集合 N 的每一个确界, 可以属于也可以不属于此集合. 例如, 闭区间就包含自己的确界, 而开区间则不包含, 形如 $\frac{1}{n}$ 的数集 (其中 n 是自然数) 就包含其上确界 (数 1), 但不包含其下确界 (数 0).

如果函数 $y = f(x)$ 在集合 M 上有界, 则如我们已经指出过的, 它在此集合上所取的值的集合 N 有界, 因而依已证明的定理, 应有上确界和下确界. 我们称集合 N 的这些确界为**函数 y 在集合 M 上的确界**. 即**任何在已知集合上有界的函数必在其上有唯一的上确界与唯一的下确界**.

这些确界中的每一个都可能是已知函数的某个值, 此时它是函数在此集合上的最大值或最小值. 但也可能有这样的情形: 这个或那个确界完全不属于函数在已知集合上的值的集合, 此时函数在此集合上一般没有最大 (或最小) 值. 例如, 函数

$$y = \begin{cases} x, & \text{当 } 0 \leqslant x < 1, \\ 0, & \text{当 } x = 1 \end{cases} \tag{4}$$

很显然在区间 $[0,1]$ 上有确界 0 和 1. 下确界是该函数的值 (最小值)(当 $x = 0$ 及 $x = 1$ 时), 上确界 (数 1) 却不是函数的值. 函数在区间 $[0, 1]$ 上没有最大值.[②]

3.5 连续函数的基本性质

现在我们来确定连续函数的四个极为重要的性质.

引理 *如果函数 $y = f(x)$ 在点 a 处连续且 $f(a) < b$, 则存在点 a 的一个邻域 U, 使得对任何 $x \in U$, 都有 $f(x) < b$.*

这差不多是函数在一点的连续性的定义的一个微不足道的推论. 实际上, 如果这样选择数 α 和 β, 使得 $\alpha < f(a) < \beta < b$, 则由连续性的定义, 数 a 有某邻域使得对其中的任何 x 都有

① 这里的 c 通常称为上界. 所以可以说上确界就是最小上界. 对下界有类似的结论. —— 译者注

② 如果 N 不是界于上 (下) 的, 通常我们说 N 以 $+\infty(-\infty)$ 为上 (下) 确界, 其实这时关于确界的两个性质仍成立:

1) N 中没有比 $+\infty(-\infty)$ 更大 (小) 的数, 实际上, 数当然不会大 (小) 于 $+\infty(-\infty)$;

2) $+\infty(-\infty)$ 的邻域即是比某数 M 更大 (小) 的数的集合. 所以在任何邻域中都有 N 中的数, 也就意味着对任意 M 都有 $x \in N$ 使 $x > M(x < M)$, 但这就是说 N 是上 (下) 无界的, 有时我们也说在这种情况下, N 的上 (下) 确界是 $+\infty(-\infty)$. 但要注意, 下面的连续函数有界性定理 (定理 1) 中的上 (下) 界都指的是有限数. —— 译者注

$$\alpha < f(x) < \beta < b.$$

即为所求.

不言而喻, 引理的表达中若以 $>$ 号代替 $<$ 号, 引理仍然成立.

定理 1 *在闭区间 $[a,b]$ 上连续的函数 $y=f(x)$ 必在此区间上有界.*

证明时注意到在区间 $[a,b]$ 上连续的函数 y 在此区间的每一点处连续. 令 λ 是区间 $[a,b]$ 上的任一点, 由连续性的定义可知, 存在数 λ 的邻域 U, 使得对任何 $x \in U$, 都有

$$f(\lambda)-1 < f(x) < f(\lambda)+1,$$

这就表明: 函数 $f(x)$ 在邻域 U 上有界 (其所有值均包含于某个区间内). 也就表明它**在点 λ 处**有界 (因为在一点处的有界性我们已经定义为在此点的某个邻域上的有界性). 在闭区间 $[a,b]$ 的任何一点都有界的函数 y, 正如我们上面所看到的那样, 应当是在整个区间上有界的.

定理 2 *在闭区间 $[a,b]$ 上连续的函数 $y=f(x)$ 在区间上有最大值和最小值.*

证明 根据定理 1, 函数 y 在区间 $[a,b]$ 上有界, 这就意味着在其上有下确界 α 和上确界 β. 只需证明这些确界也是函数 y 的值就行了. 作为例子, 我们证明上确界 β.

如果 β 不是函数 y 在区间 $[a,b]$ 上的值, 则表明对此区间的所有 x 有 $f(x) < \beta$. 设 β_x 是介于 $f(x)$ 与 β 之间的任意一个数, 因而有 $f(x) < \beta_x < \beta$. 根据引理, 应有包含点 x 的邻域 U_x, 对于任何 $x' \in U_x$, 应有 $f(x') < \beta_x$. 对区间 $[a,b]$ 上的所有点 x 作出的邻域组 U_x 覆盖了此区间, 因而依据海涅–博雷尔引理, 其中有有限个开邻域 $U_{x_1}, U_{x_2}, \cdots, U_{x_n}$, 也覆盖了区间 $[a,b]$. 但对区间 U_{x_k} 的任意的数 x' 都有 $f(x') < \beta_{x_k}$, 以 β' 来表示数 $\beta_{x_1}, \beta_{x_2}, \cdots, \beta_{x_n}$ 中最大的一个, 则我们看到, 对任何 $x \in [a,b]$ 都有

$$f(x) < \beta' < \beta,$$

因此 β 不可能是函数 $f(x)$ 在区间 $[a,b]$ 上的上确界. 所得之矛盾也即证明了定理.

前面我们看到过在已知闭区间上没有最大值的有界函数的例子 (参见函数 (4)), 现在我们知道, 这只对间断函数才可能. 实际上, 函数 (4) 在 $x=1$ 处间断.

重要的是还要强调: 定理 2 仅对闭区间的情形成立. 因为甚至如 $y=x$ 及 $y=x^2$ 这样最简单的函数, 在开区间上就没有最大值或最小值.

定理 3 *若函数 $f(x)$ 在闭区间 $[a,b]$ 上连续, 且 $f(a) < \mu < f(b)$ 或者 $f(a) > \mu > f(b)$, 则在区间 $[a,b]$ 上可以找到至少一个数 c, 使得 $f(c)=\mu$.*

简单地说, 连续函数在其任何两个值之间应当必须经过所有的中间值. 当然, 一般来说, 间断函数不具有这个性质. 如狄利克雷函数在任何区间上都取值 0 和 1, 而不会取 0, 1 之间的任何一个中间值. 对函数 (4) 我们有

$$f\left(\frac{1}{2}\right)=\frac{1}{2},\quad f(1)=0,$$

但对区间 $\left(\frac{1}{2},1\right)$ 上的任何 $x, f(x)$ 都不取中间值 $\frac{1}{4}$.

定理 3 的证明 首先设 $f(a)<0, f(b)>0$, 而取 $\mu=0$, 现在要求证明 $f(x)$ 在区间 $[a,b]$ 的某个内点处变为零. 假设不是这样, 则我们把区间 $[a,b]$ 二等分. 很显然, 在其中的一半上函数 $f(x)$ 在其端点处有不同的符号, 于是我们将这一半再二等分, 又选取一半, 使得 $f(x)$ 在其端点处取不同的符号 …… 这样一来, 我们就得到一个收缩的区间套. 设 α 为其公共点, 依照假设 $f(\alpha)\neq 0$. 但若 $f(\alpha)>0$, 则依本节开始处的引理就有, 点 α 的某个邻域 U 中的所有 x 都有 $f(x)>0$. 这是不可能的, 因为 U 包含了上述的收缩区间套中的无限多个区间, 而在其每一个区间的端点处 $f(x)$ 都取不同的符号. 用同样的方法可以证明 $f(\alpha)<0$ 也是不可能的. 所得到的矛盾结果也就证明了我们的命题.

最后, 若 $\mu\neq 0$, 则只要对函数 $f(x)-\mu$ 应用我们刚刚得到的结果, 就可证明定理 3 成立. ①

在描述连续函数的第四个性质之前, 我们需要引入一个对研究这类函数有着极为重要价值的新概念. 你们当然记得, 连续性是函数的局部性质. 尽管我们说 “在已知区间上连续的函数”, 这个情况一点也没有改变. 因为在区间上的连续性就只意味着在区间上的每一点处的连续性, 而决不多意味着其他, 因而不会在任何程度上改变此概念的局部性质. 但是, 可以用另外的方式表述函数在已知区间上连续这个想法, 而且使之具有**整体的**特征, 即不是直接地从某些局部性质出发, 而是在整个区间上描述函数的特征.

我们约定, **如果函数具有下述性质: 对于无论怎样小的正数 ε, 总存在另一个正数 δ, 使得对区间 $[a,b]$ 上任意的彼此相距小于 δ 的数 x_1 和 x_2, 都有**

$$|f(x_1)-f(x_2)|<\varepsilon, ②$$

则称函数 $y=f(x)$ 在区间 $[a,b]$ 上为一致连续的.

---

① 这个定理更好的表述如下: 设 M, m 是闭区间 $[a,b]$ 上的连续函数 $f(x)$ 的最大和最小值 (由定理 2, 它们是存在的), 则对任意满足不等式 $m\leqslant\mu\leqslant M$ 的 μ, 一定能在此闭区间中找到 (至少) 一个 c 使得 $f(c)=\mu$. 多数教材都是这样表述的. 证明时可以分几种情况. 若 $m=M$, 则此函数恒取常数值 $m=M$, 这时 $[a,b]$ 中的一切点都可以作为 c. 因此我们设 $m<M$. 若 $\mu=m$(或 M), 则由定理 2 可知, 一定存在 $c: a\leqslant c\leqslant b$, 使 $f(c)=m$(或 M), 定理得证. 如果 $m<\mu<M$, 则可以使用定理 3 的证明. 根据同样的理由, 定理 3 的表达中应该改为 $f(a)\leqslant\mu\leqslant f(b)$(或 $f(a)\geqslant\mu\geqslant f(b)$). 按原书的表述法, 无异于添加了一个条件: $f(a)\neq f(b)$, 而这是不必要的. —— 译者注

② 即对任意 $\varepsilon>0$ 必可找到正数 δ, 使当 $|x_1-x_2|<\delta$ 时 $|f(x_1)-f(x_2)|<\varepsilon$. δ 只取决于 ε, 而适用于区间 $[a,b]$ 上任意两点 x_1, x_2(只要 $|x_1-x_2|<\delta$), 因此是不依赖于 x_1, x_2 的. —— 译者注

可以看出, 这个定义不是关于任何个别的, 而是力求描述函数在整个区间 $[a,b]$ 上的特征. 也就是说, 在彼此充分接近的两点处, 其函数值也应该是任意接近的. 至于为什么称这类连续性是 "一致的", 其所有的独特之处正在于: 这里要求的是对已知区间任何位置上函数性质的某种一致性, 点 x_1 和 x_2 可以选自区间 $[a,b]$ 上的任何地方, 只要它们彼此之间的距离小于数 δ.

完全明白的是, 在区间 $[a,b]$ 上一致连续的函数, 必然在此区间的每一点处连续 (从而在整个区间上连续). 因为由一致连续性, 从 $|x-\alpha|<\delta$ 可以推出 $|f(x)-f(\alpha)|<\varepsilon$, 即对数 $f(\alpha)$ 的任何邻域 $V(f(\alpha)-\varepsilon, f(\alpha)+\varepsilon)$, 都可以找到数 α 的邻域 $U(\alpha-\delta,\alpha+\delta)$, 使得当 $x\in U$ 就能推得 $f(x)\in V$. 这就表明函数 $f(x)$ 当 $x=\alpha$ 时连续. 特别重要的是, 逆命题也成立: 从函数 y 在 (闭) 区间 $[a,b]$ 上的任何一点的连续性可推得其在此区间上的一致连续性. 也就是说, 一致连续性的需求并没有把连续函数的类缩小 (**只要谈到的是闭区间**).

定理 4 *在闭区间 $[a,b]$ 上的每一点处都连续的函数 $y=f(x)$, 在此区间上一致连续.*

对于开区间该定理不成立. 例如, 函数 $y=\sin\dfrac{1}{x}$ 很显然在开区间 (0, 1) 上的每一点处都连续, 但在此区间上不一致连续. 因为无论 $\delta>0$ 如何小, 总可以 (在靠近零处) 找到彼此距离小于 δ 的两个点, 但在其上函数值的差却大于 1.

定理 4 的证明 设函数 y 在区间 $[a,b]$ 上的每一点处都连续, 则对此区间的任何一点 x, 都可以找到数 $\delta_x>0$, 使得当 x_1 及 x_2 属于区间 $(x-\delta_x, x+\delta_x)$ 时有

$$|f(x_1)-f(x_2)|<\varepsilon.$$

这是因为

$$|f(x_1)-f(x_2)|\leqslant|f(x_1)-f(x)|+|f(x)-f(x_2)|,$$

当 δ_x 充分小时, 可以使

$$|f(x_1)-f(x)|<\frac{\varepsilon}{2},\quad |f(x)-f(x_2)|<\frac{\varepsilon}{2},$$

所以有 $|f(x_1)-f(x_2)|<\varepsilon$. 我们以 $\varDelta_x$来表示区间 $\left(x-\dfrac{1}{2}\delta_x, x+\dfrac{1}{2}\delta_x\right)$. 很显然, 所有这些区间 $\varDelta_x$ 的全体覆盖了区间 $[a,b]$. 因此依照海涅–博雷尔引理就存在着有限多个区间 $\varDelta_x$ 的组 M 也覆盖了区间 $[a,b]$. 设 δ是区间组 M 中长度最小的一个区间的长度, 并设 x_1 及 x_2 为区间 $[a,b]$ 上彼此距离小于 $\dfrac{1}{2}\delta$ 的两个任意点. 可以断言 $|f(x_1)-f(x_2)|<\varepsilon$(即定理 4 所要证明的). 实际上, 点 x_1 属于区间组 M 的某个区间 $\varDelta_x\left(x-\dfrac{1}{2}\delta_x, x+\dfrac{1}{2}\delta_x\right)$, 但此时距 x_1 不超过 $\dfrac{1}{2}\delta\leqslant\dfrac{1}{2}\delta_x$ 的点 x_2 属于区

间 $(x-\delta_x, x+\delta_x)$, 其中当然也包含 x_1. 按照数 δ_x 的定义, 由此我们确实就得到了 $|f(x_1)-f(x_2)|<\varepsilon$.

3.6　初等函数的连续性

你们当然知道：任意多个连续函数的代数和以及积也是连续函数, 两个连续函数的商在分母不为零的每个区间上连续. 所有这些命题不仅在局部上, 而且在整体上都是正确的. 也就是说, 我们谈的连续性是在一点连续也好或是在区间上连续也好, 或者最终是一致连续性也好, 这些命题都是正确的.[①] 所有这些命题的证明可以在任何分析教程里找到, 它们并没有什么原则性的意义, 这里我们不去重复它们.

相当有意义的问题是关于被称为初等函数的连续性问题. 这是不大的一类函数, 初等数学就是对它们进行讨论, 并且在高等数学中仍然完全保留了其引导入门的作用. 首先, 几乎所有这类函数的函数值是通过自变量值利用六种基本的代数运算而得到的, 其次是不多的几个超越函数：三角函数 (正函数和反函数)、指数函数和对数函数, 最后, 其中也包括上面列举的种种函数的有限组合, 如 $x^2(1-x\sin x)$ 或者 $\cos 2^{x^3}$ 等.

初等函数基本上都是连续的, 只是其中有几个在某些点处出现间断 $\left(\dfrac{1}{x}\text{ 当 } x=0\text{ 时}, \tan x\text{ 当 } x=\dfrac{\pi}{2}\text{ 时, 等等}^{②}\right)$. 但并不是对所有这些初等函数证明这一点都很轻松. 分析教程中通常对此都没有完整地考查, 然而这又是有重要价值的, 所以我们必须就此做出几点注释.

首先, 很容易确定所有的多项式在自变量的任意值处的连续性. 实际上, 因为对任意多项式 $P(x)$ 以及任何数 a, 差 $P(x)-P(a)$ 代数上都可以被差 $x-a$ 整除而不带余项 (贝祖定理), 所以

$$P(x)-P(a)=(x-a)Q(x),$$

其中 $Q(x)$ 是多项式. 因为多项式 $Q(x)$ 很显然是在点 a 处有界的, 由此得当 $x\to a$ 时 $P(x)\to P(a)$, 即多项式 $P(x)$ 在点 a 处连续. 其次, 从多项式的连续性直接推得任何有理分式 $\dfrac{P_1(x)}{P_2(x)}$ 在任何区间上的连续性, 只要在其中的点上 $P_2(x)$ 不变为零.

对三角函数问题的解决也是很简单的. 公式

$$\sin x-\sin a=2\cos\frac{x+a}{2}\sin\frac{x-a}{2},$$

① 在讨论商的一致连续性时, 需要假定我们是在闭区间上讨论的. 例如 $f(x)=x$ 在 $(0,1)$ 上一致连续, 但 $1/f(x)=1/x$ 在 $(0,1)$ 上虽然连续, 却不一致连续, 甚至不是有界的. —— 译者注

② 注意, 函数 $\dfrac{1}{x}$ 和 $\tan x$ 在其整个定义域上连续. 在所谈到的这些函数的间断点处, 这些函数没有定义. 关于这些间断点请参看后面关于间断点的一节.

以及由此推得的不等式

$$|\sin x-\sin a|\leqslant 2\left|\sin\frac{x-a}{2}\right|\leqslant 2\left|\frac{x-a}{2}\right|=|x-a|.$$

表明当 $x\to a$ 时 $\sin x\to\sin a$, 即正弦是连续函数. 完全类似地, 可确定余弦的连续性. 由此得出函数

$$y=\tan x=\frac{\sin x}{\cos x}$$

在所有的 $\cos x\neq 0$ 的 x 值处连续, 即对形如 $x\neq(2k+1)\frac{\pi}{2}$ 的 x 值连续, 其中 k 为任意整数.

指数函数 a^x 的连续性的证明要复杂一些. 为明确起见, 我们假设 $a>1$, 因而函数 $y=a^x$ 是增函数. 我们先来证明当 $x\to 0$ 时 $a^x\to a^0=1$. 为明确起见, 再设 $x\to+0$, 即只对正值 x 研究 a^x. 当 $x\to-0$ 时的情形可以完全类似地解决. 当 $x>0$ 时 $a^x>1$, 且要证 $x\to+0$ 时函数 $a^x\to 1$, 只需证明对于无论怎样小的 $\varepsilon>0$, 当 $x>0$ 充分小时 $a^x<1+\varepsilon$. 但对任意的自然数 n 有

$$(1+\varepsilon)^n=1+n\varepsilon+\cdots>n\varepsilon,$$

由此得, 当 $n\to+\infty$ 时, $(1+\varepsilon)^n\to+\infty$. 这就表明对于充分大的 n,

$$(1+\varepsilon)^n>a,\quad a^{\frac{1}{n}}<1+\varepsilon.$$

又因 a^x 为增函数, 则对所有充分小的正 x 有

$$1<a^x<1+\varepsilon,$$

即实际上当 $x\to 0$ 时 $a^x\to 1$. 接下来的证明就简单了. 关系式

$$a^x-a^\alpha=a^\alpha(a^{x-\alpha}-1)$$

表明, 当 $x\to\alpha$ 时函数 a^x 有极限 a^α, 即函数对任何 x 值连续.

无理函数[①]、对数函数和反三角函数的连续性问题现在可以用反函数的连续性的一般理论加以解决: **如果函数 $y=f(x)$ 在区间 $[a,b]$ 上是连续的且是增加的, 则其反函数 $x=\varphi(y)$ 也在区间 $[\alpha,\beta]$ 上连续, 其中 $\alpha=f(a),\beta=f(b)$.** 实际上, 设 γ 为区间 $[\alpha,\beta]$ 上的任意一点. 需要证明

$$\lim_{y\to\gamma}\varphi(y)=\varphi(\gamma).$$

先设 $y\to\gamma-0$, 即 y 从下方趋近于 γ. 因为同函数 $f(x)$ 一样, 反函数 $\varphi(y)$ 也是增函数, 所以 $\lim\limits_{y\to\gamma-0}\varphi(y)$ 在任何情况下都存在. 我们用 c 表示这个极限并且证明 $c=\varphi(\gamma)$.

---

① 虽然什么是有理函数是有明确定义的, 什么是 “无理函数” 则没有明确定义. 作者这里似乎是指幂函数 $y=x^n$ 的反函数 $y=x^{\frac{1}{n}}$,n 为正整数. —— 译者注

因为函数 $f(x)$ 连续且当 $y \to \gamma - 0$ 时 $\varphi(y) \to c$, 则当 $y \to \gamma - 0$ 时 $y = f[\varphi(y)] \to f(c)$, 由此得 $f(c) = \gamma$. 这可以直接得到: $c = \varphi[f(c)] = \varphi(\gamma)$, 即

$$\lim_{y \to \gamma - 0} \varphi(y) = \varphi(\gamma),$$

又因为我们同样容易证明

$$\lim_{y \to \gamma + 0} \varphi(y) = \varphi(\gamma),$$

则有

$$\lim_{y \to \gamma} \varphi(y) = \varphi(\gamma),$$

即为所要证明的.

要想不进行特别的研究而有可能断言 $\lg \sin x$、$2^{3x^2 - 4x}$ 之类的复合初等函数的连续性, 还需要如下的 "关于函数的函数的连续性的定理".

如果 $y = f(x)$ 当 $a \leqslant x \leqslant b$ 时是连续函数, 而 $z = \varphi(y)$ 当 $\alpha \leqslant y \leqslant \beta$ 时是连续函数, 其中 α 和 β 是函数 $f(x)$ 在区间 $[a, b]$ 上相应的最小值与最大值, 则函数 $z = \varphi[f(x)]$ 在区间 $[a, b]$ 上连续.

证明 设 c 是区间 $[a, b]$ 上的任一点, $f(c) = \gamma, \varphi(\gamma) = \varphi[f(c)] = \xi$, 令 W 是点 ξ 的任何一个邻域. 根据函数 $\varphi(y)$ 的连续性, 存在着点 γ 的一个邻域 V, 使得当 $y \in V$ 时有 $\varphi(y) \in W$. 最后, 由于函数 $f(x)$ 的连续性, 存在着点 c 的一个邻域 U, 使得当 $x \in U$ 时有 $f(x) \in V$. 这就表明 $\varphi[f(x)] \in W$. 因为 W 是点 $\xi = f[\varphi(c)]$ 的任意的一个邻域, 则由此得出

$$\lim_{x \to c} f[\varphi(x)] = f[\varphi(c)],$$

即函数 $f[\varphi(x)]$ 在区间 $[a, b]$ 上的任意点 c 处的连续性得证.

3.7 函数在一点处的振幅

引入函数在已知闭区间上及已知点上的振幅概念后, 我们将得到研究间断函数的一个最为方便的方法. 设在闭区间 $[a, b]$ 上 (除有限个点外) 都有定义的任意函数 $f(x)$. 若它在此区间上无界, 则我们可以说, 它在此区间上的振幅等于 $+\infty$; 若它有界, 我们将把它在此区间 $[a, b]$ 上的上确界 M 与下确界 m 之差 $M - m$ 称为它在此区间上的振幅. 在任何情况下, 我们都以符号 $\omega_f(a, b)$ 来表示函数 $f(x)$ 在区间 $[a, b]$ 上的振幅.

若闭区间 $[a', b']$ 是闭区间 $[a, b]$ 的一部分 (即如果 $a \leqslant a' < b' \leqslant b$), 则显然有: 函数 $f(x)$ 在区间 $[a', b']$ 上的确界 M' 和 m' 将服从不等式 $m \leqslant m' \leqslant M' \leqslant M$, 因而有 $\omega_f(a', b') \leqslant \omega_f(a, b)$. 所以, 若我们在区间 $[a, b]$ 上选取任意一点 c[①], 并以闭邻域 $[\alpha, \beta]$ 包围它且让此邻域的端点 α 及 β 趋近于点 c, 则随这种趋近而改变的

① 在该点处函数可能是没有意义的.

$\omega_f(\alpha,\beta)$ 在任何时候也不会增加, 要么减少, 要么是常数. 又因为振幅 $\omega_f(\alpha,\beta)$ 是非负的, 下有界的, 则由第一讲的引理 1, 它应该在此时趋于某个极限, 我们表之以 $\omega_f(c)$ 并称之为**函数 $f(x)$ 在点 c 处的振幅**. 这就是说

$$\omega_f(c)=\lim_{\substack{\alpha\to c-0\\ \beta\to c+0}}\omega_f(\alpha,\beta).$$

引入此概念可以重新认识函数在已知点处的连续性, 如下面所述.

定理　*要使在点 c 处有定义的函数 $f(x)$ 在该点 c 处连续, 当且仅当有 $\omega_f(c)=0$.*

证明　1) 设 $\omega_f(c)=0$. 这就表明在点 c 的充分小的邻域 $U(\alpha,\beta)$ 内, 函数 $f(c)$ 的振幅会变得任意小. 又因为很显然有, 对任何 $x\in U$,

$$|f(x)-f(c)|\leqslant M-m=\omega_f(\alpha,\beta)$$

(其中 M 和 m 为函数 $f(x)$ 在邻域 U 上的确界), 所以, 当 $x\in U$ 时 $|f(x)-f(c)|$ 可以任意小. 此即表明函数 $f(x)$ 在点 c 处连续.

2) [①] 若 $\omega(c)=\omega>0$(这里 ω 是一个数, $\omega=+\infty$ 的情况下面再说), 则无论取点 c 的哪一个邻域 $U(a,b)$, 总有 $M-m\geqslant\omega$. 由上确界和下确界的定义, 能在 (a,b) 中找到 α 和 β, 使得

$$f(\alpha)\leqslant m+\frac{\omega}{4},$$
$$f(\beta)\geqslant M-\frac{\omega}{4},$$

从而 $f(\beta)-f(\alpha)\geqslant M-m-\dfrac{\omega}{2}\geqslant\dfrac{\omega}{2}$. 但

$$f(\beta)-f(\alpha)=[f(\beta)-f(c)]+[f(c)-f(\alpha)],$$

由 $f(\beta)-f(\alpha)\geqslant\omega/2$ 推得, 右边的两项中至少有一个 $\geqslant\dfrac{\omega}{4}$. 这就是说, 存在着区间 (a,b) 的一点 x, 使得

$$|f(x)-f(c)|\geqslant\frac{\omega}{4}.$$

因为邻域 U 是任意的, 则函数 $f(x)$ 不可能在点 c 处连续.

3) 若 $\omega(c)=+\infty$, 由振幅的定义可知, 在包含 c 点的任意区间 (a,b) 中, $f(x)$ 在其上的上下确界之差可以任意大, 特别是上确界应该大于任意大的 $M>f(c)$, 因而可以在此区间中找到一点 β, 使 $f(\beta)\geqslant M$. 又因为 $f(x)$ 在此区间上的下确界必 $\leqslant f(c)$, 所以一定存在一点 α, 使 $f(\alpha)\leqslant f(c)+1$. 这样

$$f(\beta)-f(\alpha)\geqslant M-f(\alpha)\geqslant[f(c)+c]-[f(c)+1]=1.$$

但是

$$f(\beta)-f(\alpha)=[f(\beta)-f(c)]+[f(c)-f(\alpha)],$$

① 这一段译者作了较大的修改和补充, 增加了 $\omega(c)=+\infty$ 的情况. —— 译者注

而且右边两项均为非负, 所以至少有一项, 设是 $f(\beta)-f(c)$, 不小于 $\frac{1}{2}$. 即

$$|f(\beta)-f(c)|=[f(\beta)-f(c)]\geqslant\frac{1}{2}.$$

也就是说, 在含 c 的任意区间 (a,b) 中, 一定能够找到一点 x(就是 $x=\beta$) 使

$$|f(x)-f(c)|\geqslant 1/2,$$

所以 $f(x)$ 在 c 点处不连续.

若函数在某个点 (在该点上它可能没有定义, 但这时仍然可以定义 $\omega_f(c)$, 我们不再讨论) 上振幅大于零, 则说它在该点间断. 已知函数在其上连续的点为简便计称为**连续点**, 而在其上间断的点则称为**间断点**. 我们看到, 在连续点处 $\omega_f(c)=0$, 而在间断点处 $\omega_f(c)>0$.

3.8 间断点

上面的情形给了我们一个理由来尝试把各种可能的间断点进行某种归类. 既然条件 $\omega(c)>0$ 把间断点与连续点区分开来, 那么我们当然期望量 $\omega_f(c)$, 即函数在已知点的振幅, 能成为函数在已知点处间断性的一个合理且方便的**度量**. 如果注意到量 $\omega_f(c)$ 的定义, 我们的这个期望就会更强了, 因为 $\omega_f(\alpha,\beta)$ 是函数 $f(x)$ 在区间 $[\alpha,\beta]$ 上的值之间互相分离的尺度. 当区间 $[\alpha,\beta]$ 向点 c 收缩时, 这个量的极限可以用来当作函数在任意靠近 c 点处的值彼此间距离的尺度. 正是该函数这样一种特征的尺度, 决定了其在点 c 处间断与否. 这就是说, 我们称量 $\omega_f(c)$ 为函数 $f(x)$ 在 c 点处**间断的尺度**. 这使得我们可以按照所谓 "间断的程度" 来比较各种各样的间断点, 来看函数在这些点处的表现, 特别是, 函数的最大间断性当然可能是在其无界的那些点处 ($\omega_f(c)=+\infty$).

与间断的尺度 (或者说函数在一点处的振幅) 概念密切相关的是一个重要的命题, 它是关于一致连续性的定理 4 的一个直接的推广.

定理 如果函数 $f(x)$ 在区间 $[a,b]$ 上的每一点处的间断的度量 (即振幅) 都不超过数 $\lambda\geqslant 0$, 则对无论怎么小的正数 ε, 都可以找到另外一个正数 δ, 使得在任何长度 $<\delta$ 的区间上, 函数 $f(x)$ 的振幅都不会超过 $\lambda+\varepsilon$.

我们可以把这类函数称为 "精确到 λ 的连续函数". 特别是当 $\lambda=0$ 时, 我们恰好得到定理 4. 你们可以毫无困难地按照我们在证明定理 4 时所使用的方式来证明新定理, 区别仅在于现在将以数 $\lambda+\varepsilon$ 来代替前述的 ε.

这样, 你们看到不仅仅是局部的连续性, 还有函数在已知点处间断的度量有限性这一局部性质, 都有其整体的等价物. 我们所证明的定理有着一系列的应用, 特别是在积分学中. 后面有一讲中我们还要遇到它.

对于间断点而言, 还有另一种十分重要的分类方法, 即不是按照其量值进行比较, 而是按照其间断的方式. 我们知道, 等式 $f(a+0)=f(a)=f(a-0)$ 可以作为函数 $f(x)$ 在点 a 处连续性的判据. 可能有这种情况, $f(a+0)$ 和 $f(a-0)$ 都存在, 但至少其中之一不等于 $f(a)$, 这时我们称点 a 为函数 $f(x)$ 的**第一类**间断点. 也就是说, 这一类间断点的特征为: 无论从右边还是左边趋近于它时, 函数 $f(x)$ 的极限都存在, 但这两个极限彼此不相等, 或者它们两个相等, 但却不等于在该点处的函数值. 图 13 给出了前一种间断点的例子 (这里函数在间断点的值可以是任意的), 图 14 给出了另一种图形.

第一类间断点是最简单的一类间断点, 研究它们相对容易, 这当然归因于极限 $f(a+0)$ 及 $f(a-0)$ 的存在. 所有其他的间断点称为**第二类**间断点. 这就表明在第二类间断点上, 函数至少在趋于该点的两个方向 (右边或左边) 之一不会趋于任何极限. 我们屡次提到过的函数 $y=\sin\dfrac{1}{x}$ 在 $x=0$ 处是这种性态的十分有教益的例子 (图 15). 在包含 0 在内的任何区间上, 函数的上确界等于 $+1$, 下确界等于 -1, 因此 $\omega_f(0)=2$. 我们在本讲开始研究过的狄利克雷函数, 很显然, 在每一点处都有第二类间断.

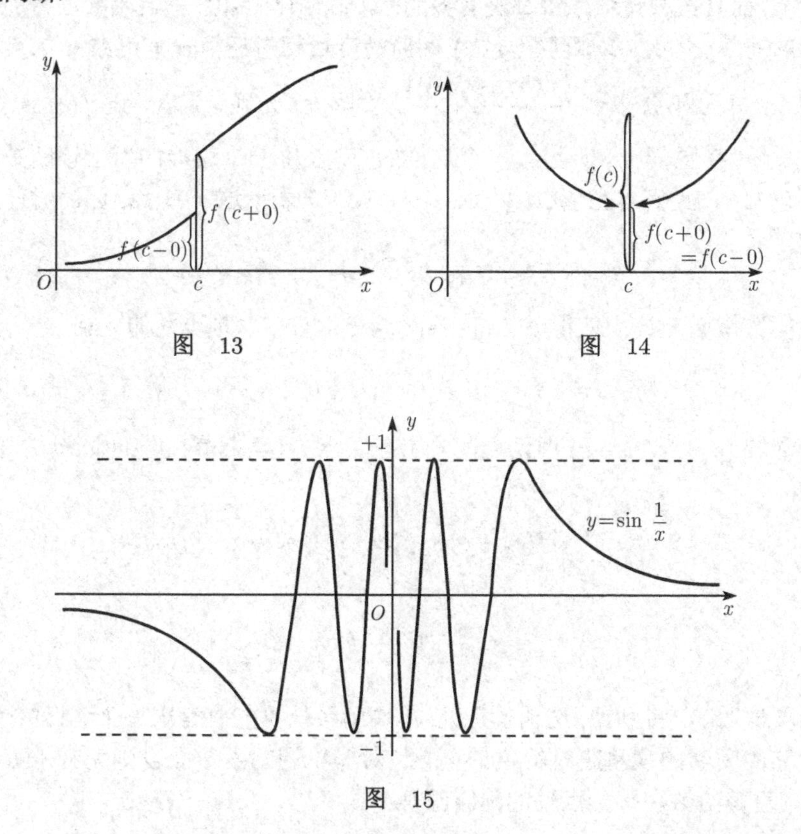

图 13

图 14

图 15

3.9 单调函数

如果当 $a \leqslant x_1 \leqslant x_2 \leqslant b$ 时总有 $f(x_1) \leqslant f(x_2)$, 则函数 $y = f(x)$ 称为在区间 $[a,b]$ 上是**不减的**. 若 $f(x_1) < f(x_2)$ 则称为是增加的, 或上升的, 或严格增加的. 如果当 $a \leqslant x_1 \leqslant x_2 \leqslant b$ 时总有 $f(x_1) \geqslant f(x_2)$, 函数 $f(x)$ 称为在区间 $[a,b]$ 上是**不增的**; 若 $f(x_1) > f(x_2)$ 则称为是下降的 (或严格下降的). 不减函数与不增函数一起构成**单调函数**类. 单调函数具有一系列特别的性质, 使得它在许多情况下成为方便的研究工具.

首先, 任何在给定闭区间 $[a,b]$ 上单调的函数 $f(x)$在此区间上有界 (通常设区间是闭的, 对开区间而言结论可能不成立, 例如函数 $y = \dfrac{1}{x}$在开区间 $(0, 1)$ 上是单调的, 但是无界). 实际上, 当 $a \leqslant x \leqslant b$ 时, $f(x)$ 介于 $f(a)$ 与 $f(b)$ 之间. 其次, 很显然, 其在闭区间端点处的值 $f(a)$ 和 $f(b)$ 正是单调函数的确界. 这些数也是函数 $f(x)$ 在闭区间 $[a,b]$ 上的最大值和最小值.

单调函数可能有间断点, 从图 13 中我们一看就明白. 但这种函数的间断不仅按其特征, 而且按其量值来讲都是有界的. 首先, 由有界性, 单调函数不可能有度量为无穷的间断. 其次, **单调函数 $f(x)$ 间断的度量超过任何一个正数 τ 的点的个数在区间 $[a,b]$ 上不会多于 $\dfrac{|f(b)-f(a)|}{\tau}$**. 实际上, 为确定起见, 设 $f(b) > f(a)$, 且设函数 $f(x)$ 在区间 $[a,b]$ 上有 n 个这样的点, 在每一个这样的点上该函数间断的度量都超过 τ. 我们自左至右, 以 $c_1, c_2, \cdots, c_n$ 来表示这 n 个点, 因而对任意小的 $\varepsilon > 0$ 有

$$f(c_k+\varepsilon) - f(c_k-\varepsilon) > \tau \quad (1 \leqslant k \leqslant n);$$

如果我们选择 ε 充分小使得 $a < c_1 - \varepsilon, c_n + \varepsilon < b$(这总是可能的), 且

$$c_k + \varepsilon < c_{k+1} - \varepsilon \quad (1 \leqslant k \leqslant n-1),$$

即使得邻域 $(c_k - \varepsilon, c_k + \varepsilon)$ 两两之间没有公共点, 且整个落在区间 $[a,b]$ 之中, 则显然有

$$n\tau < \sum_{k=1}^{n}[f(c_k+\varepsilon) - f(c_k-\varepsilon)] \leqslant f(b) - f(a),$$

于是有

$$n < \frac{f(b)-f(a)}{\tau}.$$

此即所要证明的. 特别地, 这也就是说, 单调函数只可能有有限多个这样的点, 在这些点上它的间断的度量超过给定的正数. 对非单调的函数而言则完全是另一回事了. 狄利克雷函数在每一点处的间断都等于 1.

最后, 若函数 $f(x)$ 在区间 $[a,b]$ 上单调, 则由第一讲引理 $1'$, 在此区间的每一点 c 上, 极限 $f(c+0)$ 和 $f(c-0)$ 都存在 (在点 a 处只有右极限, 而在点 b 处只有左极限). 由此得出: 单调函数只可能有第一类间断点.

3.10 有界变差函数

设函数 $f(x)$ 在区间 $[a,b]$ 上有定义. 我们以任意的方式将此区间分成 n 个部分区间, 自左至右以 $x_1, x_2, \cdots, x_{n-1}$ 来表示这些分点. 为有普遍性起见, 令 $a=x_0$ 及 $b=x_n$, 因而有

$$a=x_0<x_1<x_2<\cdots<x_{n-1}<x_n=b.$$

$$S=\sum_{k=1}^{n}|f(x_k)-f(x_{k-1})|$$

与我们对区间 $[a,b]$ 所做的分划有关. 对于不同的分划, 一般来说, 此和应取不同的数值. 用各种可能的方式作出上面所做的分划 (个数 n 也是可以任意改变的), 我们就会得到无穷多个和 S. S 的集合的上确界 M(它当然可能等于 $+\infty$) 称为函数 $f(x)$ 在区间 $[a,b]$ 上的**全变差**, 我们将以 $V_f(a,b)$ 来表示它. **如果 $V_f(a,b)$ 是一个数 ($V_f(a,b)<+\infty$), 则函数 $f(x)$ 称为区间 $[a,b]$ 上的有界变差函数**. 若 $V_f(a,b)=+\infty$, 则称函数 $f(x)$ 在区间 $[a,b]$ 上的变差是无限的 (无界的).

有界变差函数类在数学分析及其应用中起着十分引人注目的作用. 特别地, 很显然有: 任何在区间 $[a,b]$ 上单调的函数都是在此区间上的有界变差函数. 实际上, 对单调函数 $f(x)$ 而言, 和 S 对任何分划都等于 $|f(b)-f(a)|$, 因此

$$V_f(a,b)=|f(b)-f(a)|.$$

对研究有界变差函数的一般性质有着基本意义的是这样一个定理, 由此定理, 研究最一般的这种类型函数完全可化为对单调函数的研究. 这个定理是: **任何有界变差函数都是两个不减函数的差** (或者说, 两个单调函数的和, 其中一个是不减函数, 而另一个则是不增函数). 由此命题, 则关于单调函数的间断点的个数及特征的任何基本性质, 都可以推广到所有的有界变差函数中.

要证明这个基本的定理, 为简便起见, 我们约定以记号 $V(x)$ 来代替 $V_f(a,x)$, 并且令

$$\frac{1}{2}[V(x)+f(x)]=P(x), \quad \frac{1}{2}[V(x)-f(x)]=N(x);$$

由此得

$$f(x)=P(x)-N(x).$$

如果我们能证明函数 $N(x)$ 和 $P(x)$ 为区间 $[a,b]$ 上的不减函数, 则定理就将得证.

令 $a \leqslant x_1 < x_2 \leqslant b$, 因为

$$2[P(x_2) - P(x_1)] = V(x_2) - V(x_1) + [f(x_2) - f(x_1)],$$
$$2[N(x_2) - N(x_1)] = V(x_2) - V(x_1) - [f(x_2) - f(x_1)],$$

所以为了达到目的, 只需证明

$$V(x_2) - V(x_1) \geqslant |f(x_2) - f(x_1)|. \tag{5}$$

令 ε 为任意小的正数. 依照量 $V(x_1)$ 的定义, 作为和 S 的上确界, 必定存在着区间 $[a, x_1]$ 的一个分划, 使得相应的和 $S = S(a, x_1)$ 大于 $V(x) - \varepsilon$. 但和

$$S(a, x_1) + |f(x_2) - f(x_1)| = S(a, x_2)$$

很显然是对区间 $[a, x_2]$ 的和 S 中的一个, 因而它不可能超过这些和的上确界 $V(x_2)$, 也就是说, 我们得到

$$\begin{aligned} V(x_1) - \varepsilon + |f(x_2) - f(x_1)| &< S(a, x_1) + |f(x_2) - f(x_1)| \\ &= S(a, x_2) \leqslant V(x_2), \end{aligned}$$

由此得到

$$V(x_2) - V(x_1) > |f(x_2) - f(x_1)| - \varepsilon,$$

因为 ε 任意小, 故由此可得式 (5), 于是定理得证.

第四讲　级　　数

4.1　级数的收敛性与级数和

今天我们要讲数学分析的最重要的工具之一——无穷级数. 正如你们所熟知的, 在大量的数学分析问题面前, 无穷级数是我们研究问题的一种完全技术性的工具, 是一个很有用、很方便但在原则上却没有多少新东西的工具. 虽然如此, 这个工具仍然值得在这本简明的教程里用专门的一讲来介绍它. 其原因与其说是因为不仅在数学分析本身, 而且在几乎所有依赖于它的应用科学的大厦中都渗透了它的许多应用, 倒不如说是因为在级数理论的并不太复杂的材料中, 整个数学分析的典型思维过程、一系列概念和模式甚至整个的逻辑体系都以特别明显而清楚的方式来自级数理论. 如所熟知的, 学生们要是主动且牢固地掌握了级数理论, 则继续掌握数学分析的基本章节一般来说是不会有任何困难的.

形如

$$u_1 + u_2 + \cdots + u_n + \cdots \tag{1}$$

或者

$$\sum_{n=1}^{\infty} u_n$$

(其中所有的 u_n 是数, 我们通常设为实数) 的式子称为**数项**无穷级数. 数 u_n 称为级数的**项**. 有限和

$$S_n = \sum_{k=1}^{n} u_k$$

称为级数 (1) 的**部分和**.

关于每一个形如 (1) 的级数的基本问题是其**收敛性**的问题. 若极限

$$\lim_{n\to\infty} S_n = S$$

存在, 级数 (1) 称为是**收敛的**, S 则称为它的**和**. 反之, 则级数 (1) 称为是**发散的**, 并且没有和. 当 $n\to\infty$ 时, $S_n\to\infty$ 或者 $S_n\to-\infty$ 的情况我们形式上当然可以把它称为收敛的或者发散的, 两者都行, 但通常都把它归于发散级数一类. 所以, 所谓级数的和总是指某个数. 虽然我们是把具有无穷和的级数以及完全没有和的级数放在一起都称为发散级数, 但应当指出：这两类级数在其基础上毫无共同之处, 之所以放在一起, 只是因为二者都与带有限和的级数相矛盾 (尽管是在不同的意义下).

数学分析的基本章节中仅仅用到收敛级数. 对于第一次研究级数的人, 他们的最初印象不可避免地会把级数和以及求和过程看成与有限和完全类似的东西, 而这

一点常常是没有经过推敲的. 这里有一个类比: 有限和 S_n 就是级数的前 n 项的和, 而 S 则是其**所有项**的和. 现在常见的是, 讲课者本人也在促进甚至直接传授这种概念. 应当承认, 如果对此充分保持小心警惕的话, 这种概念实际上不仅可以促进掌握级数理论的基本内容, 而且可以启发我们预见新的尚未认识的规律. 但时刻也不能忘记两种危险, 即在这种类比中走得太远以及误认为它就是证明. 正如你们所知道的, 无穷级数和与有限和之间的类似, 或多或少地只能限于所谓的绝对收敛级数 (对它我们将在后面谈到), 而对于所谓 "条件收敛" 级数, 如果把组成无穷级数的各项的和想象为好像有限和一样, 我们马上就会遇到不可克服的困难. 实际上, 要想象出 "级数的**所有项**的和" 是困难的, 只要改变级数各项的次序, 级数的和就可能改变. 最后, 过分强烈地把级数和想象为非常像有限和那样的东西, 这本身就隐含了严重的方法论上的危险, 容易割掉无穷级数和所特有的意义的具体内容. 实际上, 构造级数和的过程完全不像构造有限和的过程, 并且完全不在于 (像有时所想的那样) 把级数各项一项接一项地加下去, "加完为止". 这当然是完全无望的事: 把逐次添加的级数的项加完是不可能的, 因为它是无穷多的. 如果我们还有可能说到级数的和, 那正是因为我们舍弃了这种毫无希望的无限多项相加的过程而代之以完全不同的另一种运算 (极限过程), 后者马上使我们达到目的. 这里给出一个用以描述无穷级数和的详细表述: 我们当然像在有限和一样, 从逐次增加的方法开始, 即构造和 S_1、S_2 等. 但我们总不打算把这个过程无限进行下去. 构造了部分和以后, 我们就注意研究部分和的性质和结构, 首先是它们与所取的项数 n 的关系. 换言之, 我们研究的对象是**量S_n作为n的函数**(在许多情况下, 要想掌握这个函数关系的整个状况, 不必长此以往地研究许许多多的和 S_1、S_2 等; 在研究了**不多的**几个项以后, 我们一般就能马上得到函数 S_n 的适当的解析表示, 例如在初等代数中所熟知的几何级数就是这个情形). 确切说来, 我们力求了解: 当 $n \to \infty$ 时量 S_n 是否趋于某个极限, 以及若有极限, 极限是什么. 也就是说, 描述无穷级数的和要做下面两步工作: 1) 给出部分和 S_n 并研究其与 n 的关系; 2) 令 $n \to \infty$ 而取极限. 你们当然看得出, 所有这一切都完全不像是 "把全部的项加完", 并且时刻也不能忘记这个差别, 否则我们就有落入毫无根据的类比的错误的危险.

我们再一次强调如下的注记. 我们看到, 关于已知级数 (1) 的和的问题完全归结为与此级数有关的序列

$$S_1, S_2, \cdots, S_n, \cdots \tag{2}$$

的极限问题. 反之, 若给定完全任意的序列 (2), 令

$$\begin{aligned} u_1 =& S_1, u_2 = S_2 - S_1, u_3 = S_3 - S_2, \cdots, \\ u_n =& S_n - S_{n-1}, \cdots, \end{aligned}$$

则我们总能把序列 (2) 的极限问题化为级数 (1) 的和的问题. 也就是说, 从这个观

点来讲, 级数论的问题同 (关于序列的) 极限理论的基本问题没有任何区别.

实际上, 级数理论的特点, 它的问题和方法, 正是受着这样一个特别的观念制约的: 把序列 (2) 的项看成某个级数 (1) 的部分和序列. 这个观念在思维上是十分有益的, 并且在应用方面是相当重要的, 以至于非构成其特别的理论体系不可. 这个理论就是无穷级数理论.

4.2 柯西准则

若级数(1)收敛, 则当$\boldsymbol{n \to \infty}$时$\boldsymbol{u_n \to 0}$. 实际上, 当 $n > 1$ 时 $u_n = S_n - S_{n-1}$, 又因为当 $n \to \infty$ 时 S_n 和 S_{n-1} 有同一个极限 S, 故有 $u_n \to 0$. 收敛级数这个性质的重要性在于, 它使得在许多情形下容易判断级数的发散性: 为此只要证明当 $n \to \infty$ 时 u_n 不是无穷小量即可. 但正如你们所了解的, 从当 $n \to \infty$ 时 $u_n \to 0$ 还不能断定级数 (1) 收敛. 例如, 我们已经熟知的 "调和" 级数

$$1 + \frac{1}{2} + \frac{1}{3} + \cdots + \frac{1}{n} + \cdots$$

是发散的 (当 $n \to +\infty$ 时 $S_n \to \infty$), 尽管其第 n 项当 $n \to \infty$ 时是无穷小. 上面说的准则只在一个方面成立 (必要性而非充分性), 这当然在相当大的程度上限制了其应用的范围.

正如我们已经看到的, 关于级数的收敛性问题只不过是某个数值序列的极限存在性问题的一种特殊形式, 因此当我们把已经熟知的序列极限存在的柯西准则 (参见第二讲 "2.5 柯西准则" 一节) 转换为级数理论的语言, 就能得到级数收敛性的必要和充分准则. 要使级数 (1) 的部分和序列当 $n \to \infty$ 时有极限, 正如我们所知道的那样, 其充分必要条件就是不等式

$$|S_{n+k} - S_n| < \varepsilon$$

对任何 $\varepsilon > 0$, 都有充分大的 n 存在, 使其对任何 $k \geqslant 0$ 成立. 因为 $S_{n+k} - S_n = \sum\limits_{i=n+1}^{n+k} u_i$, 则我们直接得到下述命题.

柯西准则 *级数 (1) 收敛的充分必要条件是, 不等式*

$$|u_{n+1} + u_{n+2} + \cdots + u_{u+k}| < \varepsilon \tag{3}$$

对任何 $\varepsilon > 0$, 都有充分大的 n 存在, 使其对任意的自然数 k 成立.

形象地说, 柯西准则的条件在于: 级数充分远的、无论怎样长的 "一段" 之和, 就绝对值而言可以变得任意的小. 当然, 如同在极限论中一样, 柯西准则只解决级数和的存在性问题, 而对和的大小则没有提及.

作为基本理论研究的有效武器的柯西准则很少用于判断个别、具体的级数的收敛性, 这一点正如第二讲中就极限存在的类似情况说过的那样. 其原因在于: 对于具体的级数而言, 通常并不容易确定条件 (3) 是否满足.

因此, 正如你们所了解的, 级数理论中建立了大量的其他收敛准则. 这些准则不具有柯西准则所拥有的特征 (即是必要且充分的), 但在用于个别具体的级数时却有着无比巨大的方便之处. 大多数这样的准则是关于正项级数的. 从方法论上讲, 一开始就研究这个最简单同时又是最重要的级数类是方便的, 然后再力求把对任意级数的研究化为对这类最简单类型的级数的研究.

4.3 正项级数

如果级数 (1) 的所有项都是非负的, 则很显然 S_n 是 n 的不减函数. 因此, 由第一讲的引理 1, 就只可能有下述两种情形之一出现: 级数 (1) 收敛, 或者 $\lim\limits_{n\to\infty} S_n = +\infty$. 换言之, 级数 (1) 收敛或发散要看当 $n \to \infty$ 时量 S_n 是有界还是无界. 因此, 对这类级数的任何收敛准则就可以建立如下: 只要证明函数 S_n 在相应条件下的有界性即可.

大多数关于正项级数的收敛性的准则是以下面的特别强的比较法则为基础的: **如果两个级数**

$$u_1 + u_2 + \cdots + u_n + \cdots \tag{A}$$

和

$$v_1 + v_2 + \cdots + v_n + \cdots \tag{B}$$

的所有项均非负, 并且当$n \geqslant n_0$时有

$$u_n \leqslant v_n, \tag{C}$$

则从级数(B)**的收敛性可以推得级数**(A)**的收敛性**(同时也就表明, 从级数 (A) 的发散性可以推得级数 (B) 的发散性).

这个基本准则的证明很简单. 我们以 S_n 和 S'_n 来表示级数 (A) 和级数 (B) 的相应的部分和. 如果级数 (B) 收敛, 则量 S'_n 有界, 而由条件 (C)

$$S_n - S_{n_0} \leqslant S'_n - S'_{n_0},$$

所以量 $S_n \leqslant S'_n + (S_{n_0} - S'_{n_0})$ 也有界, 因而级数 (A) 也收敛.

取定了某个收敛性已知的级数作为级数 (B) 之后, 通常接下来就要证明: 在某个条件下, 当级数 (A) 的项通过条件 (C) 与级数 (B) 相关联时, 任何这样的一种条件都能够成为级数 (A) 收敛的准则. 例如, 如果选取通常的几何级数作为级数 (B), 则可以由此得出, 对于级数 (A) 而言, 恰恰是最简单的, 当然就是你们所熟知的达朗贝尔准则、柯西准则等. 不单是这个准则, 其他所有的准则都是在这样或那样的具体形式下要求级数 (A) 的项随着 n 的增加而**足够快地减少**. 如达朗贝尔准则就要求比 $\dfrac{u_{n+1}}{u_n}$ 当 n 充分大时不大于一个比 1 小的数, 这以很明显的方式表明了量 u_n 正是随着 n 的增加而以足够快的速度在减少.

这里我们不去建立这类准则, 在每一本分析教程中都能找到它们及其详尽的证明. 现在不讲这个基本上是形式的理论, 我们力求更加详细地审视关于正项级数的**收敛速度**的概念. 这个问题尽管在各种教程中都不会讲, 但它对于未来的实际工作者来说, 不仅有原则性的意义, 而且有直接的实际意义. 实际上, 如果级数收敛得很慢, 也就是说, 为了得到与其极限值 S 接近到一定程度的 S_n, 必须把很多 n 项加起来, 即项数 n 是很大的数, 则这种级数尽管有完整的理论价值, 却不可能成为近似计算数 S 的工具, 因而在实际上不可能有大的作用, 至少没有直接的作用. 顺便指出, 有时会遇到相反的情况: 在一定条件下, 发散的级数可能是实际计算某些数值的很方便的工具. 这种情形使得著名的法国学者庞加莱在研究这种现象时, 有理由指出一种似是怪论的想法: 收敛的级数有时是 “实际上发散的”; 反之, 发散的级数有时是 “实际上收敛的”.

对任何收敛级数而言, “余项”$r_n = S - S_n = u_{n+1} + u_{n+2} + \cdots$ 当 $n \to \infty$ 时是无穷小量. 级数的收敛速度完全取决于这个无穷小的 “阶”, 即取决于当 $n \to \infty$ 时它以什么样的速度趋近于零. 通常认为, 如果当 $n \to \infty$ 时余项 r_n 类似于几何级数般减少, 则级数的收敛速度是好的. 为此, 只要已知级数的项 u_n 当 n 充分大时不大于某个几何级数的对应项就足够了. 实际上, 由

$$u_n < aq^n \quad (n \geqslant n_0)$$

[其中 $a > 0$ 且 q 为常数 $(0 < q < 1)$] 得到: 当 $n \geqslant n_0$ 时有

$$r_n < a(q^{n+1} + q^{n+2} + \cdots) = \frac{aq}{1-q}q^n.$$

如果当 n 增加时, 一个级数的余项的减少如同 n 的某个负的幂, 即如具有 $\frac{1}{n^2}, \frac{1}{n^3}$ 等, 这样的级数就收敛得慢多了. 这类级数实际应用起来常常会发生困难. 这里需要指出的是: 如果对于充分大的 n 有 u_n 小于 an^{-k}, 其中 $a > 0$ 且 $k > 1$ 为常数 (这里数 k 不必一定是整数), 则 $r_n < bn^{-k+1}$, 其中 b 是另一个正的常数. 实际上, 对函数 $f(x) = x^{k-1}$ 应用拉格朗日有限增量定理, 当 $x > 0$ 时我们得到

$$\begin{aligned}(x+1)^{k-1} - x^{k-1} &= (k-1)(x+\theta)^{k-2} \\ &> (k-1)x^{k-2} \quad (0 < \theta < 1).\end{aligned}$$

令 $x = n - 1$ 并以 $n^{k-1}(n-1)^{k-1}$ 去除两边, 则得到

$$\begin{aligned}(n-1)^{-k+1} - n^{-k+1} &= \frac{n^{k-1} - (n-1)^{k-1}}{n^{k-1}(n-1)^{k-1}} \\ &> \frac{(k-1)(n-1)^{k-2}}{n^{k-1}(n-1)^{k-1}} > \frac{k-1}{n^k},\end{aligned}$$

所以有

$$\frac{1}{n^k} < \frac{1}{k-1}[(n-1)^{-k+1} - n^{-k+1}].$$

如果 $u_n < an^{-k}$, 则得到

$$u_n < \frac{a}{k-1}[(n-1)^{-k+1} - n^{-k+1}],$$

因而

$$\begin{aligned} r_n = \sum_{i=1}^{\infty} u_{n+i} &< \frac{a}{k-1}\sum_{i=1}^{\infty}[(n+i-1)^{-k+1} - (n+i)^{-k+1}] \\ &= \frac{a}{k-1}n^{-k+1}, \end{aligned}$$

此即我们的结论.

现在再回到收敛准则的问题上来. 我们作出如下注记. 对任何收敛级数而言, 都有 $u_n \to 0(n \to \infty)$; 但是, "一般项"u_n 的这种向零的趋近甚至对正项级数而言也可能不是单调的. 在几何级数中通过调换 u_1 和 u_2, u_3 和 $u_4, \cdots\cdots$ 就可得到这样一个简单的例子, 即级数

$$\frac{1}{2^2} + \frac{1}{2} + \frac{1}{2^4} + \frac{1}{2^3} + \cdots + \frac{1}{2^{2n}} + \frac{1}{2^{2n-1}} + \cdots$$

但在绝大多数情况下, 在数学分析及其应用中遇到的具体的正项级数常常具有这样的性质: $u_{n+1} \leqslant u_n(n = 1, 2, \cdots)$, 即在这些级数中, 随着 n 的增加,u_n 单调减小且 $u_n \to 0$. 因此, 关于单调减少的正项级数的收敛性有一类专门的准则值得特别注意, 尤其是具有准则特征 (即是必要且充分的) 同时又在研究各个具体的级数时能很方便地应用的那些准则. 我们来讨论这类准则中的两个.

定理 (柯西积分准则) 设函数 $f(x)$ 为半直线 $0 \leqslant x < +\infty$ 上的正的、连续的、不增的函数. 此时级数

$$f(1) + f(2) + \cdots + f(n) + \cdots \tag{A}$$

收敛的充分必要条件是: 当 $a \to +\infty(a > 0)$ 时, 积分

$$\int_0^a f(u)\mathrm{d}u \tag{B}$$

有有限极限. (另一方面, 这个积分当且仅当 $a \to \infty$ 时是有界的, 它才有有限极限.)

为方便证明, 我们从已知函数, 而不是从已知级数出发来阐述这个准则. 然而很清楚, 对于任何单调减少的正项级数 (A), 都容易作出满足我们定理要求的函数 $f(x)$, 使得 $f(n) = u_n(n \geqslant 1)$. 这样一来, 我们的定理实际上就是上述这种级数收敛性的判别准则.

证明 很显然, 由函数 $f(x)$ 的单调性 (不增) 得

$$\int_{n-1}^{n} f(u)\mathrm{d}u \geqslant f(n) \geqslant \int_{n}^{n+1} f(u)\mathrm{d}u,$$

所以

$$\int_0^n f(u)\mathrm{d}u \geqslant \sum_{k=1}^{n} f(k) \geqslant \int_1^{n+1} f(u)\mathrm{d}u,$$

此不等式直接表明：当 $n\to\infty$ 时量 $\sum\limits_{k=1}^{n} f(k)$ 及 $\int_0^n f(u)\mathrm{d}u$ 要么都有界，要么都无界. 此即定理所要证明的，因为这两种情况下有界性等同于有限极限的存在性.

这个准则应用于一些个别的级数，正如我们已经指出的，在很多情况下是很方便的. 例如设 $u_n = n^{-\alpha}(\alpha>0)$. 令

$$f(x)=\begin{cases} 1 & (0\leqslant x\leqslant 1),\\ x^{-\alpha} & (1\leqslant x<+\infty). \end{cases}$$

很显然，我们得到了一个满足定理所有要求的函数. 但当 $\alpha\neq 1$ 时

$$\int_0^A f(x)\mathrm{d}x = 1+\int_1^A x^{-\alpha}\mathrm{d}x = 1+\frac{A^{1-\alpha}-1}{1-\alpha},$$

由此得出：由积分准则，当 $\alpha>1$ 时级数 $\sum\limits_{n=1}^{\infty} n^{-\alpha}$ 收敛，当 $\alpha<1$ 时级数 $\sum\limits_{n=1}^{\infty} n^{-\alpha}$ 发散. 最后，当 $\alpha=1$ 时

$$\int_0^A f(x)\mathrm{d}x = 1+\int_1^A \frac{\mathrm{d}x}{x} = 1+\ln A\to\infty$$

(当 $A\to+\infty$ 时)，即调和级数 $\sum\limits_{n=1}^{\infty}\frac{1}{n}$ 发散.

再来看第二个准则.

定理 若 $u_n\geqslant u_{n+1}>0(n\geqslant 1)$，则级数 (1) 收敛的充分必要条件是：级数

$$u_1+2u_2+4u_4+8u_8+\cdots+2^n u_{2^n}+\cdots \tag{4}$$

也收敛.

证明 由级数 (1) 的项单调减少得

$$2^{n-1}u_{2^{n-1}} \geqslant \sum_{k=2^{n-1}+1}^{2^n} u_k \geqslant 2^{n-1}u_{2^n},$$

(不等式中间部分和的项数是 2^{n-1})，由此得

$$\sum_{k=0}^{n-1} 2^k u_{2^k} \geqslant \sum_{k=1}^{2^n} u_k \geqslant \frac{1}{2}\sum_{k=1}^{n} 2^k u_{2^k}.$$

这个不等式直接表示：级数 (1) 和级数 (4) 的部分和要么同时有界，要么同时无界，由此得定理成立.

当 $u_n=n^{-\alpha}(\alpha>0)$ 时，级数 (4) 的一般项是 $2^{n(1-\alpha)}$，而由上面的定理也可以得到，级数 $\sum\limits_{n=1}^{\infty} n^{-\alpha}$ 当 $\alpha>1$ 时收敛且当 $\alpha\leqslant 1$ 时发散.

4.4 绝对收敛和条件收敛

我们现在转到带任意符号项的级数. 正如你们所了解的, 这种一般类型的收敛级数通常一开始就按其性质分为实质上不同的两个类型：绝对收敛的级数和条件收敛的级数. 我们称级数 (1) 是**绝对收敛的**, 如果级数

$$|u_1| + |u_2| + \cdots + |u_n| + \cdots \tag{5}$$

收敛; 如果级数 (1) 收敛, 而级数 (5) 发散, 则我们称级数 (1) **条件**收敛.

这里首先应当注意：一个给定级数的**绝对**收敛性的定义就是**另外**某个级数的收敛性. 因此定理 (当然是你们所熟知的)"**任何绝对收敛的级数必收敛**" 就决不是平凡的了.

当然, 这个定理的意义在于, 从级数 (5) 的收敛性可以推得级数 (1) 的收敛性. 其证明通常总是基于柯西准则, 因为对任何 $n > 0, k > 0$,

$$\left|\sum_{i=1}^{k} u_{n+i}\right| \leqslant \sum_{i=1}^{k} |u_{n+i}|,$$

因此由柯西准则, 当级数 (5) 收敛时右边部分对于充分大的 n 和任何 k 都可以变得任意地小, 所以左边也应当如此. 于是由此再依柯西准则可推得级数 (1) 的收敛性.

绝对收敛级数的性质, 表现出与有限和具有相当大的相似之处：可以像有限和一样对它们进行逐项相乘 (分配律) 和组合 (结合律), 并不因此而破坏级数的收敛性, 也不改变其和 (特别地, 这些性质当然正项级数也具有, 正项级数的收敛性总是绝对收敛). 我们这里不去证明这些性质. 这些纯粹是形式上的工作, 它们的表述在教材中都找得到, 而且不会对你们形成任何困难.

我们来较为详细地考察一下条件收敛的级数. 例如, 考虑一下著名的莱布尼茨级数

$$1 - \frac{1}{2} + \frac{1}{3} - \frac{1}{4} + \frac{1}{5} - \frac{1}{6} + \cdots;$$

一切都很满意：部分和有极限, 余项趋于零 (而且甚至并不太慢), 像任何收敛级数一样. 但这种满意是靠不住的! 只要以适当的方式改变各项的次序, 级数就将有另外的和, 甚至完全不再收敛. 这一切都是因为级数 (5)(在我们的例子中, 这是调和级数) 是发散的. 当然, 你们明白, 这种求和 (即其结果依赖于项的次序) 决不能放到有限和的框架中去. "条件收敛的级数" 这个名称本身来看, 明显有其心理上的前提, 就是希望只在有已知的约定的情况下才把这类级数称为收敛级数.

因为通过排列级数的项就可能改变条件收敛级数的和, 甚至破坏条件收敛级数的收敛性, 所以在这方面, 任何条件收敛级数给了我们实际上完全无限的可能性. 下述简单却精致的定理就指出了这一点.

定理 如果级数 (1) 条件收敛且 α 为任意的数或符号 $\pm\infty$ 中的任一个, 则适当地交换这个级数的项的次序总能得到一个新级数收敛于 α.

为了证明这个定理, 我们首先来建立一个引理, 它本身也有意义: **如果级数**(1)**条件收敛, 则其非负项构成发散的级数**(1′), **同时其非正项也构成发散的级数**(1″).[①] 实际上, 令 $S_n = S'_n + S''{}_n$, 其中 S'_n 为级数 (1) 中含于 S_n 中的正项的和, 而 $S''{}_n$ 则是级数 (1) 中含于 S_n 中的负项的和. 如果级数 (1′) 及 (1″) 都收敛, 则 S'_n 及 $S''{}_n$ 当 $n \to \infty$ 时都有极限, 因而

$$S'_n - S''{}_n = |u_1| + |u_2| + \cdots + |u_n|$$

也趋近于某个极限, 即级数 (1) 是绝对收敛的. 而如果级数 (1′) 及 (1″) 中的一个, 比如 (1′) 发散, 而另一个 (1″) 收敛, 则当 $n \to \infty$ 时得到 $S'_n \to +\infty, S''{}_n \to c$, 其中 c 是一个数. 由此得 $S_n = S'_n + S''{}_n \to +\infty$, 即级数 (1) 发散. 这就是说, 级数 (1′) 与级数 (1″) 必须是同时发散的.

现在来证明定理. 我们来研究两种情况.

1) α 是数. 为确定起见, 令 $\alpha > 0$. 这时我们将级数 (1) 的项按下述次序排列. 首先按其自然顺序 (即它们在级数 (1) 中出现的次序) 取出若干正项, 此时所取出的项的和将是增加的. 当这个和刚刚超过 α 时, 我们就停下来, 并称此和为**转折**和. 然后开始接着逐项地添加级数 (1) 的负项 (仍按其自然顺序), 而此时所取的项的和将是减少的. 一旦当它小于 α 时, 我们再停下来, 并再次把所得之和称为**转折**和, 并且再次开始对它按顺序添加级数 (1) 的正项 …… 无限地继续这个过程, 很显然, 我们就把级数 (1) 的项排成了某种确定的次序. 我们需要证明: 重组的级数有和 α. 但首先我们还需要阐明所述做法的一个细节: 我们由何得知, 当取级数 (1) 足够多的正项时能得到比 α 大的和? 这里我们可以求助于引理. 根据引理, 由级数 (1) 的正项组成的级数是发散的, 因而在取足够多的这样的正项之后, 我们可以得到任意大的和, 特别是大于 α 的和. 由此引理, 在整个构造的余下过程中恰好可以相信, 添加正项迟早会使得所取的项之和超过 α, 而添加负项则会使和小于 α.

以此方式证明了这种构造的可能性. 现在我们应当证明: 新级数的部分和时而大于 α, 时而小于 α, 而无限接近于这个数. 从构造过程很显然知道, 若取新级数的两个相继的转折和, 则其所有其余的和都将介于它们之间. 因此我们只要证明转折和以 α 为极限就够了. 很显然, 每一个转折和与 α 的距离按其绝对值而言都不大于其最后的一项, 即是一个显然趋近于零的量. 因为这个项是我们最初的 (收敛) 级数的项. 于是此种情形下定理得证.

2) 现在令 $\alpha = +\infty(\alpha = -\infty$ 的情形证明完全相仿). 因为当 $n \to \infty$ 时 $u_n \to 0$,

① (1) 中为 0 的项既可以认为是 (1′) 中的项, 也可以认为是 (1″) 中的项, 甚至可以认为同属于 (1′) 和 (1″), 而不会影响下面的讨论.—— 译者注

则数 $|u_n|$ 之集合 $(n=1,2,\cdots)$ 有界. 令 β 为其上确界. 我们研究级数 (1) 的正项序列并且把它们分段, 使得每一段中各项的和都大于 2β(由我们已证明的引理, 这是可能的). 现在把级数 (1) 的项如下安排, 首先只从所分的段中取第一段 (按其自然顺序), 然后添加一个负项即第一负项, 再取第二段, 添加上第二个负项 $\cdots\cdots$ 因为每一段的和都大于 2β, 而每一个负项按其绝对值都不大于 β, 所以当取了 n 个正的段及 n 个负项之后, 我们将得到大于 $2\beta n-\beta n=\beta n$ 的和. 由此可以看出, 重组的级数的部分和当 $n\to\infty$ 时无限增加.

我们特意这样详细地停留在这些构造的方法上, 是因为它们是那么的有意思、有教益, 迫使我们密切关注级数的结构, 而且从逻辑上解剖它. 对你们来说, 下面是一个很有趣也很有教益的练习: 证明通过适当变换每一个条件收敛级数的项, 可以得到既没有有限和, 也没有无限和的级数.

4.5 无穷乘积

除加法外, 另一种算术运算——乘法——也可以应用于任意多个数. 像前面已经找到了项数无限增加的和的极限一样, 这里我们还可以提出因子个数无限增加的乘积的极限问题. 类似于无穷级数的理论, 我们可以建立**无穷乘积**理论. 迄今, 这个创立已久的理论确实没有像级数理论那样有着特别的应用, 但其应用范围已经足够广阔 (而且逐年增大), 所以在今天它必然是每一个数学家必须掌握的理论.

我们称形如

$$z_1z_2\cdots z_n\cdots=\prod_{n=1}^{\infty}z_n \tag{6}$$

的式子叫无穷乘积. 称量 $\pi_n=z_1z_2\cdots z_n(n=1,2,\cdots)$ 为**部分乘积**. 若 $\lim\limits_{n\to\infty}\pi_n$ 存在, 则称之为积 (6) 的值.

此后, 我们始终认为所有的因子都是**正数**. 对因子采取这样的限制, 绝对不是因为要简化研究, 而通常是因为, 研究负因子的积, 一方面只要改变一些因子的符号马上就可以化为正因子的情形, 另一方面是因为没有什么现实的意义. 许多考虑都会导致结论: 类似于收敛级数的一个性质, 即当 $n\to\infty$ 时级数的第 n 项趋近于零, 无穷乘积中的第 n 个因子 z_n 应当 (这点容易证明且我们很快就来证明) 趋近于 1. 这就表明, 所有的因子从某一个起都应当不仅是正的, 而且应当任意地接近于 1.

对正因子的情形下无穷乘积的研究, 很显然通过简单的求对数就可以化为对无穷级数的研究. 令 $v_n=\ln z_n, z_n=\mathrm{e}^{v_n}$, 我们看到乘积 (6) 的收敛性等价于级数

$$v_1+v_2+\cdots+v_n+\cdots \tag{7}$$

的收敛性, 并且这个级数的和 S(当其收敛时) 等于乘积 (6) 的值 π 的对数. 这个法则只有一个例外: 若 $\pi=0$, 则级数 (7) 很显然是发散的 (部分和有极限 $-\infty$). 但其

值等于零的无穷乘积在许多其他方面有完全独特的性态：与其说它像一个收敛级数，不如说它更像一个发散级数. 比如当 $\pi = 0$ 时，要使当 $n \to \infty$ 时 $z_n \to 1$ 就不是必要的 (例如取 $z_n = \frac{1}{2}, n = 1, 2, \cdots$ 就是). 由于这些情况，所以规定：当 $\pi = 0$ 时乘积 (6) 是发散的，因此这个乘积的收敛性应定义为它有一个**正的**(非零的) 极限 $\pi = \lim\limits_{n\to\infty} \pi_n$ 存在. 在此定义下，乘积 (6) 的收敛性很显然是丝毫不差地等价于级数 (7) 的收敛性.

因为上面已经指出了，无穷乘积的理论完全可以归结为对级数的研究，这使得我们有理由认为：没有任何必要建立关于无穷乘积的专门理论. 但如同在许多类似情况下见到的一样，这个结论是错误的. 数学中常常是这样的：对原来的一组问题给出新**形式的提法**，一方面会引出完全新的问题，另一方面会启发和促进老问题的解决.

在无穷乘积理论中，通常把因子 z_n 写成 $1 + u_n$ 的形式 (其中 $-1 < u_n < +\infty$). 这时 $\pi_n = \prod\limits_{k=1}^{n}(1 + u_k)$，而乘积 (6) 则改写为

$$(1 + u_1)(1 + u_2) \cdots (1 + u_n) \cdots = \prod_{n=1}^{\infty}(1 + u_n). \tag{8}$$

如果乘积收敛，则当 $n \to \infty$ 时，$\pi_n \to \pi, 0 < \pi < +\infty$. 由此得，当 $n \to \infty$ 时有

$$u_n = \frac{\pi_n}{\pi_{n-1}} - 1 \to 0, \quad z_n = \frac{\pi_n}{\pi_{n-1}} \to 1.$$

比较乘积 (8) 和级数 (7)，表明与正项级数对应的乘积是 $z_n \geqslant 1$ 或者说 $u_n \geqslant 0 (n = 1, 2, \cdots)$ 的乘积 (与负项级数对应的是 $z_n \leqslant 1, u_n \leqslant 0$ 的乘积)，这使得我们首先要研究所有的 u_n 都有同样符号的无穷乘积，与这类乘积有关的最有用的命题如下.

定理 如果所有的 u_n 都有同样的符号，则要乘积 (8) 收敛的充分必要条件是：级数

$$u_1 + u_2 + \cdots + u_n + \cdots \tag{9}$$

收敛.

证明 首先，我们有权假设当 $n \to \infty$ 时 $u_n \to 0$. 因为在相反的情形，如同我们知道的那样，不仅乘积 (8) 发散，而且级数 (9) 也发散，因而以上假设成立. 下面我们分为两种情形讨论.

1) 设 $u_n \geqslant 0 (n = 1, 2, \cdots)$. 因为当 $x \to 0$ 时 e^x 与 $1 + x$ 相差一个关于 x 为二阶的正无穷小，故对充分大的 n 有

$$\mathrm{e}^{\frac{1}{2}u_n} < 1 + u_n \leqslant \mathrm{e}^{u_n}, \tag{10}$$

以 S_n 来表示级数 (9) 的部分和, 且为方便计, 设不等式 (10) 对任何 n 都成立 (这并不失讨论的一般性, 因为在收敛性的问题中总是能够丢掉级数或者乘积最初的任意有限多个项, 而不影响其结果). 当 $n = 1, 2, \cdots, m$ 时, 对这些不等式逐项相乘得

$$\mathrm{e}^{\frac{1}{2}S_m} < \pi_m \leqslant \mathrm{e}^{S_m}.$$

如果级数 (9) 收敛, 则当 $m \to \infty$ 时 $S_m < S < +\infty$, 因此有 $\pi_m < \mathrm{e}^S < +\infty$, 即 π_m 是有界的, 因而乘积 (8) 收敛. 反之, 若乘积 (8) 收敛, 则当 $m \to \infty$ 时 $\pi_m < \pi < +\infty$, 这就表明

$$\frac{1}{2}S_m < \ln \pi < +\infty,$$

即和 S_m 是有界的, 因而级数 (10) 收敛.

2) 令 $u_n \leqslant 0 (n = 1, 2, \cdots)$. 与前面相仿, 我们得到 (这里 $S_m \leqslant 0$)

$$\mathrm{e}^{2S_m} < \pi_m \leqslant \mathrm{e}^{S_m},$$

由此相仿地证明: 当 $S_m > S > -\infty$(级数 (9) 收敛的情形) 时, $\pi_m > \mathrm{e}^{2S} > 0$, 乘积 (8) 也收敛; 反之当 $\pi_m > \pi > 0$ 时, 有 $S_m \geqslant \ln \pi_m > \ln \pi > -\infty$, 即从乘积 (8) 的收敛性推得级数 (9) 的收敛性.

把乘积 (6) 或者 (8) 同级数 (7) 进行比较, 直接可以得出对于无穷乘积的**柯西准则: 要乘积 (8) 收敛, 当且仅当对于无论怎样小的$\varepsilon > 0$, 都存在充分大的 n 使得对任意的自然数 k, 都有**

$$1 - \varepsilon < \prod_{i=n+1}^{n+k} (1 + u_i) < 1 + \varepsilon. \tag{11}$$

但对于其中的 u_n 保持不变号的乘积而言, 由我们证明过的定理, 这个准则可以代之以另一个形式, 其在大多数情况下用起来方便得多 (因为一般说来, 估计和比估计积容易得多). 我们显然可以对上面陈述的准则不作任何改变, 而只以不等式

$$\left| \sum_{i=n+1}^{n+k} u_i \right| < \varepsilon$$

代替不等式 (11). 只是要记住, 这种形式的关于无穷乘积的柯西准则只当所有的 u_n 都保持同号时才成立.

遗憾的是, 在本教程的范围内, 我们对有趣的无穷乘积问题的讨论只能限于上述. 现在转到下一个题目.

4.6 函数级数

至今为止, 我们所研究的级数的项都是数. 但你们当然知道, 对于数学分析来讲, 首先需要的是**函数**级数, 即其项是某个自变量的函数的级数. 对于这类级数的理论, 我们至今所研究的一切起着热身的作用.

设级数

$$u_1(x) + u_2(x) + \cdots + u_n(x) + \cdots \tag{12}$$

的各项都是定义在某个区间 $[a, b]$ 上的某个自变量 x 的函数. 给这个变量以某个数值 $x = \alpha$, 我们就把级数 (12) 变成通常的数项级数 $\sum_{n=1}^{\infty} u_n(\alpha)$, 从数项级数理论的观点来看, 因此可以指出, 式 (12) 所表示的不是一个级数, 而是不同的级数构成的连续统.

当然, 对函数级数而言, 收敛性问题相较于数项级数下的情形完全变成了另外一回事. 对于级数 (12) 来说, 提出其收敛或发散的问题是没有意义的. 因为一般来说, 它对 x 的一些值是收敛的, 而对 x 的另一些值则是发散的. 这里, 问题的合理提法是: 级数 (12) 对于已知区间 $[a, b]$ 上的什么样的 x 值是收敛的, 而对什么样的值是发散的? 我们称这样使级数 (12) 收敛的 x 值的集合为该级数的**收敛区域**, 而把使其发散的值的集合称为**发散区域**. 我们看到对函数级数而言, 收敛性问题首先在于找出其收敛区域. 在这里我们不浪费时间来研究例子了, 因为它们在今后会常出现.

对函数级数理论的所有解析应用而言, 一致收敛的概念有着基本意义. 现在最好就来定义这个概念. 如果级数 (12) 对某个集合 M 的每一点 (即对所有的 $x \in M$) 都收敛, 则此级数的余项

$$r_n(x) = S(x) - S_n(x)$$

(当然, 与级数的和 $S(x)$ 及部分和 $S_n(x)$ 相似, 它也是 x 的函数) 对任何 $x \in M$ 当 $n \to \infty$ 时都趋近于零. 为此, 我们需要更加详细地描述一下这个事实: 对任何 $x \in M$ 以及任何 $\varepsilon > 0$, 都存在 n_0(当然, 它不仅与 ε 有关, 而且与 x 有关) 使得对任何 $n \geqslant n_0$ 有 $|r_n(x)| < \varepsilon$. 现在令 ε 不变, 而让数 x 跑遍整个集合 M, 此时对每一个 x 都可以找到相应的 n_0, 即在该级数中的 "位置", 从这个位置开始 $|r_n(x)| < \varepsilon$. 但在此级数中是否存在一个同样的 "位置", 从它开始, 不等式 $|r_n(x)| < \varepsilon$ 对**任何**$x \in M$ 都成立呢? 很显然, 这取决于我们前面对不同的 x 所建立的那些数 n_0 的集合有界与否. 如果这些数中有最大的, 则很显然可以用它作为这种 "位置", 从它开始, 对**任何**$x \in M$ 都有 $|r_n(x)| < \varepsilon$. 如果在我们所建立的数 n_0 中有任意大的数 (即 $\sup n_0 = +\infty$), 则表明无论在我们的级数中走多远, 总可以找到这样的 $x \in M$, 对它们而言要找的 "位置" 还没有达到, 它还在更远的地方. 此时要选择这种同样的 n_0 使得它在上述意义下对任何 $x \in M$ 都适合, 很显然是不可能的.

我们来看后一类型的一个例子. 当 $n \geqslant 1$ 时, 令

$$S_n(x) = x^n(1 - x^n) \quad (0 \leqslant x \leqslant 1),$$

即

$$u_n(x) = x^n(1 - x^n) - x^{n-1}(1 - x^{n-1}).$$

很显然, 对任何 $x \in [0,1]$ 都有当 $n \to \infty$ 时 $S_n(x) \to 0$, 因此

$$r_n(x) = -S_n(x) = -x^n(1-x^n),$$

由此得

$$r_n(2^{-\frac{1}{n}}) = -\frac{1}{4} \quad (n = 1, 2, \cdots).$$

因为对任何 n, 数 $2^{-\frac{1}{n}}$ 都属于区间 [0,1], 所以想找一个 n_0, 使得对任一个 $x \in [0,1]$, 只要 $n \geqslant n_0$ 就有 $|r_n(x)| < \dfrac{1}{4}$, 这是不可能的. 因为只要取 $x = 2^{-\frac{1}{n}}$, 就会发现 $|r_n(x)| = \dfrac{1}{4}$ 而不是 $< \dfrac{1}{4}$. 这就表明, 这里实际上是上述第二种情形. 在图 16 中, 为了直观一点, 画出了曲线 $y = |r_1(x)|$ 以及对大的 n 的 $y = |r_n(x)|$ 的略图. 曲线 $y = |r_n(x)|$ 当 $x = 2^{-\frac{1}{n}}$ 时有极大值等于 $\dfrac{1}{4}$. 自这个点向左, 除其邻近处外, $|r_n(x)|$ 处处都显得特别小. 当 n 增加时, 点 $2^{-\frac{1}{n}}$ 无限接近于 1. 从此图上我们直接看到的现象, 乍看起来像是悖论: 当 $n \to \infty$ 时, 对每一个 x 都有 $r_n(x) \to 0$, 同时对每一个 n 都有这样的 x, 使得 $|r_n(x)| = \dfrac{1}{4}$. 这可以这样解释: 使 $|r_n(x)|$ 获得极大值的点, 当 n 增加时并不固定在一个位置, 而是当 $n \to \infty$ 时向右移动且无限趋近于 1. 也就是说, 当 n 增加时, 尽管对每个固定的 $x, r_n(x)$ 都会趋于 0, 但在 x 点之间比较起来, 这个趋于 0 的过程中总会有一个点 "落后", 在这个点, $r_n(x)$ 不但没有接近 0, 而且始终是 $-\dfrac{1}{4}$. 但这个落后点不是固定的, 而是始终在向与点 1 靠近的方向移动着. 我们不由得期望: 在点 1 处, 这种落后性密集在一起后会引起级数的发散, 但实际上在点 1 处总是表现得非常顺利, 因为此时对任何 n 都有 $r_n(x) = 0$.

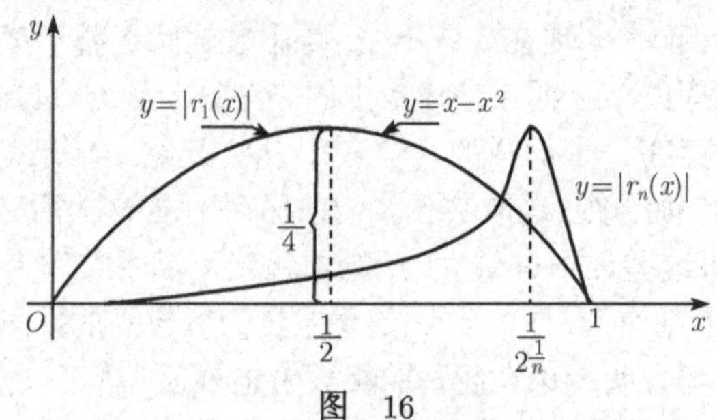

图 16

现在我们再回到前面已经约定要加以区别的两种情况. 我们认为第一种情形, 级数 (12) 在集合 M 上**一致收敛**, 而第二种情形**非一致收敛**. 这就是说, **如果对于任意小的$\varepsilon > 0$都存在着一个n_0 (仅与ε有关而与x无关)**, 使得对任何$n \geqslant n_0$以及任何$x \in M$, 都有**

$$|r_n(x)| < \varepsilon,$$

那么级数(12)在某个集合M上是一致收敛的.

我们上面详细考察了表现出非一致收敛的典型特征的例子, 还要指出：以同样的方式可以丝毫不差地定义函数**序列**

$$f_1(x), f_2(x), \cdots, f_n(x), \cdots$$

向极限函数 $f(x)$ 的一致收敛性, 这时 $r_n(x)$ 所指的是差 $f(x) - f_n(x)$; 我们也同样可以说, 级数的一致收敛性等价于其部分和序列的一致收敛性.

如果说对于级数的算术运算, 重要的是其**绝对**收敛性, 这一点我们已经看到, 则对于相当一部分具有解析运算特征的情况, 结论是：其**一致**收敛性是很方便的且有时是不可少的前提. 我们马上来研究几个例子确认这一点.

首先来研究这样的问题：在什么条件下可以确信级数 (12) 的和 $S(x)$ 的连续性. 如果已知其所有项都在区间 $[a,b]$ 上连续, 此时和函数 $S(x)$ 也可能是间断的, 下面的例子就指明了这一点：

$$\begin{aligned} u_n(x) &= x^{n-1} - x^n \quad (n \geqslant 1, 0 \leqslant x \leqslant 1), \\ S_n(x) &= 1 - x^n \quad (n \geqslant 1); \\ S(x) &= \begin{cases} 1, & \text{当} 0 \leqslant x < 1, \\ 0, & \text{当} x = 1. \end{cases} \end{aligned}$$

现在来证明：**若级数(12)一致收敛, 则从其项的连续性可得其和的连续性**. 实际上, 设在区间 $[a,b]$ 上级数 (12) 一致收敛, 且令其所有项 $u_n(x)$ 在 $[a,b]$ 上连续 (这也表示其所有的部分和 $S_n(x)$ 也在 $[a,b]$ 上连续). 令 α 为区间 $[a,b]$ 中的任意一个数且 ε 为任意小的正数, 由级数 (12) 的一致收敛性的假设我们可以取足够大的 n, 使得

$$|S_n(x) - S(x)| < \frac{\varepsilon}{3}$$

对任何 $x \in [a,b]$ 都成立. 暂时固定这个 n 并利用函数 $S_n(x)$ 在区间 $[a,b]$ 上的连续性, 特别是在其中点 α 处的连续性, 我们可以断言, 对点 α 的某个邻域 U 中的任何 x 点都有

$$|S_n(x) - S_n(\alpha)| < \frac{\varepsilon}{3};$$

但此时对任何 $x \in U$ 有

$$\begin{aligned} &|S(x) - S(\alpha)| \\ \leqslant &|S(x) - S_n(x)| + |S_n(x) - S_n(\alpha)| + |S_n(\alpha) - S(\alpha)| \\ < &\frac{\varepsilon}{3} + \frac{\varepsilon}{3} + \frac{\varepsilon}{3} = \varepsilon. \end{aligned}$$

此即表明函数 $S(x)$ 在 $x = \alpha$ 处连续.

适才证明的命题之逆不成立. 在一个级数非一致收敛的某些情形下, 级数的和仍可能连续. 这可以从前面我们所做的例子 $S_n(x) = x^n(1 - x^n)$ 中看到. 那里, 级

数是非一致收敛的, 然而其和在整个所考虑的区间上都等于零, 因而是连续的. 也就是说, 连续函数项的级数的一致收敛性保证了其和的连续性, 但却不是连续性的**必要**条件. 比我们所考虑的更深入的理论, 能够建立起保证和的连续性的必要且充分的收敛性特征. 但实际上, 和的连续性几乎总是作为级数的一致收敛性的结果而得出的.

一致收敛思想得到本质上应用的另一个问题就是函数的级数的"逐项积分"问题. 设级数 (12) 的所有项都是闭区间 $[a,b]$ 上的连续函数 (因而也是可积函数). 能否确定: 此时该级数的和 $S(x)$ 也在此区间上可积, 并且有

$$\int_a^b S(x)\mathrm{d}x = \sum_{n=1}^{\infty}\int_a^b u_n(x)\mathrm{d}x, \tag{13}$$

如同有限和的情况一样? 容易看出, 至今为止, 在我们所考察的所有例子中, 等式 (13) 实际上是成立的. 当然, 它等价于下述两个等式之一:

$$\lim_{n\to\infty}\int_a^b S_n(x)\mathrm{d}x = \int_a^b S(x)\mathrm{d}x,$$

$$\lim_{n\to\infty}\int_a^b r_n(x)\mathrm{d}x = 0.$$

但应该指出, 这些关系并不总是成立的. 首先可以看一个和函数 $S(x)$ 在区间 $[a,b]$ 上不可积的例子. 为此只要选下述例子 (图 17) 就足够了:

$$S_n(x) = \begin{cases} n^2x, & \text{当}0 \leqslant x \leqslant \dfrac{1}{n}, \\ \dfrac{1}{x}, & \text{当}\dfrac{1}{n} \leqslant x \leqslant 1 \end{cases}$$

(关于 $u_n(x) = S_n(x) - S_{n-1}(x)$ 相应的表达式, 如果方便的话, 你们自己容易做出). 和函数

$$S(x) = \begin{cases} \dfrac{1}{x}, & \text{当}0 < x \leqslant 1, \\ 0, & \text{当}x = 0 \end{cases}$$

正如你们所了解的, 在区间 [0,1] 上是不可积的 (因为当 $a \to 0$ 时 $\int_a^1 S(x)\mathrm{d}x = \ln\dfrac{1}{a}$ 趋于 ∞).

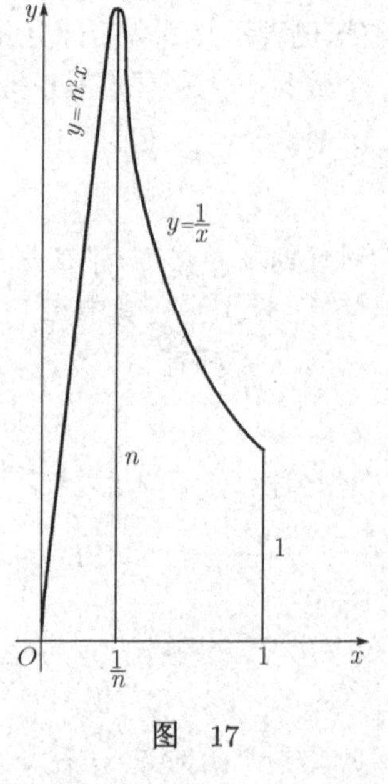

图 17

但可能有这样的情形发生: 函数 $S(x)$ 在区间 $[a,b]$ 上可积, 而等式 (13) 却不成立. 例如, 令 (图 18)

$$S_n(x) = nx^{n-1}(1-x^{n-1}) \quad (n \geqslant 1, 0 \leqslant x \leqslant 1).$$

因为当 $0 \leqslant x < 1$ 时 $\lim\limits_{n\to\infty} nx^{n-1} = 0$[①], 故 $S(x) = 0(0 \leqslant x \leqslant 1)$. 于是有

$$\int_0^1 S(x)\mathrm{d}x = 0.$$

但是容易计算

$$\int_0^1 S_n(x)\mathrm{d}x = n\int_0^1 (x^{n-1} - x^{2n-2})\mathrm{d}x = 1 - \frac{n}{2n-1},$$

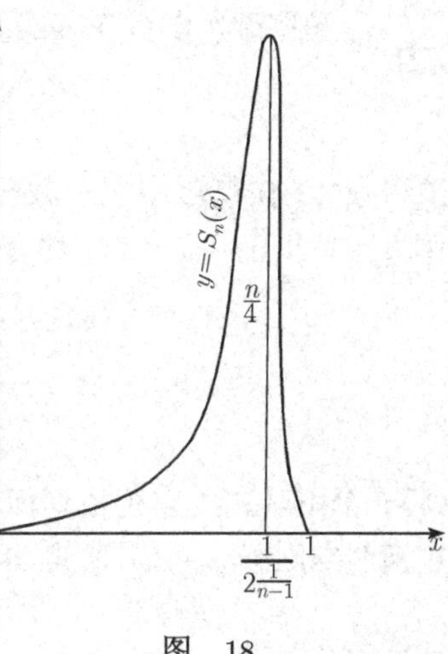

图 18

由此知等式 (13) 实际上不成立. 但是容易证明: **对任何连续函数的一致收敛级数, 等式(13)总成立**. 首先, 我们此时已经知道函数 $S(x)$ 在闭区间 $[a,b]$ 上连续, 因而它在闭区间 $[a,b]$ 上可积; 其次, 对任何 $\varepsilon > 0$ 都存在整数 n_0, 使得当 $n \geqslant n_0$ 时对区间 $[a,b]$ 上的任何 x 有

$$|r_n(x)| < \varepsilon.$$

应用我们熟知的积分学的定理: 从 $|f(x)| \leqslant \varphi(x)(a \leqslant x \leqslant b)$ 可得

$$\left|\int_a^b f(x)\mathrm{d}x\right| \leqslant \int_a^b \varphi(x)\mathrm{d}x.$$

我们因此得到

$$\left|\int_a^b r_n(x)\mathrm{d}x\right| \leqslant \varepsilon(b-a) \quad (n \geqslant n_0);$$

由 ε 的任意性就得出

$$\int_a^b r_n(x)\mathrm{d}x \to 0 \quad (\text{当} n \to \infty \text{时}),$$

而这就等价于等式 (13).

这样, 一致收敛性是连续函数的级数可以进行逐项积分的充分条件. 然而正如在前一个问题中所指明的一样, 它并不是可积性的必要条件. 为证明这一点, 只要再充分研究一下本小节开始时所引入的例子 $S_n(x) = x^n(1-x^n)$ 就够了. 这里收敛是非一致的, 但同时当 $n \to \infty$ 时却有

$$\int_0^1 r_n(x)\mathrm{d}x = \int_0^1 x^{2n}\mathrm{d}x - \int_0^1 x^n\mathrm{d}x = \frac{1}{2n+1} - \frac{1}{n+1} \to 0,$$

---

① 初等的证明是这样的: 令 $0 < x < 1, \frac{1}{x} = z, z-1 = y(>0)$. 此时 $z^n = (1+y)^n > 1 + ny + \frac{n(n-1)}{2}y^2 > \frac{n(n-1)}{2}y^2$, 故 $nx^n = \frac{n}{z^n} < \frac{2}{(n-1)y^2}$(当 $n \to \infty$ 时).

即等式 (13) 成立.[①]

某个已知级数的一致收敛性时常可以通过下述简单的准则来证明: **如果 $\sum\limits_{n=1}^{\infty}\alpha_n$ 是一个收敛的正项级数且对任何充分大的 n 以及任何 $x\in M$ 都有**

$$|u_n(x)|\leqslant\alpha_n,$$

则级数(12)在集合 M 上一致收敛. 实际上, 在定理的条件下, 对充分大的 n 以及任何 $k>0$ 和任何 $x\in M$, 都有

$$|u_{n+1}(x)+u_{n+2}(x)+\cdots+u_{n+k}(x)|\leqslant \sum_{i=n+1}^{n+k}|u_i(x)|\leqslant\sum_{i=n+1}^{n+k}\alpha_i<\varepsilon$$

(后一个不等式成立是根据柯西准则对任何充分大的 n 及任何 $k>0$ 成立). 由此按柯西准则级数 (12) 收敛, 而对充分大的 n 及任何 $x\in M$, 都有

$$|r_n(x)|<\varepsilon,$$

此即所要证明的.

4.7 幂级数

无疑, 对于数学分析而言, 最重要的一个特殊的函数级数类是幂级数, 即形如

$$a_0+a_1x+a_2x^2+\cdots+a_nx^n+\cdots \tag{14}$$

的级数, 其中 $a_0,a_1,a_2,\cdots,a_n,\cdots$ 是已知的实数.[②] 我们这里来研究这类级数的一些最重要的性质.

你们首先要知道, 对以 0 为中心的幂级数而言, 总是存在着以点 0 为中心的某个开区间 $(-r,r)$ 称为**收敛区间**, 在其内已给的级数 (14) 收敛, 而在其外则级数 (14) 发散. 数 r 称为已知级数的**收敛半径**, r 可以是从 0 到 $+\infty$ 的任何值, 且包含这两个极端的值 (例如当 $a_n=n!$ 时 $r=0$; 当 $a_n=\dfrac{1}{n!}$ 时 $r=+\infty$). 给出了收敛半径, 就决定了已给级数的收敛区间, 但在其两个端点处幂级数的收敛性不能确定. 也就是说, 收敛区间可以是闭的或者是开的, 也可以是 "半闭区间", 即只包含其中一个端点的区间. 例如下述三个级数, 其系数分别为 $a_n=1,a_n=\dfrac{1}{n+1},a_n=\dfrac{1}{(n+1)^2}$, 每一个收敛半径都等于 1, 其中第一个级数当 $x=1$ 及 $x=-1$ 时发散, 即在收敛区

---

① 本书没有讲级数可否逐项求导的问题. 这一问题更复杂, 可以参看任何一本比较完备的数学分析教程. —— 译者注

② $a_0,a_1,\cdots,a_n,\cdots$ 称为幂级数 (14) 的系数. 它们时常是复数, 而下面的结论对复数系数的幂级数稍加修改也都是成立的, 甚至更自然. 但这本教程中不讨论 a_i 和 x 都是复数的幂级数. 为了适用于一般情况, 我们称 $a_0+a_1(x-a)+a_2(x-a)^2+\cdots+a_n(x-a)^n+\cdots$ 为以 a 为中心的幂级数, 于是特称 (14) 为以 0 为中心的幂级数.—— 译者注

间的两个端点处发散 (该级数是以 x 为公比的几何级数); 第二个级数当 $x=1$ 时变成调和级数, 而当 $x=-1$ 时则变成为 "莱布尼茨级数"

$$1-\frac{1}{2}+\frac{1}{3}-\frac{1}{4}+\cdots+\frac{1}{2n-1}-\frac{1}{2n}+\cdots,$$

因而它当 $x=1$ 时发散而当 $x=-1$ 时条件收敛; 第三个级数则在收敛区间的两个端点处都绝对收敛.

我们简单讲一下怎样证明幂级数的收敛区间有这样特别的形状. 其推导是基于一个美妙的定理: **如果级数(14)当$x=\alpha$时收敛, 则它对任何$|x|<\alpha$的x值都绝对收敛**. 证明如下. 从级数 (14) 当 $x=\alpha$ 时的收敛性得出当 $n\to\infty$ 时 $a_n\alpha^n\to 0$. 这就意味着存在一个 $C>0$, 使得 $|a_n\alpha^n|<C(n=1,2,\cdots)$. 现在令 $|x|<\alpha$, 则有

$$\begin{aligned}\sum_{k=1}^{n}|a_kx^k|=\sum_{k=1}^{n}|a_k\alpha^k|\cdot\left|\frac{x}{\alpha}\right|^k<C\sum_{k=1}^{n}\left|\frac{x}{\alpha}\right|^k\\ <C\sum_{k=1}^{\infty}\left|\frac{x}{\alpha}\right|^k=\frac{C}{1-\left|\frac{x}{\alpha}\right|}.\end{aligned}$$

因为右边与 n 无关, 所以左边当 $n\to\infty$ 时是有界的, 即级数 (14) 绝对收敛. 由此定理马上可以得出幂级数收敛区间的特殊的形状, 因为离零点比 x 近的所有点与点 x 一起都属于该区间. 此定理的另一个推论是: 在收敛区间的每一个**内**点处级数 (14) 都**绝对**收敛. 至于一致收敛性, 则对于整个收敛区间, 我们还不能做出断言, 正如已经有几何级数 ($a_n=1$) 的例子所指明的那样: 无论对于多么大的 n, 只要 x 充分靠近于 1, $r_n(x)=\sum_{k=n+1}^{\infty}x^k$ 都会变得任意大. 但是容易证明: **若一个区间连同其端点包含于收敛区间内部**[①], **则幂级数在此区间上都一致收敛**. 实际上, 令 r 为级数 (14) 的收敛半径且设 $0<r'<r$. 对任何满足不等式 $|x|\leqslant r'$ 的 x, 对任何 n 都有

$$|a_nx^n|\leqslant|a_n|r'^n.$$

而因 $\sum_{n=1}^{\infty}|a_n|r'^n$ 是收敛的正项级数, 则级数 (14) 按照前一小节末尾所证明的准则就是在区间 $|x|\leqslant r'$ 上一致收敛的.

① 在俄文著作中, "在区间内部"(внутри отрезка) 一语是指存在一个充分小的 $\eta>0$ 使这区间包含了闭区间 $[-r+\eta,r-\eta]$, 这里 r 是收敛半径. "在区间内"(в отрезке) 则就是通常的 $\in(-r,r)$. 下文给出了 r', 就是指取 $\eta=r-r'$. 而在现代文献中, 如果集合 $\overline{U}$ 不仅包含于区间 (a,b) 中, 而且存在一个充分小的正数 η, 使得 $\overline{U}\subset[a+\eta,b-\eta]$ 中, 就说 $\overline{U}$**紧包含**于 (a,b) 中, 记作 $\overline{U}\Subset(a,b)$. 由于俄文的 "在区间内部" 与 "在区间内" 的区分很难让学生明白, 容易引起误会, 所以在下文中将尽可能不用 "在区间内部" 的说法, 而尽可能多用 "紧包含" 的说法.
—— 译者注

由此定理还可推得一个十分重要的推论：**幂级数的和是其收敛区间的每一个内点处的连续函数**. 也就是说, 由 “在区间内部” 的一致收敛性得出了 “在区间内” 的连续性. [1]

如果级数 (14) 当 $x=r$ 时也收敛, 则可以同时断言其在区间 $[0,r]$ 上一致收敛(这就表明其和在该区间上连续). 这就是著名的**阿贝尔定理**, 它在函数论中起着重要的作用.

要证明这个定理, 我们先来建立下述也属于阿贝尔的初等引理：

$$\sum_{n=n_1}^{n_2} a_n(b_n-b_{n-1})=\sum_{n=n_1}^{n_2} b_n(a_n-a_{n+1})-a_{n_1}b_{n_1-1}+a_{n_2+1}b_{n_2},$$

其中 $n_2>n_1>0$, a_k 和 b_k 是任意的数.

实际上,

$$\begin{aligned}
&\sum_{n=n_1}^{n_2} a_n(b_n-b_{n-1})=a_{n1}(b_{n_1}-b_{n_1-1})+a_{n_1+1}(b_{n_1+1}-b_{n_1})\\
&\quad+a_{n_1+2}(b_{n_1+2}-b_{n_1+1})+\cdots+a_{n_2-1}(b_{n_2-1}-b_{n_2-2})\\
&\quad+a_{n_2}(b_{n_2}-b_{n_2-1})\\
=&-a_{n_1}b_{n_1-1}+b_{n_1}(a_{n_1}-a_{n_1+1})+b_{n_1+1}(a_{n_1+1}-a_{n_1+2})\\
&\quad+\cdots+b_{n_2-1}(a_{n_2-1}-a_{n_2})+b_{n_2}a_{n_2}.\\
=&\sum_{n=n_1}^{n_2} b_n(a_n-a_{n+1})-a_{n_1}b_{n_1-1}+a_{n_2+1}b_{n_2}.
\end{aligned}$$

现在我们来证明定理.

阿贝尔定理　若级数 (14) 当 $x=r>0$ 时收敛, 则它在区间 $0\leqslant x\leqslant r$ 上一致收敛.

证明　令 ε 为任意的正数. 由柯西准则, 对充分大的 n 以及任何 $k>0$, 都有

$$\left|\sum_{i=n+1}^{n+k} a_i r^i\right|<\varepsilon.$$

为简便计, 令 $\sum\limits_{i=n+1}^{n+k} a_i r^i=\sigma_k(\sigma_0=0)$, 因而有 $|\sigma_k|<\varepsilon(k=0,1,2,\cdots)$. 当 $0\leqslant x\leqslant r$ 时有

$$\sum_{i=n+1}^{n+k} a_i x^i=\sum_{i=n+1}^{n+k} a_i r^i\left(\frac{x}{r}\right)^i=\sum_{i=1}^{k} a_{i+n}r^{i+n}\left(\frac{x}{r}\right)^{i+n}$$

---

① 这句话是译者加的.—— 译者注

$$=\sum_{i=1}^{k}(\sigma_i-\sigma_{i-1})\left(\frac{x}{r}\right)^{i+n},$$

而由已证的引理 (也由等式 $\sigma_0=0$) 得

$$\begin{aligned}\left|\sum_{i=n+1}^{n+k}a_ix^i\right|=&\left|\sum_{i=1}^{k}\sigma_i\left\{\left(\frac{x}{r}\right)^{n+i}-\left(\frac{x}{r}\right)^{n+i+1}\right\}+\sigma_k\left(\frac{x}{r}\right)^{n+k+1}\right|\\ \leqslant&\sum_{i=1}^{k}|\sigma_i|\left(\frac{x}{r}\right)^{n+i}\left(1-\frac{x}{r}\right)+|\sigma_k|\left(\frac{x}{r}\right)^{n+k+1}\\ \leqslant&\varepsilon\left\{\left(1-\frac{x}{r}\right)\sum_{i=1}^{k}\left(\frac{x}{r}\right)^{n+i}+\left(\frac{x}{r}\right)^{n+k+1}\right\}\\ =&\varepsilon\left(\frac{x}{r}\right)^{n+1}\leqslant\varepsilon.\end{aligned}$$

因此由柯西准则得到级数 (14) 收敛. 对其取当 $k\to\infty$ 时的极限, 我们从后一不等式得出: 对充分大的 n 有

$$|r_n(x)|\leqslant\varepsilon\quad(0\leqslant x\leqslant r);$$

这即表明级数 (14) 在闭区间 $[0,r]$ 上一致收敛.

必须指出, 从级数 (14) 当 $x=r$ 时的收敛性得出其在整个区间 $(-r,r)$ 上的一致收敛性是不正确的. 例如级数

$$1-\frac{x}{1}+\frac{x^2}{2}-\frac{x^3}{3}+\cdots$$

当 $x=1$ 时收敛, 而且显然当 $x=-1$ 时发散, 它在其整个收敛区间 $(-1,1)$ 上并不一致收敛.

马上可以明白, 关于幂级数的最重要的问题之一便是由级数的已给的系数 a_n 来确定其收敛半径 r. 当然, 你们可能知道: 正项的数项级数收敛性的初等法则使得有可能在某些特殊的假定之下解决此问题.

例如, 若当 $n\to\infty$ 时存在极限 $\lim\limits_{n\to\infty}\sqrt[n]{|a_n|}=l$, 则相应于 $0<l<+\infty, l=0$ 及 $l=+\infty$, 有 $r=\dfrac{1}{l},+\infty$ 或 0. 然而, 可以指出一个在任何情况下解决此问题的方法而不要求 $\lim\limits_{n\to\infty}\sqrt[n]{|a_n|}$ 存在.

定理 设 $\overline{\lim\limits_{n\to\infty}}\sqrt[n]{|a_n|}=l$, 则此时

$$r=\begin{cases}\dfrac{1}{l}, & 当0<l<+\infty,\\ 0, & 当l=+\infty,\\ +\infty, & 当l=0.\end{cases}$$

因为上极限 (有限或无限) 对任何序列都存在, 则此定理实际上在一切情况下解决了所提出的问题.

在证明之前, 我们注意到, 如果数 l 是某个序列的上极限, 则对任何 $\varepsilon > 0$, 从该序列的某个位置开始的所有项都要小于 $l+\varepsilon$. 反之, 在该序列的充分远的地方, 总有数大于 $l-\varepsilon$.

定理的证明 1) 设 $0 < l < +\infty$, $r = \dfrac{1}{l}$. 需要证明级数 (14) 当 $0 < x < r$ 时收敛而当 $x > r$ 时发散.

1a) 设 $0 < x < r = \dfrac{1}{l}$, 因而有 $lx < 1$. 很显然可以选择 $\varepsilon(>0)$ 充分小, 使得 $(l+\varepsilon)x < 1$. 从数 l 的定义得出: 对充分大的 n 有

$$\sqrt[n]{|a_n|} < l+\varepsilon, \quad |a_n| < (l+\varepsilon)^n.$$

于是有

$$|a_n|x^n < [(l+\varepsilon)x]^n;$$

因为 $(l+\varepsilon)x < 1$, 则级数 (14) 的项按其绝对值来讲, 对充分大的 n, 不能超过收敛的几何级数 $\sum[(l+\varepsilon)x]^n$ 的对应项, 因而得到级数 (14) 的收敛性.

1b) 令 $x > r = \dfrac{1}{l}$, 因而 $lx > 1$. 对于充分小的 $\varepsilon > 0$, 我们有 $(l-\varepsilon)x > 1$. 按照数 l 的定义, 存在着充分大的值 n, 使得 $\sqrt[n]{|a_n|} > l-\varepsilon$. 由此得 $|a_n| > (l-\varepsilon)^n$. 且因而有

$$|a_n|x^n > [(l-\varepsilon)x]^n > 1.$$

由此得出级数 (14) 含有无穷多个绝对值大于 1 的项, 因而其一般项不可能是无穷小, 于是级数发散.

2) 令 $l = 0$. 需要证明级数 (14) 对任何 $x > 0$ 都收敛. 按照数 l 的定义, 对于充分大的 n 有

$$\sqrt[n]{|a_n|} < \frac{1}{2x}, \quad |a_n| < \frac{1}{2^n x^n}, \quad |a_n|x^n < \frac{1}{2^n}.$$

即级数 (14) 的第 n 项对充分大的 n, 按绝对值而言又小于某个收敛的级数的第 n 项. 这就表明级数 (14) 收敛.

3) 令 $l = +\infty$. 需要证明级数 (14) 对任何 $x > 0$ 都发散. 按照数 l 的定义, 对任意大的 n 都应当有

$$\sqrt[n]{|a_n|} > \frac{1}{x}, \quad |a_n|x^n > 1.$$

这又意味着级数 (14) 的一般项不可能是无穷小, 因而级数发散. 至此, 定理在所有的情形下都已得证.

第五讲 导　　数

5.1 导函数和导数

至今为止, 我们主要是致力于引入数学分析的辅助性结构, 或者说, 是在讨论基本的概念. 今天我们转向数学分析的核心建筑, 它们构成了微分学和积分学.

设 $y = f(x)$ 是变量 x 定义于点 $x = \alpha$ 的某个邻域内的函数. 如果从此点移向点 $\alpha + h$, 则函数 y 得到增量 $f(\alpha + h) - f(\alpha)$. 如果我们想表示当未知量 x 变化时量 y 的变化速度, 即想得知在这种变化中函数 $f(x)$ 的 "敏感" 程度, 则我们当然应该以某种方式来比较函数 y 的增量与产生这种增量的量 x 的改变量 h. 对此, 最自然的就是要研究比值

$$\frac{f(\alpha + h) - f(\alpha)}{h}, \tag{1}$$

它给出了函数 y 在量 x 有单位增量时的平均增量. 不过, 它是对确定的 h 计算的, 所以一般来说, h 不同时会给出不同的结果. 而要使所提的问题得到唯一的解答, 我们必须规定选取 h 时要遵循某个唯一的标准.

如果我们的目的是研究函数 $f(x)$ 在邻近 α 点的性质, 则显然, 当选取的 $|h|$ 越小, 量 (1) 作为函数 y "可变性" 的尺度, 将在越大程度上满足我们的要求. 实际上, 量 (1) 刻画了函数在区间 $[\alpha, \alpha + h]$① 上的 "平均变化率", 且当 $|h|$ 越小, 这区间就越向 α 点压缩. 由此考虑出发, 对于已经熟知极限过程的我们, 已经向认识这个问题的最满意的解答迈进了一步, 即以量 (1) 当 $h \to 0$ 时的极限 (当然, 要在这个极限存在的假设之下) 作为函数在靠近 α 点的邻近的变化特征. 这个极限即量

$$f'(\alpha) = \lim_{h \to 0} \frac{f(\alpha + h) - f(\alpha)}{h}.$$

你们都了解, 另一种通用的表示方法是把上式写成

$$h = \Delta x, f(\alpha + h) - f(\alpha) = \Delta y, f'(\alpha) = \lim_{\Delta x \to 0} \frac{\Delta y}{\Delta x}.$$

我们称上述这个量为函数 $f(x)$ 在点 α 处 (或者说,"当 $x = \alpha$ 时") 的**导数**. 这就是说, 某个函数在已知点的导数是用以描述该函数在已知点的最邻近处的相对变化率的. $|f'(\alpha)|$ 越大, 量 y 对于量 x 在其初始位置 α 的很小偏离越敏感. 量 $f'(\alpha)$ 的符

① 这里的 h 可正、可负. 当 $h < 0$ 时, 应该把这个区间写成 $[\alpha + h, \alpha]$, 但这不会影响下面的讨论. 所以 x 的增量 h 都是指可正可负的量.—— 译者注

号刻画了该可变性的方向：量 $f'(\alpha)$ 为正或负，取决于量 x 从初始值 α 开始稍有增大时，函数 y 是增加还是减少. 如果从几何上描绘函数 $y=f(x)$，则我们感兴趣的变化率在图上的显示，很显然是这图形上升或者下降得多陡 (当变量 x 的值经过值 α 时). 正如你们所知道的那样，用准确的术语来说，导数被图解为曲线 $y=f(x)$ 在点 $x=\alpha$ 处的切线的斜率.

当用自变量 x 表示**时间**时，导数得到了最简单的实际的解释. 在此条件下，量 (1) 表示的是量 y 在时间间隔 $[\alpha,\alpha+h]$ 上的平均变化速度，而导数 $f'(\alpha)$ 则表示这种变化在时刻 α 的 "真实速度". 特别地，若 $y=f(x)$ 表示动点从某给定时刻 x_0 到时刻 x 这段时间内所通过的路程，导数概念正好就是瞬时速度这个力学概念.

在数理科学以及数学分析的其他应用中，导数起着如此卓越的作用，是因为它给出了所研究现象的最重要方面的局部特征：它定量地估计了两个互相联系的变量中的一个相对于另外一个的变化率.

如果你们今天是初次听到 "导数" 这个词，你们可能会问：为什么叫导数？这里谈到的都是关于极限、数等，那么 "导" 字是什么意思？但你们当然知道，问题在于 "导数" 是 "导函数" 的省略表示. 我们的全部计算及全部讨论都是对区间 $[a,b]$ 上的一点 α (任意选取的) 所作的，我们对该区间的任何一点 x 都可以这样作 (当然，要假设每次所计算的极限都存在). 所以我们计算的结果是 x 的函数，这样得出的函数 $f'(x)$ 称为**导**函数. 不言而喻，所有这些讨论没有改变如下的基本事实：导数是所给函数的**局部**性质，特别是在所考虑的每一个特定点处的局部性质；它所描述的并不是在整个区间 $[a,b]$ 上的性质，而只是靠近其个别点处邻近的性质.

如果函数 $f(x)$ 在点 α 处有导数，就是说当 $x=\alpha$ 时是**可微的**. 如果导数在该区间的每一个内点都存在，称其**在区间 $[a,b]$ 上是可微的**. 很显然，可微性类似于连续性，也是函数的局部性质. 你们当然知道，只有在 α 处连续的函数才可能是可微的. 这一点可以从下面的事实明显看出：当分数 (1) 的分母趋近于零时，要使极限存在则必须使该分数的分子也趋近于零. 这恰好就表明函数 $f(x)$ 在点 α 处的连续性. 你们可能也知道，逆命题并不成立：连续函数可以是没有导数的. 例如图 19 所示的函数，尽管没有给出其解析表示，但可以明显看出它是连续的，在点 α 处当 $h\to+0$ 以及 $h\to-0$ 时，分别存在着式 (1) 的极限. 但这两个极限不相等. (在几何上表现为，在点 α 处曲线没有唯一的切线. 可以指望，自第三讲之后，你们中谁也不会再断言图 19 中给出的 "不是一个，而是两个函数".) 因此当 $h\to 0$ 时极限不存在. 表达式 (1) 当 $h\to+0$ 及 $h\to-0$ 时的极限如果存在，则分别称作函数 $f(x)$ 在点 α 处的右导数和左导数. 而对函数 $f(x)$ 在点 α 处的可微性而言，很显然，当且仅当该点处的右导数和左导数都存在且彼此相等.

图 19 给出了函数在个别点处连续却没有导数的一个最简单的例子. 但这里的右导数和左导数都是存在的. 自然接着就会提出这样的问题：是否始终是这样的? 很容易看到, 有这样的情况：连续函数是在更为深刻的意义下不可微的. 图 20 给出了函数 $y = x\sin\dfrac{1}{x}$ 在点 $x = 0$ 附近的状态. 因为当 $x \to 0$ 时

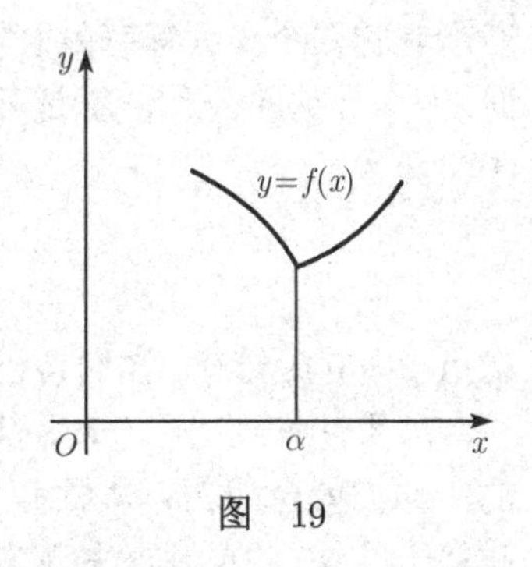

图 19

$$\left|x\sin\frac{1}{x}\right| < |x| \to 0,$$

若补充定义当 $x = 0$ 时 $y = 0$, 则我们看到函数 y 在点 0 处连续. 但因为当 x(比如从右边) 趋于零时 $\dfrac{1}{x} \to +\infty$, 而且 $\sin\dfrac{1}{x}$ 无穷多次地振动于 $+1$ 和 -1 之间, 所以 $x\sin\dfrac{1}{x}$ 在直线 $y = x$ 与 $y = -x$ 之间无穷多次地振荡. 式 (1) 此时等于 $\sin\dfrac{1}{x}$ (令 $\alpha = 0$ 及 $h = x$), 它以区间 $[-1, 1]$ 上的所有数为部分极限. 其上极限是 1, 下极限是 -1. $x \to +0$ 和 $x \to -0$ 时都完全一样. 这就是说, 在点 0 处既没有右导数, 也没有左导数.

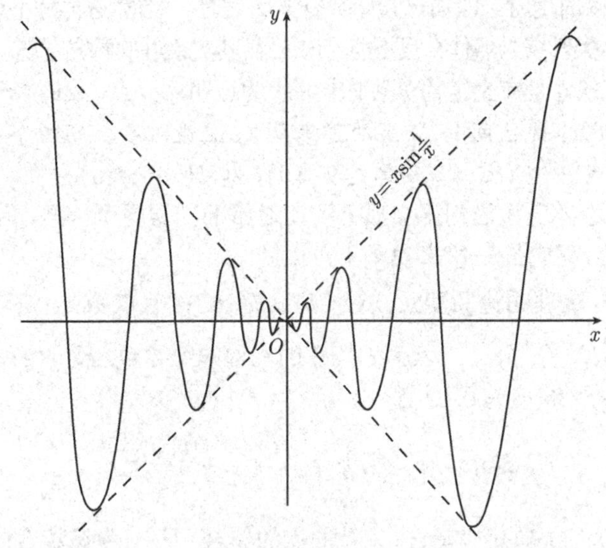

图 20

在任何情况下, 当 $h \to +0$ 和 $h \to -0$ 时, 式 (1) 都有上极限和下极限. 这四个极限都可以称为已给函数在已知点处的**导数**：其中的每一个都可以是数, 也可以是符号 $\pm\infty$ 中的一个. 这就是说, 任何一个函数在任何一点上 (在该点的某个邻域内函数要有定义) 都有四个导数：右边的上导数、右边的下导数、左边的上导数、左边的下导数. 如果右边 (左边) 的两个导数相同, 则函数在已知点有右 (左) 导数.

若所有的四个导数都有限且彼此相等 (也只在此时), 则函数在已知点是可微的. 这时, 四个导数的公共值就是开始时讲的导数.[1] 所有四个导数在某点处都是无穷的例子由函数

$$y=\begin{cases}\sqrt{|x|}\sin\dfrac{1}{x}, & \text{当 } x\neq 0 \text{ 时},\\ 0, & \text{当 } x=0 \text{ 时}\end{cases}$$

在点 $x=0$ 处给出, 你们自己可以很容易地进行分析.

如果注意到, 同一个函数在不同的点上可以出现完全不同的图像 (如刚才画出的), 你们就会明白: 从微分学的观点来看, 同一个函数会表现出多么复杂的构造. 类似于图 20 中所描述的现象绝不总是只发生在个别的、孤立的点上, 存在着这样的连续函数, 在其**每一**点的邻域都有如此复杂的结构 (特别地, 具体地说, 就是处处不可微的). 遗憾的是, 本讲义的范围不允许我们再停留在现在已有的、数量众多的类似函数的例子上.

现在我们转到对导数应用的例子的研究. 你们当然了解, 对于可微函数而言, 它们增加或减少的状态同导函数的符号密切相关. 特别地, 如果在区间 $[a,b]$ 的所有点处 $f'(x)\geqslant 0(\leqslant 0)$, 则函数 $f(x)$ 是该区间上的不减 (不增) 函数. 增加或减少的这些判据, 当它们可以应用时 (即当已知函数有导函数时), 当然是再好不过的了; 但在函数不可微时, 这类判据当然什么也不能给出. 而其实最近的研究发现, 函数增加或减少的必要且充分条件是完全无需其可微性的. 为证明这一点, 我们来证明下述命题.

定理　*设 $f(x)$ 为区间 $[a,b]$ 上的连续函数, 且设该函数的四个导数之一 (我们表之以 $\mathrm{D}f(x)$) 对任何 $a\leqslant x\leqslant b$ 都是非负的, 则 $f(b)\geqslant f(a)$.*

毫无疑问, 这样表述的判据实质上要比通常的判据更强一些, 因为这里谈到的是任何连续函数, 而它们一般来说是不可微的.

证明　设与定理的论断相反, 令 $f(b)<f(a)$. 并且取数 ε, 使得 $\dfrac{f(a)-f(b)}{b-a}>\varepsilon>0$. 为确定起见, 令 $\mathrm{D}f(x)$ 为函数 $f(x)$ 的右边的上导数. 设 $\varphi(x)=f(x)-f(a)+\varepsilon(x-a)$, 很显然有 $\varphi(a)=0$, 且有

$$\varphi(b)=(b-a)\left[\varepsilon-\frac{f(a)-f(b)}{b-a}\right]<0. \tag{2}$$

令 M 为区间 $[a,b]$ 上使 $\varphi(x)=0$ 的点的集合, 且 α 为该集合的上确界. 如果 $\varphi(\alpha)>0$ (或者 $\varphi(\alpha)<0$), 则由于 $\varphi(x)$ 和 $f(x)$ 一样是连续的, 故在点 α 的某一邻域 U 中的任一点 x 都有 $\varphi(x)>0$ (或相应地, $\varphi(x)<0$). 另一方面, 由上确界的定义, 点 α 的任何邻域都应包含使得 $\varphi(x)=0$ 的点. 这个矛盾表明 $\varphi(\alpha)=0$. 因为 $\varphi(b)<0$, 则很显然有: 当 $\alpha<x\leqslant b$ 时 $\varphi(x)<0$. 对任何这样的 x,

---

[1] 这句话是译者加的. 附带一提, 正文中说若 $f(x)$ 在 $[a,b]$ 的每一个内点都有导数, 就说它在 $[a,b]$ 上可微, 这显然是有语病. 应该加上 $f(x)$ 在 a,b 两点分别有右导数和左导数, —— 译者注

$$\frac{\varphi(x)-\varphi(\alpha)}{x-\alpha}<0.$$

因此有 $\mathrm{D}\varphi(\alpha)\leqslant 0$. 但 $\mathrm{D}\varphi(\alpha)=\mathrm{D}f(\alpha)+\varepsilon$, 由此得

$$\mathrm{D}f(x)=\mathrm{D}\varphi(\alpha)-\varepsilon<0,$$

这与定理的条件之间的矛盾使定理得证.

5.2 微分

微分概念是微分学的下一个基本概念. 现在我们是把微分当作通过导数概念来定义的派生概念, 但这并非总是如此. 在无穷小分析[①]产生的时代以及更早得多的时代, 人们是把微分作为数学分析的原生概念, 而导数恰是作为微分之比, 即作为派生概念来定义的. 那时, 微分概念时常没有明确定义, 甚至默认了其中所含的矛盾. 因为在那个时代的数学中, 能够把变化过程中的变量作为统一对象来把握的辩证的思维方法还没有得到充分的发展.

你们当然都知道微分形式的定义：我们称量

$$\mathrm{d}y=f'(x)\Delta x \tag{3}$$

为函数 $f(x)$ 的微分, 其中 Δx 为自变量的增量. 也就是说, 函数 $f(x)$ 的微分是两个自变量——量 x 及其增量 Δx——的函数. 这两个变量的值彼此之间毫无关系且可以完全无关地选取.[②]

特别地, 研究函数 $y=x$, 我们得到结论：$\mathrm{d}x=\Delta x$, 即自变量的微分和增量相等. 在公式 (3) 中以 $\mathrm{d}x$ 代替 Δx, 我们得到

$$\mathrm{d}y=f'(x)\mathrm{d}x,$$

由此得

$$y'=f'(x)=\frac{\mathrm{d}y}{\mathrm{d}x},$$

即导数等于函数的微分与自变量的微分之比.

然而, 只是这些纯粹形式的研究, 还不足以使我们理解微分概念对于数学分析及其应用具有巨大意义的原因. 为了弄通这个问题, 需要从本质上来认识微分的思想. 可能最为方便的是从研究一种特殊情况开始, 即 x 表示时间, 而 $y=f(x)$ 表示动点在从 0 到 x 的时间间隔内通过的路程. 这时正如我们所了解的, $f'(x)$ 意味着动点在时刻 x 时的瞬时速度. 因此 $\mathrm{d}y=f'(x)\Delta x$ 是动点在时间间隔 $[x,x+\Delta x]$ 内

---

① 我们现在所说的微积分学, 在历史上, 例如在欧拉的时代, 曾被称为“无穷小分析”. —— 译者注

② 这一点至关重要, 是理解微分 $\mathrm{d}y$ 的实质的关键. 即认为 $\mathrm{d}y$ 是两个自变量 x 与 h (即 Δx) 的函数, 往下再令 x 固定而专注于 h(即 Δx) 的变化. 所以 x 与 h 是完全互相独立的. 微分的现代概念要害即在这里. —— 译者注

所通过的路程的值, 但要把原来的运动换成另一种运动, 即动点在此时间段内是以该区间开始时的速度作匀速运动的. 实际上, 真实的动点在此时间间隔内通过的实际距离一般来说会是另外的数值, 因为速度不会是常数.

正如我们所了解的那样, 一般情况下, 导数 $f'(x)$ 是作为量 y 对已知量 x 的相对变化率的度量来研究的, 所以我们可以把微分 $\mathrm{d}y = f'(x)\Delta x$ 看作另一个函数 y 当自变量 x 从其初值变化到 $x + \Delta x$ 时的增量, 而这个函数在区间 $[x, x + \Delta x]$ 中的所有点处变化率的度量, 都和原来的函数在该区间的起点处的变化率的度量一样. 这可以直观地用图 21 来表示: $\mathrm{d}y$ 是另一条曲线 $y = f(x)$ 当自变量从 x 变到 $x + \Delta x$ 时纵坐标走过的路程, 这条曲线在此区间上处处的倾角都与原来曲线在点 x 处的倾角一样, 即我们以原曲线在横坐标为 x 的点处所引的切线来代替原曲线.

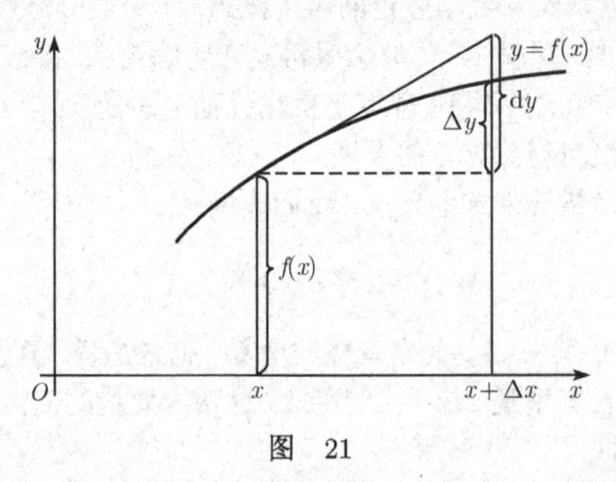

图 21

你们可能知道: 在应用科学中, 当 Δx 很小时常常不区别函数 $y = f(x)$ 的增量 Δy 与微分 $\mathrm{d}y$. 这有时甚至会导出 "微分就是无穷小增量" 这种不正确且有害的说法 (实际上, 微分一般来说既不是增量, 也不是无穷小量). 把原来的函数换成另一个函数自然引出两个问题: 1) 这种代换在什么范围内是允许的? 2) 这种代换会带来什么好处? 认真回答这两个问题对我们将是有益的.

要回答第一个问题, 我们将从关系式

$$f'(x) = \lim_{\Delta x \to 0} \frac{\Delta y}{\Delta x}$$

出发, 并以 α 来表示由此关系式而得的无穷小量 $\dfrac{\Delta y}{\Delta x} - f'(x)$. 这使得

$$\Delta y = f'(x)\Delta x + \alpha\Delta x = \mathrm{d}y + \alpha\Delta x. \tag{3'}$$

因为当 $\Delta x \to 0$ 时 $\alpha \to 0$, 所以乘积 $\alpha\Delta x$ 是比 Δx 更为高阶的无穷小量. 这里是以 Δx 为自变量, 所以比值 $\dfrac{\mathrm{d}y}{\mathrm{d}x} = f'(x)$ 对 Δx 而言是常量 (但对 x 而言却是变量[①]),

① 请比较上一个脚注. —— 译者注

而商 $\dfrac{\Delta y}{\Delta x}$ 当 $\Delta x \to 0$ 时以此常量为极限. 如果我们有 $f'(x) \neq 0$, 量 $\Delta x, \Delta y, \mathrm{d}y$ 才是同阶的无穷小量. 因此作为较 Δx 为高阶的无穷小量的值 $\alpha\Delta x$, 同时也是关于 $\Delta y, \mathrm{d}y$ 这两个无穷小量的高阶无穷小量. 也就是说, 我们所得的关系表明: **如果 $f'(x) \neq 0$, 函数当 $\Delta x \to 0$ 时的增量与微分之间的差, 是关于其中每一个 (即函数的微分或增量) 的值的较高阶的无穷小**. 换言之, 以微分代替增量时 (或者相反), 我们允许只能有无穷小的**相对**误差.

很明显, 我们所得的当 $f'(x) \neq 0$ 时的关系等价于关系

$$\frac{\Delta y}{\mathrm{d}y} = 1 + \frac{\alpha}{f'(x)} \to 1 \quad (\Delta x \to 0),$$

它表明了 Δy 和 $\mathrm{d}y$ 是当 $\Delta x \to 0$ 时的等价的无穷小. 正是以这些结果为基础, 在实际计算中, 当 Δx 很小时, 可以以其微分来近似代换函数的增量.

要回答第二个问题 (以微分来代替函数的增量会带来什么好处), 我们可以指出: 作出微分, 从理论上和实际上讲, 一般都比作出增量更方便些. 微分 $\mathrm{d}y$ 是量 Δx 的**线性**函数, 其随着 Δx 的改变而变化的特征, 即其线性, 是特别地简单, 而在研究它时, 除了要计算**一点处的 $f'(x)$ 值**外, 再不需要任何东西. 当然, 对于 Δy 就没有任何相似的地方了. 例如, 设想要编制函数 $y = \sin x$ 对于靠近 $60°$ 的一些 x 值, 如 $60°01'$, $60°02'$ 等的函数值表 (这里使用的是角度制), 你们没有找出确定这些值的准确值的工具. 你们知道当 $x = 60°$ 时 y 为 $\dfrac{\sqrt{3}}{2}$, 但在寻找靠近 x 的其他值时没有办法求出 y 值的相应增量 Δy. 现在看看, 如果利用增量 Δx 为很小这一点, 并决定以微分 $\mathrm{d}y$ 来代替增量 Δy, 可以得到什么? 因为 $y' = \cos 60° = \dfrac{1}{2}$, 则 $\mathrm{d}y = \dfrac{1}{2}\Delta x$, 其中 Δx 要用弧度制 $\left(角度制\ 1' = \dfrac{\pi}{180 \times 60}弧度\right)$ 来表示, 由此我们马上得出:

$$\sin 60°01' \approx \frac{\sqrt{3}}{2} + \frac{1}{2} \cdot \frac{\pi}{180 \cdot 60},$$
$$\sin 60°02' \approx \frac{\sqrt{3}}{2} + \frac{1}{2} \cdot \frac{2\pi}{180 \cdot 60},$$
$$\sin 60°03' \approx \frac{\sqrt{3}}{2} + \frac{1}{2} \cdot \frac{3\pi}{180 \cdot 60},$$
$$\cdots.$$

你们已经看到了, 微分 $\mathrm{d}y$ 具有下述两条重要的性质.

1) 它是 Δx 的线性函数;

2) 与 Δy 相比, 相差一个较 Δx 为高阶的无穷小.

我们现在要指出: 这两条性质完全定义了微分, 即只有函数的微分才适合这两个条件[①], 故可以从这个定义开始研究微分学, 而人们正是这样做的. (当然, 对任何

① 这句话是译者加的. —— 译者注

可微函数的微分的存在性的证明, 总是同样不可避免地要引入导数.)

实际上, 令 $\mathrm{d}y = a\Delta x + b$, 其中 a 和 b 与 Δx 无关, 再令 $\Delta y - \mathrm{d}y = \alpha\Delta x$, 其中 α 是当 $\Delta x \to 0$ 时的无穷小. 这时

$$\Delta y = \mathrm{d}y + \alpha\Delta x = (a + \alpha)\Delta x + b.$$

如果函数 y 连续 (我们假设这一点), 则当 $\Delta x \to 0$ 时 $\Delta y \to 0$. 由此必须有 $b = 0$ 且 $\Delta y = (a + \alpha)\Delta x$. 由此得

$$\frac{\Delta y}{\Delta x} = a + \alpha, \quad \lim_{\Delta x \to 0} \frac{\Delta y}{\Delta x} = f'(x) = a,$$
$$\mathrm{d}y = f'(x)\Delta x.$$

这就是所要证明的.

在微分的其他性质中, 微分关于任何变量变换的**形式不变性**有重要的意义 (但这在许多教科书中都讲得不充分). 以下就是它的内容: 如果 x 是自变量, 则正如我们所看到的,

$$\mathrm{d}y = f'(x)\Delta x = f'(x)\mathrm{d}x. \tag{4}$$

现在把 x 看作新变量 t 的函数 $x = \varphi(t)$, 很显然, 此时关系式 (4) 的两个等号不一定再成立, 因为现在 (一般来说) 已经是 $\mathrm{d}x = \varphi'(t)\Delta t \neq \Delta x$.

但绝妙的是, 由 (4) 得出的第二个关系式, 即

$$\mathrm{d}y = f'(x)\mathrm{d}x$$

对任何这类变换都仍然是对的. 实际上, 变换的结果是 y 成了 t 的函数

$$y = \psi(t) = f[\varphi(t)],$$

由此依照函数的函数的微分法则有

$$\psi'(t) = f'[\varphi(t)]\varphi'(t),$$
$$\mathrm{d}y = \psi'(t)\mathrm{d}t = f'[\varphi(t)]\varphi'(t)\mathrm{d}t.$$

而因为 $\varphi(t) = x, \varphi'(t)\mathrm{d}t = \mathrm{d}x$, 则实际上有 $\mathrm{d}y = f'(x)\mathrm{d}x$, 正如同 x 是自变量时一样. 也就是说, 在导数表达式 $y' = \dfrac{\mathrm{d}y}{\mathrm{d}x}$ 中, x 是自变量或者 x 是另外某一个变量的函数都是毫无差别的.

我们刚才利用了函数的函数的微分法则. 一般来说, 在这个讲义里我们不打算谈微分学的这些初等法则, 但这个法则却值得稍加注意, 因为在大多数教材中要么出现错误, 要么过于复杂. 下面是其简单而又正确的推导.[①] 令 $y = f(x), x = \varphi(t), y =$

① 这是克莱因涅斯 (M. A. Крейнес) 告诉我的. [实际上在许多数学分析教材中是这样证明的. 但有的书分为 $\varphi'(t) = 0$ 与 $\varphi'(t) \neq 0$ 两种情况来证明, 这就不必要了. 本书作者讲有的书上证明过于复杂可能指此. —— 译者注]

$\psi(t)=f[\varphi(t)]$. 当然, 函数 f 和 φ 都假定是可微的, 因而在关系式 $(3')$ 中当 $\Delta x\to 0$ 时 $\alpha\to 0$. 由此式得

$$\frac{\Delta y}{\Delta t}=f'(x)\frac{\Delta x}{\Delta t}+\alpha\frac{\Delta x}{\Delta t},$$

但当 $\Delta t\to 0$ 时我们有 $\alpha\to 0$, $\dfrac{\Delta x}{\Delta t}\to\varphi'(t)$ 且 $\dfrac{\Delta y}{\Delta t}\to\psi'(t)$, 由此取极限得

$$\psi'(t)=f'(x)\varphi'(t)=f'[\varphi(t)]\varphi'(t).$$

这就是我们想要导出的法则.

5.3 拉格朗日定理

微分学的建立在相当大的部分上是基于拉格朗日定理的, 它是所谓 "中值定理" 的第一个模式. 由于它在整个数学分析中都有极为重要的价值, 因而应该给予足够的注意.

拉格朗日定理 *如果函数 $f(x)$ 在闭区间 $[a,b]$ 上连续且在开区间 (a,b) 内可微, 则存在该区间内的一个内点 c, 使得*

$$f'(c)=\frac{f(b)-f(a)}{b-a}. \tag{A}$$

证明 很显然, 函数

$$\varphi(x)=(b-a)[f(x)-f(a)]-(x-a)[f(b)-f(a)]$$

在区间 $[a,b]$ 上可微. 因为 $\varphi(a)=\varphi(b)=0$, 则要么对任何 $x\in[a,b]$ 有 $\varphi(x)=0$, 这时对任何内点 x 有 $\varphi'(x)=0$; 要么 $\varphi(x)$ 在区间内取不为零的值, 则此时这些值中必能找到最大值或者最小值 (因为函数 $\varphi(x)$ 连续). 为确定起见, 令 $\varphi(x)$ 在 $x=c$ 时取最大值 $(a<c<b)$, 这时必然有 $\varphi'(c)=0$. 因为当 $\varphi'(c)>0$ 时, 对充分小的正数 h 就有

$$\frac{\varphi(c+h)-\varphi(c)}{h}>0,$$

由此得 $\varphi(c+h)>\varphi(c)$. 这与点 c 的定义矛盾. 当 $\varphi'(c)<0$ 时 (给 h 以负值), 我们得到相似的矛盾. 从 $\varphi'(c)=0$ 可推得 (A), 从而定理得证.

时常用另一种记号来陈述这个定理: 若给出一个以 x 和 $x+\Delta x$ 为端点的闭区间, 则存在一个数 $\theta(0<\theta<1)$, 使

$$f'(x+\theta\Delta x)\Delta x=f(x+\Delta x)-f(x).$$

对于具有高阶导数的函数, 对拉格朗日定理可以做出重要的推广. 我们现在就来证明它.

定理　如果函数 $y=f(x)$ 在区间 $[x,x+n\Delta x]$ 上有直到 $n-1$ 阶的连续导函数, 且在区间内部有 n 阶导函数[1], 则存在数 $\theta(0<\theta<1)$, 使得

$$\Delta^n y=f^{(n)}(x+\theta n\Delta x)(\Delta x)^n. \tag{B}$$

这里 $\Delta^n y$ 表示已知函数 $y=f(x)$ 的 "n 阶差".

一阶差即普通的增量 $\Delta y=f(x+\Delta x)-f(x)$, $n+1$ 阶差定义为 n 阶差的一阶差, 因而特别地, 有

$$\begin{aligned}\Delta^2 y&=\Delta(\Delta y)\\&=[f(x+\Delta x+\Delta x)-f(x+\Delta x)]-[f(x+\Delta x)-f(x)]\\&=f(x+2\Delta x)-2f(x+\Delta x)+f(x);\\\Delta^3 y&=f(x+3\Delta x)-3f(x+2\Delta x)+3f(x+\Delta x)-f(x)\end{aligned}$$

等. 一般地, 容易用归纳法证明

$$\begin{aligned}\Delta^n y=&f(x+n\Delta x)-nf[x+(n-1)\Delta x]\\&+\frac{n(n-1)}{2}f[x+(n-2)\Delta x]-\cdots\\&+(-1)^{n-1}nf(x+\Delta x)+(-1)^n f(x).\end{aligned}$$

证明　当 $n=1$ 时, 该定理与拉格朗日定理一致. 我们假设定理对 n 阶差成立, 再证明它对 $n+1$ 阶差也成立. 因此我们假设函数 $y=f(x)$ 在区间 $[x,x+(n+1)\Delta x]$ 上有 n 阶的连续导函数, 且在其内有 $n+1$ 阶的导函数. 由此得函数 $\Delta y=f(x+\Delta x)-f(x)$ 在区间 $[x,x+n\Delta x]$ 上有 n 阶的导函数. 应用我们的定理于其 n 阶差, 则得

$$\Delta^n(\Delta y)=(\Delta x)^n\{f^{(n)}(x+\Delta x+\theta_1 n\Delta x)-f^{(n)}(x+\theta_1 n\Delta x)\},$$

其中 $0<\theta_1<1$. 但从我们的前提条件得出: 函数 $f^{(n)}$ 在区间 $[x+\theta_1 n\Delta x,x+(1+\theta_1 n)\Delta x]$ 上连续且在其内可微, 因而应用拉格朗日定理于上面等式的括号内, 得到

$$\begin{aligned}\Delta^{n+1}y&=(\Delta x)^{n+1}f^{(n+1)}(x+\theta_1 n\Delta x+\theta_2\Delta x)\\&=(\Delta x)^{n+1}f^{(n+1)}(x+\theta(n+1)\Delta x),\end{aligned}$$

此即所要证明的.

拉格朗日定理的另一个重要的推广是著名的 "柯西公式": **设有两个在区间 $[a,b]$ 上连续且在其内可微的函数 $f_1(x)$ 和 $f_2(x)$, 同时 $f_2'(x)$ 在该区间的内部处处不为零. 此时在区间 $[a,b]$ 内存在着一点 c, 使得**

$$\frac{f_1(b)-f_1(a)}{f_2(b)-f_2(a)}=\frac{f_1'(c)}{f_2'(c)}. \tag{C}$$

[1] 在区间的端点处只要有 $n-1$ 阶的单边导函数就行了.

这个一般的公式 (当 $f_2(x)=x$ 时变为拉格朗日定理) 的证明与拉格朗日定理的情况完全一样. 令

$$\varphi(x)=f_1(x)[f_2(b)-f_2(a)]-f_2(x)[f_1(b)-f_1(a)],$$

我们得到 $\varphi(a)=\varphi(b)$. 因此函数 $\varphi(x)$ 要么在区间 $[a,b]$ 上为常数, 要么在此区间内取得最大值或者最小值. 由此完全同证明拉格朗日定理时一样, 我们断定在某个点 c 处 $(a<c<b)$ 必然有 $\varphi'(c)=0$. 这等价于等式 (C) 的结论.

还应注意, 该等式 (C) 的左边不会是没有意义的, 因为当 $f_2(a)=f_2(b)$ 时, 由拉格朗日定理, 函数 $f_2'(x)$ 在 $[a,b]$ 之内应可以变为零, 而这个情况是被排除于定理前提之外的.

5.4 高阶微分

正如你们所了解的, 高阶的导数和微分是可以递推定义的: n 阶导数是通过对 $n-1$ 阶导数求导而得到的, 类似的情形对微分也是如此.

函数 $y=f(x)$ 的高阶导数和微分之间有关系式

$$\mathrm{d}^n y=f^{(n)}(x)\mathrm{d}x^n \tag{5}$$

(其中 $\mathrm{d}x^n$ 表示的是自变量 x 的**一阶**微分的 n 次幂). 其证明也是由归纳法给出的: 如果 x 是自变量, 则 $\mathrm{d}x=\Delta x$ 与 x 无关, 因而由微分式 (5) 就得到 ("$'$" 表示对 x 求导):

$$\mathrm{d}^{n+1}y=\mathrm{d}(\mathrm{d}^n y)=(\mathrm{d}^n y)'\mathrm{d}x=f^{(n+1)}(x)\mathrm{d}x^{n+1}.$$

正如我们上面所看到的那样, 当 $n=1$ 时, 当 x (从而也有 y) 是自变量 t 的任意的可微函数 $x=\varphi(t)$ 时, 式 (5) 仍然成立. 容易证明当 $n=2$ 时情况就变了: 高阶微分对于自变量的变换不再有形式的不变性. 实际上, 如果我们用 $(\mathrm{d}^2y)_x$ 或者 $(\mathrm{d}^2y)_t$ 来表示函数 $y=f(x)$ 的二阶微分, 视我们是以量 x 或者以量 t 为自变量而定, 这时就有

$$(\mathrm{d}^2y)_x=f''(x)\mathrm{d}x^2,$$

同时又有

$$\begin{aligned}(\mathrm{d}^2y)_t&=\frac{\mathrm{d}^2f[\varphi(t)]}{\mathrm{d}t^2}t\mathrm{d}t^2=\frac{\mathrm{d}\{f'[\varphi(t)]\varphi'(t)\}}{\mathrm{d}t}\mathrm{d}t^2\\&=\{f''[\varphi(t)]\varphi'^2(t)+f'[\varphi(t)]\varphi''(t)\}\mathrm{d}t^2\\&=f''(x)\mathrm{d}x^2+f'[\varphi(t)]\varphi''(t)\mathrm{d}t^2.\end{aligned}$$

我们看到这两个式子是不同的: 第二个包含了一个添加的项 $f'[\varphi(t)]\varphi''(t)\mathrm{d}t^2$, 它在第一个式子中是没有的, 并且只有当 x 是 t 的**线性**函数 $(\varphi(t)=at+b)$ 时才恒等于

零. 这就是说, 二阶微分与一阶微分不同, 它只有对于自变量的线性变换才有形式的不变性.

可以用其他方式定义高阶导数, 即利用相应阶的差. 类似于一阶导数是当 $\Delta x \to 0$ 时比 $\dfrac{\Delta y}{\Delta x}$ 的极限, 可以证明

$$\lim_{\Delta x \to 0} \frac{\Delta^n y}{\Delta x^n} = f^{(n)}(x). \tag{6}$$

如果函数 $f^{(n)}(x)$ 连续, 则式 (6) 即公式 (B) 的直接推论. 但重要的是, 可以证明式 (6) 之成立并不需要这个前提条件.

因为式 (6) 当 $n=1$ 时成立, 则只需继续证明: 若它对某个 n 成立, 则它也必对 $n+1$ 成立 (同时当然要假设函数 $y=f(x)$ 有 $n+1$ 阶的导函数). 设式 (6) 对一定的 n(同时也设它对任何 n 次可微函数 y) 成立. 因为函数

$$\Delta y = f(x+\Delta x) - f(x)$$

有 n 阶导数, 则我们可以对之应用公式 (B). 这使得有 (如同我们在前面看到的):

$$\begin{aligned}\Delta^n(\Delta y) &= \Delta x^n (\Delta y)^{(n)}_{x+\theta n\Delta x} \\ &= \Delta x^n \{f^{(n)}(x+\theta n\Delta x+\Delta x) - f^{(n)}(x+\theta n\Delta x)\},\end{aligned} \tag{7}$$

其中 $0<\theta<1$. 但由于 $f^{(n+1)}(x)$ 存在, 所以

$$\begin{aligned}f^{(n)}(x+\theta n\Delta x+\Delta x) - f^{(n)}(x) &= (1+n\theta)\Delta x\{f^{(n+1)}(x)+\alpha_1\}, \\ f^{(n)}(x+\theta n\Delta x) - f^{(n)}(x) &= n\theta\Delta x\{f^{(n+1)}(x)+\alpha_2\},\end{aligned}$$

其中 $\alpha_1 \to 0, \alpha_2 \to 0$ (当 $\Delta x \to 0$ 时), 所以

$$\begin{aligned}&f^{(n)}(x+\theta n\Delta x+\Delta x) - f^{(n)}(x+\theta n\Delta x) \\ =&\Delta x f^{(n+1)}(x) + \alpha_1(1+n\theta)\Delta x - \alpha_2 n\theta\Delta x.\end{aligned}$$

因此关系式 (7) 给出

$$\frac{\Delta^{n+1} y}{\Delta x^{n+1}} = f^{(n+1)}(x) + \alpha_1(1+n\theta) - \alpha_2 n\theta,$$

由此当 $\Delta x \to 0$ 时取极限得出

$$\lim_{\Delta x \to 0} \frac{\Delta^{n+1} y}{\Delta x^{n+1}} = f^{(n+1)}(x).$$

此即所要证明的.

5.5 无穷小量之比的极限与无穷大量之比的极限

在拉格朗日公式和柯西公式的应用中, 我们首先来研究一个非常重要的问题. 它在分析教程中却是以十分不合理的荒诞称呼 "确定不定式"① 出现的. 实质上这里讲的是利用微分学的方法, 以寻找无穷小量之比的极限或者无穷大量之比的极限.

设 $f_1(a) = f_2(a) = 0$, 且在点 a 的某个邻域内两个函数都可微, 并且当 $x \neq a$ 时 $f_2'(x) \neq 0$. 因为当 $f_1(a) = f_2(a) = 0$ 时柯西公式给出

$$\frac{f_1(a+h)}{f_2(a+h)} = \frac{f_1'(a+\theta h)}{f_2'(a+\theta h)} \quad (0 < \theta < 1),$$

则我们可以断定(**洛必达法则**): **如果 $\boldsymbol{f_1(a) = f_2(a) = 0}$ 且比 $\boldsymbol{\dfrac{f_1'(x)}{f_2'(x)}}$ 当 $\boldsymbol{x \to a}$ 时趋近于某个极限, 则 $\boldsymbol{\dfrac{f_1(x)}{f_2(x)}}$ 也趋近于同一极限**.

如果 $f_1'(a) = f_2'(a) = 0$, 则再次应用这个结论, 我们可以得到 (当然, 要设函数 $f_1(x)$ 和 $f_2(x)$ 在点 a 的某个邻域内存在二阶导数): 当 $f_1(a) = f_2(a) = f_1'(a) = f_2'(a) = 0$ 时, 从 $\lim\limits_{x\to a} \dfrac{f_1''(x)}{f_2''(x)} = l$ 可推得 $\lim\limits_{x\to a} \dfrac{f_1(x)}{f_2(x)} = l$. 一般来说, 如果

$$\begin{aligned} f_1(a) = f_1'(a) = \cdots = f_1^{(n-1)}(a) = f_2(a) \\ = f_2'(a) = \cdots = f_2^{(n-1)}(a) = 0, \end{aligned}$$

且函数 $f_1(x)$ 和 $f_2(x)$ 在点 a 的某个邻域内有 n 阶导数, 则从关系 $\dfrac{f_1^{(n)}(x)}{f_2^{(n)}(x)} \to l(x \to a)$ 可得 $\dfrac{f_1(x)}{f_2(x)} \to l(x \to a)$. 如果 $f_1^{(n)}(x)$ 和 $f_2^{(n)}(x)$ 都在点 a 处连续且 $f_2^{(n)}(a) \neq 0$, 则由此得出

$$\lim_{x\to a} \frac{f_1(x)}{f_2(x)} = \frac{f_1^{(n)}(a)}{f_2^{(n)}(a)}. \tag{8}$$

洛必达法则是计算极限的非常有力的武器, 且在许多应用初等方法有相当难度的情况下能非常容易得出这些极限. 例如当 $f_1(x) = \tan x - \sin x, f_2(x) = x^3$ 时, 我们有 $f_1(0) = f_1'(0) = f_1''(0) = 0, f_1'''(0) = 3, f_2(0) = f_2'(0) = f_2''(0) = 0$, $f_2'''(0) = 6$, 由此按公式 (8) 则有

$$\lim_{x\to 0} \frac{\tan x - \sin x}{x^3} = \frac{f_1'''(0)}{f_2'''(0)} = \frac{1}{2}.$$

洛必达法则当 $a = \pm\infty$ 时仍成立. 实际上

① 还有更为荒诞的称呼: "寻找不定式的真值". 且不谈数学分析中一般不包含任何 "不定式", 这里通常是把异于其实际值的数称为函数在已知点的 "真正的值" 的.

$$\lim_{x\to+\infty}\frac{f_1(x)}{f_2(x)}=\lim_{y\to+0}\frac{f_1\left(\dfrac{1}{y}\right)}{f_2\left(\dfrac{1}{y}\right)},$$

由上述我们已证明的洛必达法则, 这后一个极限等于

$$\lim_{y\to+0}\frac{-\dfrac{1}{y^2}f_1'\left(\dfrac{1}{y}\right)}{-\dfrac{1}{y^2}f_2'\left(\dfrac{1}{y}\right)}=\lim_{x\to+\infty}\frac{f_1'(x)}{f_2'(x)}.$$

(当这个极限存在时). 当然, 应用洛必达法则的必要前提条件是

$$\lim_{x\to+\infty}f_1(x)=\lim_{x\to+\infty}f_2(x)=0.$$

不仅如此, 洛必达法则也可以用来求无穷大量之比的极限, 尽管这里其证明有点复杂. 为确定起见, 设当 $x\to a$ 时 $f_1(x)\to+\infty$, $f_2(x)\to+\infty$. 此外, 像以往一样, 我们设 $f_2'(x)$ 在点 a 的某个邻域内不为零. 在此邻域中取任意的两个点 x 和 α, 使得 x 位于 a 与 α 之间, 为确定起见令 $a<x<\alpha$ (图 22); 由柯西公式我们得到

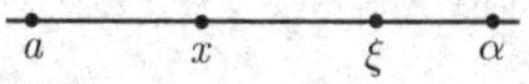

图 22

$$\frac{f_1(x)-f_1(\alpha)}{f_2(x)-f_2(\alpha)}=\frac{f_1'(\xi)}{f_2'(\xi)},\tag{9}$$

其中 ξ 是区间 $[x,\alpha]$ 的某个内点. 因为从另一方面来讲有

$$\frac{f_1(x)-f_1(\alpha)}{f_2(x)-f_2(\alpha)}=\frac{f_1(x)}{f_2(x)}\frac{1-\dfrac{f_1(\alpha)}{f_1(x)}}{1-\dfrac{f_2(\alpha)}{f_2(x)}},$$

所以等式 (9) 给出

$$\frac{f_1(x)}{f_2(x)}=\frac{f_1'(\xi)}{f_2'(\xi)}\frac{1-\dfrac{f_2(\alpha)}{f_2(x)}}{1-\dfrac{f_1(\alpha)}{f_1(x)}}.\tag{10}$$

我们现在来更详细地讲一下点 x 与点 α 的选择. 如果如我们假设的那样, 存在

$$\lim_{x\to a}\frac{f_1'(x)}{f_2'(x)}=l,$$

则对于无论怎样小的 $\varepsilon(>0)$ 都可以找到点 a 的一个邻域 U, 使得对任何 $x\in U$ 都有

$$l-\varepsilon<\frac{f_1'(x)}{f_2'(x)}<l+\varepsilon,$$

令 α (从而也有 x) 属于该邻域, 这时也有 $\xi\in U$, 因而

$$l-\varepsilon<\frac{f_1'(\xi)}{f_2'(\xi)}<l+\varepsilon.$$

现在让 α 不变, 而 x 将无限趋近于 a. 因为此时 $f_1(x)\to+\infty, f_2(x)\to+\infty$, 故公式 (10) 右边的第二个因子趋近于 1. 因此对点 a 的某邻域 V 中的任何 x, $\dfrac{1-\dfrac{f_2(\alpha)}{f_2(x)}}{1-\dfrac{f_1(\alpha)}{f_1(x)}}$ 都将介于 $1-\varepsilon$ 与 $1+\varepsilon$ 之间. 因此对任何 $x\in V\cap U$, 公式 (10) 给出

$$(l-\varepsilon)(1-\varepsilon)<\frac{f_1(x)}{f_2(x)}<(l+\varepsilon)(1+\varepsilon),$$

又因为 ε 任意小, 故有

$$\lim_{x\to a}\frac{f_1(x)}{f_2(x)}=l,$$

此即所要证明的.

同无穷小量之比的法则相似, 此法则也在 $a=\pm\infty$ 时成立.

例 1) $f_1(x)=\ln x, f_2(x)=\dfrac{1}{x}$. 当 $x\to 0$ 时,

$$f_1(x)\to-\infty,\quad f_2(x)\to+\infty.$$

$\dfrac{f_1'(x)}{f_2'(x)}=-x\to 0$, 则可得

$$\frac{f_1(x)}{f_2(x)}=x\ln x\to 0\quad(\text{当 } x\to 0 \text{ 时}).$$

2) 当 $f_2(x)=x\to+\infty$ 时, 我们有

$$f_1(x)=\ln x\to+\infty,$$

同时 $\dfrac{f_1'(x)}{f_2'(x)}=\dfrac{1}{x}\to 0$. 由此得

$$\frac{f_1(x)}{f_2(x)}=\frac{\ln x}{x}\to 0\quad(\text{当 } x\to+\infty \text{ 时}).$$

令 $x=\mathrm{e}^y$, 我们得到 $x\mathrm{e}^{-x}\to 0$ (当 $x\to+\infty$ 时).

5.6 泰勒公式

现在我们该来讲讲泰勒公式了. 也许你们都已熟知, 它在数学分析及其应用中都是最重要的研究工具之一. 对这个在任何分析教程中都被详细研究的公式, 我们要特别注意, 因为在其推导的通常表述中, 从思想方面来说往往是完全模糊的, 而只余下毫无生气的形式. 因此对于许多学生而言, 该公式后来竟有如此重要的意义实为意外.

正如我们不止一次指出的, 基本关系式

$$\lim_{h\to 0}\frac{f(a+h)-f(a)}{h}=f'(a)$$

可以改写成等价的形式

$$f(a+h)=f(a)+hf'(a)+\alpha h, \tag{11}$$

其中当 $h\to 0$ 时 $\alpha\to 0$. 因此这里的 αh 是关于 h 的高阶无穷小, 即其与 h 的比值当 $h\to 0$ 时是趋近于零的.

我们约定, 一般以 $o(x)$ 来表示任何与 x 的比在已知的变化过程中趋近于零的量. 这里乘积 αh 就可以改写成 $o(h)$ 的形式. 因为对任何 $o(h)$, 依照定义有

$$\frac{o(h)}{h}=\alpha\to 0\quad (h\to 0),$$

相反地, 任何 $o(h)$ 都可以表示为 αh 的形式 (其中当 $h\to 0$ 时, $\alpha\to 0$). 因此式 (11) 可改写成

$$f(a+h)=f(a)+hf'(a)+o(h).$$

正如我们所看到的, 当 $f'(a)$ 存在时, 这个公式对任何情形都成立. 我们已经不止一次地用过它, 并且可以直接看出, 这种写法恰好是其优越性之所在: 如果 h 充分小, 使得形如 $o(h)$ 的量可以忽略, 则近似公式

$$f(a+h)\approx f(a)+hf'(a)$$

一般来说, 使得我们在一系列研究中, 能用右边的关于 h 的线性函数来代替复杂的函数 $f(a+h)$ 本身. 显然, 这将带来本质性的好处.

现在完全有理由期望把这个有益的方法继续下去. 如果我们想要得到更好的精确度, 则有时不能满足于误差只是相对 h 本身很小的近似公式. 例如可能有这样的情形: 我们还需要计算到 h^2 阶的量, 而只能忽略形如 $o(h^2)$ 的量, 即关于 h^2 的无穷小量. 这时我们自然要提出寻找这样的二次函数 $a_0+a_1h+a_2h^2$, 使得当 h 很小时有关系式

$$f(a+h)=a_0+a_1h+a_2h^2+o(h^2);$$

一般地, 如果我们想要计算到 h^n 阶, 且允许忽略形如 $o(h^n)$ 的量, 则当然要找出这样的多项式

$$a_0 + a_1 h + \cdots + a_n h^n = P_n(h),$$

使得有关系式

$$f(a+h) = P_n(h) + o(h^n).$$

如果这个课题得以解决, 则我们有可能在任何允许忽略形如 $o(h^n)$ 的量的问题中, 以简单的 n 次多项式来代替一般来说很复杂的函数 $f(a+h)$.

当 $n=1$ 时, 设函数 $f(x)$ 在 $x=a$ 时有一阶导数, 我们已经得到了所提问题的解. 一般情况下, 我们将从 $f^{(n)}(a)$ 存在的假设之下出发. 当然, 这里要求函数 $f(x)$ 在点 a 的某个邻域中有任何较低阶的导函数存在.

著名的泰勒定理恰恰基本上解决我们所提的问题, 即证明所求的多项式 $P_n(h)$ 存在且给出其系数的表达式. 据此定理, 在 $f^{(n)}(a)$ 存在的情形下, 多项式 $P_n(h)$ 唯一地由以下公式来定义:

$$P_n(h) = f(a) + hf'(a) + \frac{h^2}{2!}f''(a) + \cdots + \frac{h^n}{n!}f^{(n)}(a).$$

换言之, 由此定理即有

$$f(a+h) = f(a) + hf'(a) + \frac{h^2}{2!}f''(a) + \cdots + \frac{h^n}{n!}f^{(n)}(a) + o(h^n). \tag{12}$$

设

$$f(a+h) - P_n(h) = \varphi(h),$$

则要证明我们的命题, 只需证明[①]

$$\frac{\varphi(h)}{h^n} \to 0, \quad 当\ h \to 0\ 时. \tag{12'}$$

为此, 我们注意到

$$\varphi(h) = f(a+h) - f(a) - hf'(a) - \cdots - \frac{h^n}{n!}f^{(n)}(a),$$
$$\varphi'(h) = f'(a+h) - f'(a) - hf''(a) - \cdots - \frac{h^{n-1}}{(n-1)!}f^{(n)}(a),$$
$$\cdots,$$

① 为解决我们的问题, 一方面应证明当 $P_n(h)$ 为取以上形式的多项式时, $f(a+h)-P_n(h)=o(h^n)$, 另一方面还要证明, 如果换成另外的 $Q_n(h)$, 则 $f(a+h)-Q_n(h)$ 不会是 $o(h^n)$. 本书只证了前一部分. 后一部分容易证明: 因为 $f(a+h)-Q_n(h) = f(a+h)-P_n(h)+P_n(h)-Q_n(h) = P_n(h)-Q_n(h)+o(h^n)$. 因为 $P_n \neq Q_n$, 故 $P_n(h)-Q_n(h) = ah^m+\cdots+ch^n, a\neq 0, m\leqslant n$, 因此 $P_n(h)-Q_n(h)=O(h^m)$, 从而 $f(a+h)-Q_n(h)=O(h^m)$, 这与假设 $f(a+h)-Q_n(h) = o(h^n)$ 矛盾. —— 译者注

$$\varphi^{(n-2)}(h) = f^{(n-2)}(a+h) - f^{(n-2)}(a) - hf^{(n-1)}(a) - \frac{h^2}{2}f^{(n)}(a),$$
$$\varphi^{(n-1)}(h) = f^{(n-1)}(a+h) - f^{(n-1)}(a) - hf^{(n)}(a).$$

由此得 $\varphi(0) = \varphi'(0) = \cdots = \varphi^{(n-2)}(0) = 0$. 因为当 $h = 0$ 时函数 h^n 的直到 $n-2$ 阶的导数都变为零, 而其 $n-1$ 阶导数等于 $n!h$, 故由洛必达法则有

$$\lim_{h\to 0}\frac{\varphi(h)}{h^n} = \lim_{h\to 0}\frac{\varphi^{(n-1)}(h)}{n!h},$$

只要右边极限存在. 而

$$\begin{aligned}\lim_{h\to 0}\frac{\varphi^{(n-1)}(h)}{n!h} &= \frac{1}{n!}\lim_{h\to 0}\left\{\frac{f^{(n-1)}(a+h) - f^{(n-1)}(a)}{h} - f^{(n)}(a)\right\}\\ &= 0,\end{aligned}$$

因为依定义 $f^{(n)}(a)$ 存在. 这就证明了式 (12′), 因而也就完成了泰勒公式 (12) 的推导.

当然, 下一步有意义的是, 要找出公式 (12) 的 “余项”$o(h^n)$ 的方便的表达式, 以便在需要时用以估计其可能的精确度.

我们在这里提出这些余项公式中的一些最通用的形式而不去推导它们, 你们可以在任何完整的分析教程中找到它们的证明. 我们以 $R_n(h)$ 来表示公式 (12) 中没有给出明显表达式的 $o(h^n)$. 由泰勒公式本身, 当 $f^{(n+1)}(a)$ 存在时我们得到

$$\lim_{h\to 0}\frac{R_n(h)}{h^{n+1}} = \frac{f^{(n+1)}(a)}{(n+1)!};$$

如果假定 $f^{(n+1)}(x)$ 不仅当 $x = a$ 时存在, 而且在区间 $[a, a+h]$ 上的任何点处都存在, 则我们对 $R_n(h)$ 就得到熟知的 “施勒米希公式”:

$$R_n(h) = \frac{h^{n+1}(1-\theta)^{n+1-p}}{n!p}f^{(n+1)}(a+\theta h),$$

其中 $0 < \theta < 1$, p **是任意**一个不超过 $n+1$ 的正数. 由这个十分一般的公式, 当适当选择 p 时就得出一系列不同的特别形式, 其中最为通用的是如下的形式.

1) 当 $p = n+1$ 时是 “拉格朗日公式”:

$$R_n(h) = \frac{h^{n+1}}{(n+1)!}f^{(n+1)}(a+\theta h);$$

2) 当 $p = 1$ 时是 “柯西公式”:

$$R_n(h) = \frac{h^{n+1}(1-\theta)^n}{n!}f^{(n+1)}(a+\theta h).$$

在这些专门的形式中, 如同在一般的施勒米希公式中一样, 设 $f^{n+1}(x)$ 在区间 $[a, a+h]$ 的每一点处存在.

你们了解, 当 $a=0$ 时的泰勒公式的特别情形被称为**麦克劳林公式**(其实也没有任何独特之处):

$$f(h)=f(0)+\frac{h}{1}f'(0)+\cdots+\frac{h^n}{n!}f^{(n)}(0)+o(h^n).$$

5.7 极值

在初等微分学中, 泰勒公式应用的一个重要领域是极大值和极小值理论. 当然, 你们对它的基础是很熟悉的.

如果我们说的是寻找在闭区间 $[a,b]$ 上可微函数 $y=f(x)$ 取得最大值的那些点, 则很显然, 此 "绝对极大值" 要么在此区间的一个端点处达到, 要么在此区间的某个内点 c 处达到. 在后一种情形, 点 c 也同时是 "相对极大值点", 相对极大值就是指, 对属于点 c 的某个邻域的任何 x 都有 $f(c)\geqslant f(x)$. 这就是说, 寻找函数在已知区间上的绝对极大值, 可归结为寻找其在该闭区间内的所有相对极大值, 然后再与函数在端点处的值比较. 因此, 对此问题可以应用微分学的方法.

你们当然了解, 使得可微函数 $f(x)$ 在点 x 处 $(a<x<b)$ 取得相对极大值 (或极小值) 的必要条件是等式

$$f'(x)=0 \tag{13}$$

成立. 也就是说, 解决所提问题的第一步是要找出方程 (13) 在区间 $[a,b]$ 内的所有实根, 即变量 x 的所谓 "临界点";[1]此后再对每一个个别的临界点进行专门的研究, 来确定在该点处是出现了极大值或极小值, 或者什么也没有. 我们现在来对此稍微做些研究.

设 α 是函数 $f(x)$ 的临界点中的一个, 即 $a<\alpha<b$ 且 $f'(\alpha)=0$. 为普遍计, 设 $f^{(i)}(\alpha)=0$ (当 $1\leqslant i<n$), 但 $f^{(n)}(\alpha)\neq 0$. 这时泰勒公式 (12) 给出

$$f(\alpha+h)-f(\alpha)=h^n\frac{f^{(n)}(\alpha)}{n!}+o(h^n); \tag{14}$$

很显然, 右边第二项是关于第一项的无穷小, 所以对充分小的 $|h|$ (但 $h\neq 0$), 右边的符号与其第一项的符号相同, 即与乘积 $h^n f^{(n)}(\alpha)$ 的符号相同. 如果 n 是奇数, 则当 h 变号时 h^n 要改变符号, 而且该乘积也要改变符号. 这时由式 (14), 对不同符号的增量 h, 差 $f(\alpha+h)-f(\alpha)$ 的符号将是不同的. 这显然表明: 当 $x=\alpha$ 时函数 $f(x)$ 不可能有极大值或者极小值. 现在设 n 是偶数, 因此 $h^n>0$ 对任何 $h\neq 0$ 成立. 此时对任何充分小的 $|h|$ (但 $h\neq 0$), 差 $f(\alpha+h)-f(\alpha)$ 的符号都显然与量

---

① 在现代文献中, 若 c 点适合 $f'(c)=0, a<c<b$, 则 c 称为**临界点**, 函数在临界点所取之值 $f(c)$ 称为**临界值**. 原书把临界点误写为临界值, 我们作了改正. —— 译者注

$f^{(n)}(\alpha)$ 的符号相同, 而 $f^{(n)}(\alpha)$ 是与 h 无关的. 当 $f^{(n)}(\alpha) > 0$ 时, 这表明对任何充分小的 $|h|(h \neq 0)$ 有

$$f(\alpha + h) > f(\alpha),$$

即在点 α 处函数 $f(x)$ 有相对**极小值**. 同样可以证明, 当 $f^{(n)}(\alpha) < 0$ 时函数 $f(x)$ 在 $x = \alpha$ 时有相对极大值. 这就是说, 我们得到下述法则: **设函数 $f(x)$ 在 $x = \alpha$ 处的导数中第一个不为零的是其 n 阶导数, 则当 n 是偶数时 $f(x)$ 在点 $x = \alpha$ 处有极大值 (若 $f^{(n)}(\alpha) < 0$), 或有极小值 (若 $f^{(n)}(\alpha) > 0$); 当 n 为奇数时 $f(x)$ 在点 α 处既没有极大值, 也没有极小值**. 你们看到, 由于这个法则, 每一个临界点的性质问题就完全解决了, 只要函数在该点处充分多次可微且并非该点所有的导数都为零.

5.8 偏微分

现在我们转到多元函数的情形. 为简单计, 在此我们局限于研究两个未知量 x 和 y 的情形.

你们当然知道, 函数 $f(x,y)$ 对变量 x 的偏导数 $f'_x(x,y)$ 或者 $\dfrac{\partial f(x,y)}{\partial x}$ 定义为

$$\lim_{\Delta x \to 0} \frac{f(x + \Delta x, y) - f(x,y)}{\Delta x},$$

即作为这样一个函数对 x 的通常的导数, 这个函数是在 $f(x,y)$ 中给变量 y 以固定的常值时所得的 x 的函数. 类似地, 可以定义 $\dfrac{\partial f}{\partial y} = f'_y(x,y)$. 这些偏导数中的每一个都和函数 $f(x,y)$ 一样, 是两个自变量 x, y 的二元函数. 为方便及直观计, 我们这里时常把 "当 $x = a, y = b$ 时" 的说法用 "在点 (a,b) 处" 的说法来代替, 把它看成平面 Oxy 上的直角坐标为 $x = a, y = b$ 的点.

首先应当定义已知函数 $z = f(x,y)$ 在已知点 (a,b) 处的可微性概念. 在一元函数的情形, 导数的存在当然等价于微分的存在, 而且这时正如我们已经看到的, 对函数 $y = f(x)$ 而言, 微分 $\mathrm{d}y$ 定义为增量 Δx 的线性函数, 当 $\Delta x \to 0$ 时这个线性函数与增量 Δy 之差是一个高阶的无穷小.

现在来看二元函数 $z = f(x,y)$ 的情形. 我们这里也约定, 称函数 z 的微分是增量 Δx 和 Δy 的这样一个线性组合 $A\Delta x + B\Delta y + C$, 使得当 $\Delta x \to 0, \Delta y \to 0$ 时它与增量 Δz 相差一个高阶无穷小. 在一维的情形, 我们可以 (设 $f'(x) \neq 0$) 把量 $\Delta x, \Delta y, \mathrm{d}y$ 中的任一个理解为基本的无穷小 (其无穷小的阶彼此相等). 在二维的情形, 为方便起见 (尽管绝对不是必须的), 把量 $\rho = \sqrt{\Delta x^2 + \Delta y^2}$ 作为基本无穷小量, 它表示 "动" 点 $(x + \Delta x, y + \Delta y)$ 与 "始" 点 (x,y) 之间的距离. 如果无穷小 Δx 与 Δy 是具有同样阶的无穷小, 则当然量 ρ 也具有同样的阶. 也就是说, 表达式

$A\Delta x+B\Delta y+C$ 是函数 $z=f(x,y)$ 的微分 $\mathrm{d}z$, 如果当 $\Delta x\to 0,\Delta y\to 0$ 时有

$$\Delta z-(A\Delta x+B\Delta y+C)=o(\rho) \tag{15}$$

成立的话. 现在来证明, 如果 $\mathrm{d}z$ 存在, 则偏导数 $\dfrac{\partial z}{\partial x}$ 及 $\dfrac{\partial z}{\partial y}$ 也都存在, 且

$$A=\frac{\partial z}{\partial x},\quad B=\frac{\partial z}{\partial y},\quad C=0,$$

因此

$$\mathrm{d}z=\frac{\partial z}{\partial x}\Delta x+\frac{\partial z}{\partial y}\Delta y. \tag{16}$$

实际上, 首先由函数 z 的连续性 (我们当然要假定有连续性), 由关系式 (15) 取极限得 $C=0$. 确定了这一点以后, 再在公式 (15) 中令 $\Delta y=0$ (依照我们的条件, 该公式应当对以**任何**方式趋近于零的量 Δx 及 Δy 都成立), 这就得到

$$(\Delta z)_{\Delta y=0}=A\Delta x+o(\Delta x),$$

由此得

$$A=\lim_{\Delta x\to 0}\frac{(\Delta z)_{\Delta y=0}}{\Delta x}=\frac{\partial z}{\partial x};$$

类似地, 可以确定 $B=\dfrac{\partial z}{\partial y}$. 这里很显然, 偏导数 $\dfrac{\partial z}{\partial x}$ 及 $\dfrac{\partial z}{\partial y}$ 本身的存在性是从我们的讨论中得出的, 因此是微分 $\mathrm{d}z$ 存在的推论.

如同你们所看到那样, 迄今为止的一切都是与一维情形完全类似地推得的.

不过, 与一维情形不同的是, 在一定点处偏导数 $\dfrac{\partial z}{\partial x}$ 及 $\dfrac{\partial z}{\partial y}$ 的存在性还不足以保证在该点处微分 $\mathrm{d}z$ 的存在性. 例如, 对函数

$$z=\begin{cases}\dfrac{2xy}{\sqrt{x^2+y^2}}, & \text{当 } x^2+y^2\neq 0 \text{ 时},\\ 0, & \text{当 } x=y=0 \text{ 时}\end{cases}$$

在 (0,0) 点处, 很显然有

$$(\Delta z)_{\Delta x=0}=(\Delta z)_{\Delta y=0}=0,$$

因此

$$\frac{\partial z}{\partial x}=\frac{\partial z}{\partial y}=0;$$

如果当 $x=y=0$ 时微分 $\mathrm{d}z$ 存在, 则因此应有式 (16) 恒等于零, 即据式 (15) 应有 $\Delta z=o(\rho)$. 但这是不对的, 因为例如当 $\Delta x=\Delta y\neq 0$ 时, 很显然有

$$\Delta z=\sqrt{2}\Delta x,\quad \rho=\sqrt{2}\Delta x,\quad \Delta z=\rho.$$

然而, 我们要指出: 如果 $\dfrac{\partial f}{\partial x}$ 及 $\dfrac{\partial f}{\partial y}$ 在点 (x,y) **处连续**, 则在该点处表达式 (16) 是函数 $z=f(x,y)$ 的微分. 实际上,

$$\begin{aligned}\Delta z =& f(x+\Delta x,y+\Delta y)-f(x,y)\\ =&[f(x+\Delta x,y+\Delta y)-f(x,y+\Delta y)]\\ &+[f(x,y+\Delta y)-f(x,y)].\end{aligned}$$

右边的第一个差由拉格朗日定理可化为

$$\Delta x f'_x(x+\theta\Delta x,y+\Delta y)\quad (0<\theta<1),$$

而由函数 $f'_x(x,y)$ 在点 (x,y) 处连续的假设, 当 $\Delta x\to 0,\Delta y\to 0$ 时, 必有

$$f'_x(x+\theta\Delta x,y+\Delta y)-f'_x(x,y)\to 0,$$

则上述的第一个差与 $f'_x(x,y)\Delta x$ 相差一个形如 $o(\Delta x)=o(\rho)$ 的量:

$$f(x+\Delta x,y+\Delta y)-f(x,y+\Delta y)=f'_x(x,y)\Delta x+o(\rho).$$

第二个差, 很显然, 依偏导数的定义本身则有

$$\begin{aligned}f(x,y+\Delta y)-f(x,y)&=f'_y(x,y)\Delta y+o(\Delta y)\\ &=f'_y(x,y)\Delta y+o(\rho),\end{aligned}$$

所以

$$\Delta z=f'_x(x,y)\Delta x+f'_y(x,y)\Delta y+o(\rho),$$

这就是所要证明的. 我们的推理还表明, 只要在点 (x,y) 处两个偏导数之一是连续的就足够了.

无论如何, 一般情况下, 即使偏导数存在, 微分也有可能不存在. 因此在定义二元函数可微性时我们就面临着选择: 是以偏导数存在为基础, 还是以微分存在为基础, 来定义可微性? **通常我们称函数在一定点处是可微的, 如果它在该点有微分存在**. 这个关于函数的可微性的定义, 要求得比偏导数的存在更多一些, 但这是很方便的, 因为理论的进一步发展证明, 只有具有微分的函数才会在其性质上显现出与单变量可微函数完全相似的性质.

要得到偏导数 $\dfrac{\partial z}{\partial x}$, 我们只给一个变量 x 以增量而令 y 不变. 几何上, 我们说让点 $P(x,y)$ 平行于 Ox 轴**移动**到点 $P_1(x+\Delta x,y)$ (图 23), 偏导数 $\dfrac{\partial z}{\partial x}$ 定义为比值 $\dfrac{f(P_1)-f(P)}{\overline{PP_1}}$ 当 $P_1\to P$ 时的极限.

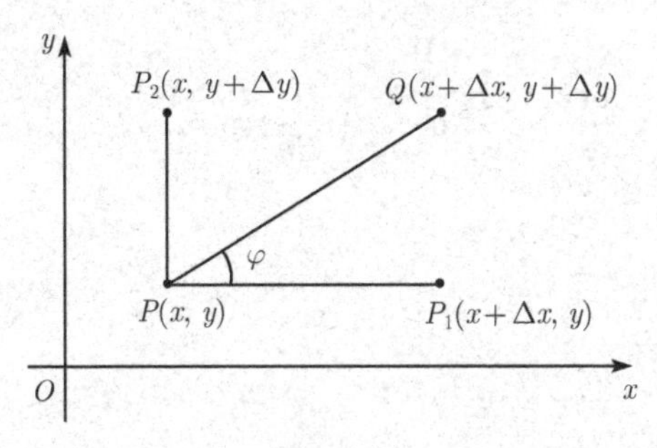

图 23

此处 $\overline{PP_1} = \Delta x$ 是点 P 与点 P_1 之间的距离, $f(P) = f(x,y), f(P_1) = f(x+\Delta x, y)$. 类似地, 有

$$\frac{\partial z}{\partial y} = \lim_{P_2 \to P} \frac{f(P_2) - f(P)}{\overline{PP_2}},$$

其中 P_2 是坐标为 $(x, y+\Delta y)$ 的点, 它沿平行于 Oy 轴方向无限趋近于 P. 也就是说, 函数 z 在点 P 的 $\dfrac{\partial z}{\partial x}$ 是它 "沿 Ox 方向" 的导数, 而 $\dfrac{\partial z}{\partial y}$ 则是它 "沿 Oy 方向" 的导数. 显然, 我们可用完全类似的方法来定义函数 $z = f(x,y)$ 沿着与 Ox 轴构成任意倾角 φ 的其他方向的偏导数. 为此只需这样放置点 P 和点 Q, 使得由 P 到 Q 的向量 $\overline{PQ}$ 与方向 Ox 构成倾角 φ, 然后再让点 Q 沿此向量趋近于 P. 如果量

$$\lim_{Q \to P} \frac{f(Q) - f(P)}{\overline{PQ}}$$

存在, 自然可称之为**函数 z 沿着由倾角为 φ 来决定的方向上的导数**. 很显然, 给定这个方向完全等价于在增量 Δx 和 Δy 同时趋近于零时, 给它们一个确定的线性关系 $(\Delta y = \tan\varphi \Delta x)$.

例如, 可以约定用 $\mathrm{D}_{\varphi}(z)$ 来表示函数 z 沿着与 Ox 轴构成 φ 角的方向上的导数. 这样,

$$\frac{\partial z}{\partial x} = \mathrm{D}_0(z), \quad \frac{\partial z}{\partial y} = \mathrm{D}_{\frac{\pi}{2}}(z).$$

现在我们来证明: **在点 (x,y) 处可微的函数 $z = f(x,y)$ 在该点处的任何方向上均有导数, 且有**

$$\mathrm{D}_{\varphi}(z) = \frac{\partial z}{\partial x}\cos\varphi + \frac{\partial z}{\partial y}\sin\varphi.$$

实际上, 因为当点 (x,y) 沿方向 φ 移动距离 ρ 时, 在

$$\Delta z = \frac{\partial z}{\partial x}\Delta x + \frac{\partial z}{\partial y}\Delta y + o(\rho)$$

中应有

$$\Delta x = \rho\cos\varphi, \quad \Delta y = \rho\sin\varphi,$$

所以,

$$\frac{\Delta z}{\rho}=\frac{\partial z}{\partial x}\cos\varphi+\frac{\partial z}{\partial y}\sin\varphi+o(1),$$

即

$$\lim_{\rho\to 0}\frac{\Delta z}{\rho}=\mathrm{D}_\varphi(z)=\frac{\partial z}{\partial x}\cos\varphi+\frac{\partial z}{\partial y}\sin\varphi,$$

此即所要证明的.

5.9 隐函数

偏微分理论的进一步发展与完善, 与一维情形的微分学相当全面地相似. 因此我们不再浪费时间去讨论它. 然而我们还要在一维情况的一些重要问题上再停留一下, 因为需要用偏微分才能解决这些问题. 这里首先要说的是 "隐函数" 的存在性及其微分的定理. (隐函数这个通用的术语无疑是不确切的, 正确的说法应是 "未用显式给出的" 或者 "未显式定义的" 函数, 因为所说的不是一个特别的函数类, 而只是给出函数的特别的方式.)

你们当然应该多次听到过: 一个方程

$$F(x,y)=0 \tag{17}$$

把量 y 定义为量 x 的 "隐" 函数. 这句话的意思是说, 有这样的函数 $y=f(x)$ 存在, 使得

$$F(x,f(x))=0 \tag{18}$$

成为恒等式. 毫无疑问, 保证这种函数存在的条件, 这种函数的性质, 以及使得式 (18) 成立的 x 值的范围都应当专门研究. 我们在这里证明的只是这方面的一个基本的定理. 至于 "隐" 函数理论中以此为基础的进一步发展, 你们可以在任何完整的数学分析教程中找到, 它在原则上已经没有新鲜东西了.

定理 设函数 $F(x,y)$:

1) 在点 (x_0,y_0) 的某个邻域 U 中连续, 而且在此邻域中有连续的偏导数 $F'_y(x,y)$;

2) $F'_y(x_0,y_0)\neq 0$;

3) $F(x_0,y_0)=0$.

这时必定存在唯一的函数 $y=f(x)$, 定义于 x_0 的某个邻域中, 在此邻域中 $y=f(x)$ 连续, $y_0=f(x_0)$, 而且适合式 (18):

$$F(x,f(x))=0.$$

如果 $F(x,y)$ 在 U 中可微, 则 $y=f(x)$ 在 x_0 附近也可微, 而且

$$f'(x)=-\frac{F'_x(x,y)}{F'_y(x,y)}.$$ ①

证明 我们不妨假设 $F'_y(x_0,y_0)>0$. 由于 F'_y 已假设是连续的, 所以在 (x_0,y_0) 的某个含于 U 中的邻域 $|x-x_0|<\alpha, |y-y_0|<\beta$ 中也有 $F'_y(x,y)>0$. 这样当 $|x-x_0|<\alpha, |y-y_0|<\beta$ 时 $F(x,y)$ 对 y 是增加的 (图 24). 所以当 $|x-x_0|<\alpha$ 时, 对充分小的 $\gamma, 0<\gamma<\beta$, 有

$$F(x,y_0+\gamma)>0,\quad F(x,y_0-\gamma)<0.$$

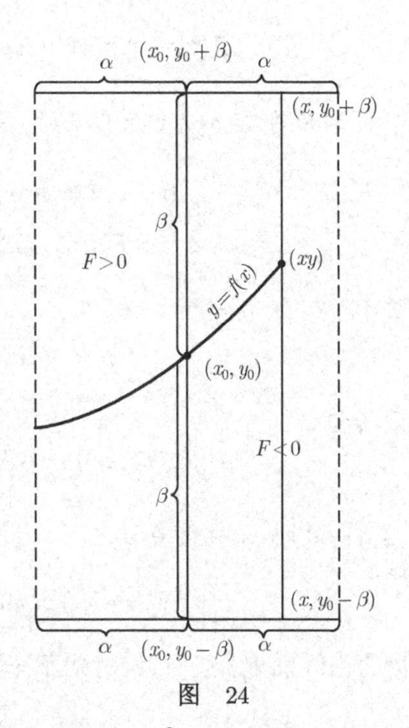

图 24

由于 $F(x,y)$ 对 y 是增加的, 所以一定可以找到唯一的 y 值, 使

$$F(x,y)=0.$$

这个 y 值与 x 有关. 所以可以写成 $y=f(x)$, 这是一个 x 的函数, 它定义于 $|x-x_0|<\alpha$ 中. 于是上式就可以写成

$$F(x,f(x))=0.$$

因为适合此式的 y 只有一个, 所以这样的 $y=f(x)$ 是唯一的.② 定理的前一部分证完.

我们还需要证明 $f'(x_1)$ 存在, 并且找出这个导数值. 这里 x_1 是 $(x_0-\alpha, x_0+\alpha)$ 中的任意点.

---

① 原书这个定理的表述不妥. 主要是原书只假设 $F'_y(x_0,y_0)$ 存在而且 $F(x,y)$ 在此点可微, 但这样是很难证明下面的结论的, 所以译文改成 F'_y 在 U 中连续. 原书结论并没有说 $y=f(x)$ 是唯一的, 按照现在修改后的形式, 可以证明隐函数的唯一性. 译文对定理的陈述和证明都作了改动, 与大多数数学分析教程一致. 为什么原书表述不妥, 见下面一个译者注. —— 译者注

② 原书因为未假设 $F'_y(x,y)$ 在 U 中连续, 所以得不到 $F(x,y)$ 对 y 的单调性, 而不能证明只有唯一的 $f(x)$ 适合式 (18). 原书说, 用第三讲的定理 3 可以找到 $y(|y|<\beta)$ 使得 $F(x,y)=0$. 原书接着说: “这个 y 值 (如果有几个 y, 则说某一个这样的 y 值) 与 x 有关, 我们就以 $f(x)$ 来表示它.” 实际上, 如果有几个不同的 y 值, 用哪一个 y 值与 x 对应来作出 $y=f(x)$ 呢? 如果作出了几个 $f(x)$, 怎样保证 $f(x)$ 连续甚至可微呢? 这是很难办的事. 读者可能以为这时 $f(x)$ 是 “多值函数”. 但按函数的定义, 对一个 x 只能有一个 y, 所以不能说多值函数. 多值函数只是几个函数合起来的 “方便说法”. 这种 “方便说法” 会引起不少误会. 本书的目的之一正是要消除这些误会.

—— 译者注

取充分小的 Δx, 使 $x_1+\Delta x$ 仍在上述区间中. 记 $y_1=f(x_1), \Delta y=f(x_1+\Delta x)-f(x_1)$, 则 $f(x_1+\Delta x)=f(x_1)+\Delta y=y_1+\Delta y$. 我们要求 $(x_1+\Delta x, y_1+\Delta y)$ 仍适合式 (18), 即是说

$$F(x_1+\Delta x, y_1+\Delta y)=F(x_1+\Delta x, f(x_1+\Delta x))=0;$$

又由于 F 在 U 中有连续偏导数, 所以可微, 又有

$$\begin{aligned}0=\Delta F&=F(x_1+\Delta x, y_1+\Delta y)-F(x_1, y_1)\\&=F'_x(x_1, y_1)\Delta x+F'_y(x_1, y_1)\Delta y+o(\rho),\end{aligned}$$

其中

$$\rho=\sqrt{\Delta x^2+\Delta y^2}\leqslant|\Delta x|+|\Delta y|.$$

由此得

$$F'_x(x_1, y_1)\Delta x+F'_y(x_1, y_1)\Delta y=\lambda(|\Delta x|+|\Delta y|).$$

当 $\rho\to 0$ 时, $\lambda\to 0$, 换言之,

$$[F'_x(x_1, y_1)\pm\lambda]\Delta x+[F'_y(x_1, y_1)\pm\lambda]\Delta y=0.$$

因为由假设 $F'_y(x_1, y_1)>0$, 对于充分小的 α 和 β (即对充分小的 $\Delta x, \Delta y$ 和 ρ), 有

$$|\lambda|<\frac{1}{2}F'_y(x_1, y_1), \quad F'_y(x_1, y_1)\pm\lambda\geqslant\frac{1}{2}F'_y(x_1, y_1)>0,$$

因而

$$\frac{\Delta y}{\Delta x}=-\frac{F'_x(x_1, y_1)\pm\lambda}{F'_y(x_1, y_1)\pm\lambda}.$$

上式的分母不为 0, 这样才能算得出 $\dfrac{\Delta y}{\Delta x}$ 如上. 令 $\Delta x\to 0, \Delta y\to 0$, 因此 $\rho\to 0$, 故 $\lambda\to 0$, 即

$$f'(x_1)=-\frac{F'_x(x_1, y_1)}{F'_y(x_1, y_1)}.$$

由 x_1 的任意性即得定理之证.

现在把所得到的隐函数的微分法则用于最简单的 "条件极值" 问题. 这个问题在多变量情形的推广是重要且有趣的, 但遗憾的是, 我们在这里不可能再充分展开讨论.

我们现在来研究在某个区域内的可微函数 $F(x, y)$ 且将把量 x 视为自变量而把 y 视为 x 的函数, 这个函数是由关系式

$$\Phi(x,y)=0 \tag{19}$$

在某个区间 $[a,b]$ 上定义的, 这里 $\Phi(x,y)$ 也可微. 也就是说, $F(x,y)$ 实际上是由上述复杂的方式给定的一个自变量 x 的函数. 在数学分析及其应用中, 经常要研究以这种复杂方式给定的函数. 现在来求区间 $[a,b]$ 上定义的函数的极值.

按照一般理论, 这些极值 (相对极大值和相对极小值) 应当使函数 $F(x,y)$ 的导数变为零. 也就是说, 我们应当使已知函数 $z=F(x,y)$ 对 x 的导数为零, 这时当然要把 y 视为由式 (19) 所定义的 x 的函数, 即应该令函数 z 对 x 的所谓 "全" 导数为零:

$$\frac{\mathrm{d}z}{\mathrm{d}x}=\frac{\partial F}{\partial x}+\frac{\partial F}{\partial y}\frac{\mathrm{d}y}{\mathrm{d}x}=0. \tag{20}$$

在此方程中, $\dfrac{\partial F}{\partial x}$ 及 $\dfrac{\partial F}{\partial y}$ 都是 x 和 y 的函数. 为确定 $\dfrac{\mathrm{d}y}{\mathrm{d}x}$, 我们当然应当用隐函数的微分法则. 定义函数 y 的关系式 (19) 给出

$$\frac{\mathrm{d}y}{\mathrm{d}x}=-\frac{\dfrac{\partial \Phi}{\partial x}}{\dfrac{\partial \Phi}{\partial y}},$$

由此, 方程 (20) 可化为

$$\frac{\partial F}{\partial x}\frac{\partial \Phi}{\partial y}-\frac{\partial \Phi}{\partial x}\frac{\partial F}{\partial y}=0.$$

此方程连同方程 (19) 一起能确定所有 "临界的" 数对 (x,y), 即任何使 $\dfrac{\mathrm{d}z}{\mathrm{d}x}=0$ 的点. 进一步的研究我们在这里就不再讲了.

第六讲　积　　分

6.1 引言

积分学最初是与微分学无关地独立发展的. 只是到了 17 世纪末, 当这两个分支都已取得了相当的进展, 并且以各自独特的方式解决了大量的几何和力学的问题时, 它们之间存在着的深刻关联才被完整地揭示出来: 它们的基本课题是无穷小分析的两个互逆的问题. 积分与微分之间的关系如同加法与减法一样.

这个历史时刻通常被作为当今称为数学分析的这门学问诞生的日子. 实际上, 也正是从这个时候起, 它们之间有牢不可破的原则性的联系这一思想成了推动微分学和积分学的主要杠杆. 两个分支都得到了飞速的发展. 特别是积分学, 从此有可能从求解个别分散的问题转向创立充分强大的一般方法.

把数学分析的两个基本分支互相联系起来的历史经历是很独特的, 这一点还反映在当今的数学分析教科书中, 即对它们的系统阐述有两种不同的讲法: 有一些作者为了逻辑完整性, 把函数的积分定义为微分的逆运算; 另一些人则相反, 在回顾了熟知的历史发展后, 认定两种运算先是彼此无关的, 只是后来才建立了它们之间的相互关系. 当然, 从**形式**上讲, 毫无疑问我们可以选择两条道路中的任一条, 并且我们**实质**上很难, 甚至不可能断定这两条途径中, 哪一个优于另一个. 问题在于, 许多方面, 实质上是几乎所有方面, 都取决于学生的需要和兴趣: 谁在数学逻辑和思想上的兴趣高于应用和实际上的兴趣, 谁就可能赞成把积分学作为微分学的逆运算来导入, 因为他自己可能按数学家的习惯, 在研究了微分之后就去考虑其逆运算; 反之, 对应用方向感兴趣的学生则可能舍弃这条路径, 因为在他还没有看到逆运算对哪些具体问题有益时, 研究逆运算自然就显得意义不大.

6.2 积分的定义

积分概念的产生和它的价值得到逐步确定, 是由于在一系列几何和力学问题中必须对函数进行某种解析运算, 而这种运算的内容又都是某种完全确定类型的极限过程. 这类运算的性质你们当然是熟悉的. 设在区间 $[a,b]$ 上给定某个函数 $f(x)$, 我们将此区间分成 n 部分, 并且以

$$a = x_0 < x_1 < x_2 < \cdots < x_{n-1} < x_n = b$$

来表示分点. 在每一个区间 $[x_{k-1}, x_k](k = 1, 2, \cdots, n)$ 中任取一点 ξ_k, 将函数在点

ξ_k 的值乘以相应区间的长度 $x_k - x_{k-1}$, 再作出所有这些乘积的和

$$\sum_{k=1}^{n} f(\xi_k)(x_k - x_{k-1}); \tag{1}$$

现在设想, 我们已经有了区间 $[a,b]$ 的所有类似的分划, 并且已用任何可能的方式来选择点 ξ_k [同时数 n (区间分割成的子区间数) 也可以是任意的], 于是得到了所有可能的和 (1). 我们以 l 来表示在已知分划中最大的子区间 $[x_{k-1}, x_k]$ 的长度. 如果存在这样一个数 I, 使得和 (1) 当 $l \to 0$ 时总趋近于 I, 而且无论怎样分划以及怎样选择点 ξ_k, 总得出同一个 I, 则此数 I 就称为函数 $f(x)$ 在区间 $[a,b]$ 上的积分, 并表之以

$$\int_a^b f(x)\mathrm{d}x.$$

准确一点的表述是: 如果对无论怎样小的 $\varepsilon(>0)$, 都可以找到另一个正数 δ, 使得对满足条件 $l < \delta$ 的区间 $[a,b]$ 的任何分划以及任意选择的点 ξ_k 都有

$$\left| I - \sum_{k=1}^{n} f(\xi_k)(x_k - x_{k-1}) \right| < \varepsilon,$$

则数 I 称为函数 $f(x)$ 在区间 $[a,b]$ 上的积分.

无论如何, 我们都看到这里谈的是一个独特而十分复杂的极限过程, 这个极限过程很难被描绘为是对哪一个自变量取的极限 (如同我们通常所做的那样). 可以把 l 当作这种变量 (并以符号 $l \to 0$ 来刻画这个过程), 但在此我们不会不注意到, 我们对之取极限的和 (1) 并不是量 l 的单值函数, 因为显然有无穷多种不同的分划都相应于同样的 l 值, 而对于选定的分划, 还可有无穷多种办法来选择 ξ_k. 为使极限 I 存在, 需要和 (1) 的值的整个集合对于充分小的 l 都同样任意地接近于 I.

作为积分基础的过程的这种复杂性带来了某种不便. 在一般的理论体系及其具体应用中, 上述定义所要求的极限 I 应与分划的性质和点 ξ_k 的选择无关, 这一点虽然可以得到严格的证明, 但因其形式上的繁冗, 讨论起来时常十分麻烦. 这就是为什么许多现代的表述都采用多少有些变化的途径来定义积分, 而在开始时对极限过程都加以避免. 我们现在来阐述这个新定义 (当然, 它与前述定义是等价的).

设 $f(x)$ 是区间 $[a,b]$ 上任意的有界函数, 我们分别以 M 和 m 来表示其上确界和下确界. 对于区间 $[a,b]$ 的任意分划 T, 我们用 M_k 和 m_k 来表示函数 $f(x)$ 在区间 $[x_{k-1}, x_k]$ 上相应的上确界和下确界, 且令 $x_k - x_{k-1} = \Delta_k (1 \leqslant k \leqslant n)$. 其次, 再令

$$S_T = \sum_{k=1}^{n} M_k \Delta_k, \quad s_T = \sum_{k=1}^{n} m_k \Delta_k.$$

这就是说, 每一个分划 T 都对应着确定的 "上和" S_T 以及确定的 "下和" s_T. 这里显然有 $m \leqslant m_k \leqslant M_k \leqslant M$ $(1 \leqslant k \leqslant n)$, 因此对任意的分划 T 都有 $m(b-a) \leqslant s_T \leqslant S_T \leqslant M(b-a)$. 也就是说, 以这样的方式取的上和 S_T 以及下和 s_T 的值的集合都是有界集合.

我们称所有上和 S_T 的集合之下确界为函数 $f(x)$ 在区间 $[a,b]$ 上 (或者说从 a 到 b 范围内) 的上积分, 并表示成

$$\bar{I} = \overline{\int_a^b} f(x)\mathrm{d}x.$$

类似地, 我们称所有下和 s_T 的集合之上确界为函数 $f(x)$ 在区间 $[a,b]$ 上 (或者说从 a 到 b 范围内) 的下积分, 并表之以

$$\underline{I} = \underline{\int_a^b} f(x)\mathrm{d}x.$$

也就是说, 任何已知区间上的有界函数都有上积分和下积分. 这两个积分都是某个集合的确界, 你们看到, 这个定义中不需要任何极限过程.

如果函数 $f(x)$ 在区间 $[a,b]$ 上的上积分和下积分相等, 则其公共值称为已知函数在从 a 到 b 的范围内的积分, 且表之以

$$I = \int_a^b f(x)\mathrm{d}x,$$

此时函数 $f(x)$ 称为在区间 $[a,b]$ 上是黎曼可积的.[①]

为从这个定义中得到我们需要的推论, 我们需要一些完全初等的辅助命题. 我们规定, 如果分划 T 的所有分点同时也是分划 T' 的分点 (但一般来说, T' 包含有 T 中所没有的新的分点), 就说区间 $[a,b]$ 的分划 T' 是分划 T 的一个**加细**.

引理 I 如果 T' 是分划 T 的一个加细, 则

$$S_{T'} \leqslant S_T, \quad s_{T'} \geqslant s_T.$$

实际上, 当把分划 T 变成分划 T' 时, T 中的小区间 $[x_{k-1}, x_k]$ 也进一步被划分成小区间, 故和 S_T 的每一项 $M_k\Delta_k$ 被代之以一组项的和

$$\sum_{r=1}^{s} M_{k_r}\Delta_{k_r},$$

其中 $\Delta_{k_1}, \Delta_{k_2}, \cdots, \Delta_{k_s}$ 都是这些小区间的长度, 而 M_{k_r} 则是函数 $f(x)$ 在区间进一步分划成的小区间的上确界. 因为显然有 $M_{k_r} \leqslant M_k (1 \leqslant r \leqslant s)$, 所以

① 函数的可积性有多种定义. 这里讲的, 也就是通常数学分析教材中讲的可积性是黎曼给出的, 所以应称为黎曼可积. 下文把它化为振幅的讲法则是达布的功绩.—— 译者注

$$\sum_{r=1}^{s} M_{k_r}\Delta_{k_r} \leqslant M_k \sum_{r=1}^{s} \Delta_{k_r} = M_k\Delta_k,$$

即用以代替 $M_k\Delta_k$ 的一组项之和不超过 $M_k\Delta_k$, 又因为这对任何 k 都是成立的, 所以 $S_{T'} \leqslant S_T$. 完全相仿地, 可以证明第二个不等式.

引理 II 对区间 $[a,b]$ 的任何分划 T_1 和 T_2, 都有

$$S_{T_1} \geqslant s_{T_2}.$$

实际上, 把两个分划 T_1 和 T_2 的所有分点合起来得到第三分划 T, 很显然, 它是分划 T_1 与 T_2 中每一个的加细. 对这样的分划 T, 很显然有 $S_T \geqslant s_T$, 因此由引理 I 得

$$S_{T_1} \geqslant S_T \geqslant s_T \geqslant s_{T_2},$$

此即为需要证明的.

引理 II 的直接推论是引理 III.

引理 III 对任何有界函数, $\overline{I} \geqslant \underline{I}$.

实际上, 因为任何一个下和 s_T 都不超过任何上和 S_T, 因此所有下和 s_T 的集合之上确界 $\underline{I}$ 不得超过所有上和 S_T 的集合之下确界 $\overline{I}$.

现在令 l_T 表示由分划 T 把区间 $[a,b]$ 分割而成的小区间的最大长度.

引理 IV 对任何 $\varepsilon > 0$ 都存在一个 $\lambda > 0$, 使得对任何分划, 当 $l_T < \lambda$ 时, 就有 $S_T < \overline{I} + \varepsilon, s_T > \underline{I} - \varepsilon$.

这个命题有时简单地表述成: 当 $l_T \to 0$ 时 $S_T \to \overline{I}$, $s_T \to \underline{I}$. 只要不把 S_T 和 s_T 理解为 l_T 的单值函数, 这种措词就不致招到误解.

证明 不影响讨论的一般性, 我们可以假定当 $a \leqslant x \leqslant b$ 时 $f(x) \geqslant 0$ [我们总可以对 $f(x)$ 加上一个充分大的数 A 而达到此目的, 同时所有的积分及和都增加 $A(b-a)$]. 依照下确界的定义, 存在分划 T_0, 使得 $S_{T_0} < \overline{I} + \dfrac{\varepsilon}{2}$. 以 $x_1, x_2, \cdots, x_{n-1}$ 表示区间 $[a,b]$ 在此分划下的内分点[①], 并设 M 是函数 $f(x)$ 在区间 $[a,b]$ 上的上确界. 最后, 设 $\lambda = \dfrac{\varepsilon}{4nM}$, 而分划 T 是区间 $[a,b]$ 的任意一个满足 $l_T < \lambda$ 的分划. 我们来证明 $S_T < \overline{I} + \varepsilon$.

为此, 我们把分划 T 所分割成的子区间分成两组：第一组是可以整个放在区间 $[x_k - \lambda, x_k + \lambda] (1 \leqslant k \leqslant n)$ 中的那些子区间，而其余的子区间放入第二组 (图 25). 相应于此, 和 S_T 也分成了和 S_T^{I} 及 S_T^{II}. 在和 S_T^{I} 中的所有项的第一个因子都

① 我们总是把区间 $[a,b]$ 的端点也算成分点, 即边界分点. 也就是说, 我们总令 $a=x_0, x_n=b$. ——译者注

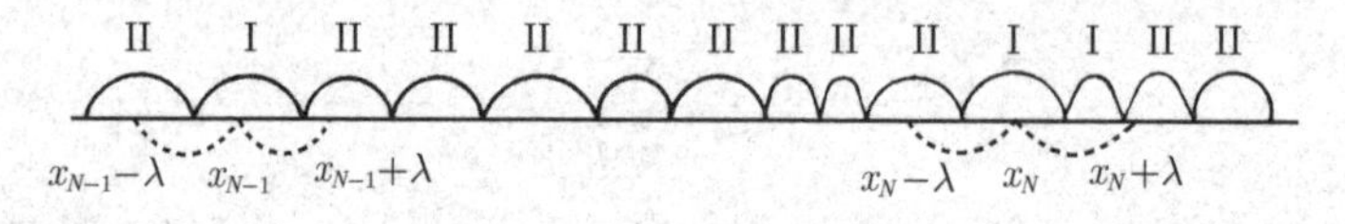

图　25

不超过 M, 同时第一项的第二个因子 (即区间长度的和) 不超过 $2n\lambda = \dfrac{\varepsilon}{2M}$, 因此

$$S_T^{\mathrm{I}} \leqslant M \cdot \frac{\varepsilon}{2M} = \frac{\varepsilon}{2}.$$

从另一方面看, 和 S_T^{II} 中对应于分划 T 的包含于区间 $[x_{k-1}, x_k]$ 内的部分 (图 25), 如果含于 $[x_{k-1}, x_k]$ 内有几个这样的区间, 每一个小区间相应于 S_T^{II} 的一项, 其第一个因子不大于 M_k, 而这样几项的第二个因子的和不大于 $x_k - x_{k-1} = \varDelta_k$, 因此 S_T^{II} 之相应于含于 $[x_{k-1}, x_k]$ 的几个小区间的这几项加起来不大于 $M_k\varDelta_k$, 而把相应于 $[x_0, x_1], [x_1, x_2], \cdots, [x_{n-1}, x_n]$ 的这些项加起来, 即有

$$S_T^{\mathrm{II}} \leqslant \sum_{k=1}^{n} M_k \varDelta_k = S_{T_0}.$$

这就是说,

$$S_T = S_T^{\mathrm{I}} + S_T^{\mathrm{II}} \leqslant S_T^{\mathrm{I}} + S_{T_0} < \frac{\varepsilon}{2} + \overline{I} + \frac{\varepsilon}{2} = \overline{I} + \varepsilon,$$

这就是我们想要证明的.

完全类似地, 可以证明命题中第二个不等式.

定理　设函数 $f(x)$ 在区间 $[a, b]$ 上可积, 则此时对无论怎样小的 $\varepsilon > 0$, 都存在一个正数 λ, 使得对任意的满足 $l_T < \lambda$ 的分划 T, 不论怎样选取 $\xi_k (x_{k-1} \leqslant \xi_k \leqslant x_k)$ $(1 \leqslant k \leqslant n)$, 都有

$$\left| \sum_{k=1}^{n} f(\xi_k)\varDelta_k - I \right| < \varepsilon,$$

其中, $I = \displaystyle\int_a^b f(x)\mathrm{d}x$.

实际上, 很显然, 因为不论在相应的子区间中怎样选取 ξ_k, 都有

$$m_k \leqslant f(\xi_k) \leqslant M_k \quad (1 \leqslant k \leqslant n),$$

所以

$$s_T \leqslant \sum_{k=1}^{n} f(\xi_k)\varDelta_k \leqslant S_T.$$

但另一方面, 由引理 IV, 对相应充分小的 l_T 的任意分划有

$$I - \varepsilon = \underline{I} - \varepsilon < s_T \leqslant S_T < \overline{I} + \varepsilon = I + \varepsilon.$$

把这些不等式与前面相比较, 我们得到: 对相应充分小的 l_T 的任意分划,

$$I-\varepsilon<\sum_{k=1}^{n} f(\xi_k)\Delta_k<I+\varepsilon,$$

这就是所要证明的.

容易看出, 逆定理也成立. 实际上, 如果对于充分小的 l_T 的任意分划以及对任意选择的点 ξ_k, 和 $\sum_{k=1}^{n} f(\xi_k)\Delta_k$ 可任意接近于 I, 则 S_T 对这样充分小的 l_T 也将小于 $I+\varepsilon$; 另一方面, 总有 $S_T \geqslant \overline{I}$, 由此得 $\overline{I}<I+\varepsilon$, 这就表明 $\overline{I}\leqslant I$, 因为 ε 是任意小; 类似地, 可得 $\underline{I}\geqslant I$, 因此有 $\overline{I}\leqslant \underline{I}$. 由此依引理 III, $\overline{I}=I=\underline{I}$, 即函数 $f(x)$ 在区间 $[a,b]$ 上可积.

也就是说, 我们这里给出的积分的新定义完全等价于原来的定义.

注记 从引理 IV, 很明显可以推得: 如果以 $\omega_k=M_k-m_k$ 来表示函数 $f(x)$ 在区间 $[x_{k-1},x_k]$ 上的振幅, 则**要想使函数 $f(x)$ 在区间 $[a,b]$ 上可积, 其充分必要条件是: 对 l_T 充分小的任意分划 T, 和**

$$\sum_{k=1}^{n}\omega_k\Delta_k=S_T-s_T \tag{2}$$

可以任意小.

6.3 可积性条件

在上面最后的注记中给出的可积性的必要充分条件用起来还是不太方便, 因为多数情况下, 对于具体给出的函数不容易直接判断和 (2) 的性态. 但借助这个准则, 很容易建立对于相当广泛的函数类的可积性的一般条件.

我们现在沿这条道路走下去.

我们首先来证明: **任何在闭区间 $[a,b]$ 上连续的函数在此区间上必可积**. 实际上, 由一致连续性 (参见第三讲定理 4), 对每一个正数 ε 都可以找到一个正数 λ, 使得函数 $f(x)$ 在长度小于 λ 的任意区间上的振幅都小于 ε. 但此时对任何 $l_T<\lambda$ 的任意分划 T, 和 (2) 中的所有 ω_k 都将小于 ε, 因此

$$\sum_{k=1}^{n}\omega_k\Delta_k<\varepsilon\sum_{k=1}^{n}\Delta_k=\varepsilon(b-a),$$

即和 (2) 当 l_T 充分小时可以任意小. 正如我们了解的, 由此可推得函数 $f(x)$ 在区间 $[a,b]$ 上的可积性.

间断函数是否可积? 从例子中容易看出, 这是可能的, 甚至容易在这方面找到一些一般的规律性. 例如, 我们来证明: **在区间 $[a,b]$ 上只有一个间断点 c 的有界函数 $f(x)$ 在此区间上可积** (无论间断点 c 的性质怎样).

为此我们以 μ 来表示函数 $|f(x)|$ 在区间 $[a,b]$ 上的上确界, 并选取任意的正数 ε. 在区间 $\left[a, c-\dfrac{\varepsilon}{2\mu}\right]$ 及 $\left[c+\dfrac{\varepsilon}{2\mu}, b\right]$ 上函数 $f(x)$ 连续, 因此我们可以再找一个正数 λ, 使得函数 $f(x)$ 在任何长度小于 λ, 而且整个落在 $\left[a, c-\dfrac{\varepsilon}{2\mu}\right]$ 内, 或者 $\left[c+\dfrac{\varepsilon}{2\mu}, b\right]$ 内的区间上, 振幅都小于 ε. 现在令 T 仍是使得 $l_T < \lambda$ 的区间 $[a,b]$ 的任意分划. 一般来说, 在区间 Δ_k 中可能有一些整个落在上面提到的两类区间之一, 而也可能有一些, 至少是部分地落入区间 $\left[c-\dfrac{\varepsilon}{2\mu}, c+\dfrac{\varepsilon}{2\mu}\right]$ (图 26). 对于第一类型的区间 Δ_k, 和 (2) 中的振幅 ω_k 小于 ε, 因此相应于第一类型的区间, 和 (2) 中的部分小于 $\varepsilon(b-a)$. 对第二类型的区间, 关于 $f(x)$ 的振幅 ω_k, 我们只能断定其不大于 2μ. 但因为所有第二类型的区间整个属于区间 $\left[c-\dfrac{\varepsilon}{2\mu}-\lambda, c+\dfrac{\varepsilon}{2\mu}+\lambda\right]$, 所以其长度的和不超过 $\dfrac{\varepsilon}{\mu}+2\lambda$, 因而和 (2) 中与之相应的部分不大于 $2\mu\left(\dfrac{\varepsilon}{\mu}+2\lambda\right)=2\varepsilon+4\lambda\mu$. 把它同我们上面得到的和 (2) 的第一部分的估计式合并, 就得到, 当 $l_T < \lambda$ 时有

$$\sum_{n=1}^{n} \omega_k \Delta_k < \varepsilon(b-a)+2\varepsilon+4\lambda\mu.$$

因为 ε 和 λ 都可以任意小, 所以此即确定了函数 $f(x)$ 在区间 $[a,b]$ 上的可积性.

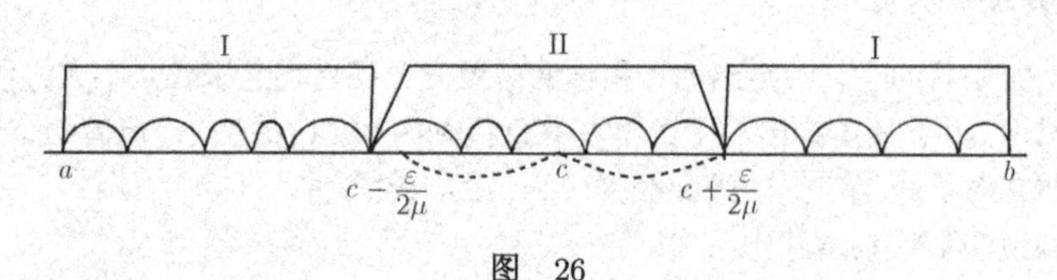

图　26

我们有意如此详细地进行了这个并不复杂的讨论. 这里重要的是, 要找出证明的基本思想. 和 (2) 之所以变得很小, 是因为: 1) 在函数连续的区域上**第一个**因子 ω_k 是很小的 (一致连续性!); 2) 包含间断点的区间, 使**第二个**因子的和也很小. 由此得知, (2) 的两个部分都很小, 从而整个和也很小. 现在容易明白 (当然也可严格证明), 函数 $f(x)$ 在区间 $[a,b]$ 上即使有任意有限多个间断点也不会改变其可积性, 只要它仍是有界的. 相反地, 要是间断点占据区间 $[a,b]$ 的部分过大, 则函数就有可能不可积. 例如, 狄利克雷函数 (参见第三讲) 在每一点处间断, 它在任何区间上也不可积. 实际上, 在任何区间 Δ_k 上, 对该函数而言 $\omega_k=1$, 因此对区间 $[a,b]$ 的任何分划, 恒有

$$\sum_{k=1}^{n} \omega_k \Delta_k = \sum_{k=1}^{n} \Delta_k = b-a.$$

我们所讨论的一切问题在下述命题中得到了圆满的解答.

定理 有界函数 $f(x)$ 在区间 $[a,b]$ 上可积的充分必要条件是：对于无论怎样小的 $\varepsilon>0$, 区间 $[a,b]$ 上使函数 $f(x)$ 的振幅超过 ε 的所有点都能够包含于有限多个区间之内 ①, 而这些区间的总长度不大于 ε.

证明 1) 设定理的条件得以满足. 令 $\delta_1,\delta_2,\cdots,\delta_n$ 为一组区间, 它们包含了所有 (使得) 在其上函数 $f(x)$ 的振幅超过 ε 的点, 在此令 $\sum\limits_{i=1}^{n}\delta_i<\varepsilon$. 其余的区间我们表之以 $d_1,d_2,\cdots,d_N$. 因为在任何区间 d_i 的任意一点上 $f(x)$ 的振幅不大于 ε, 则由第三讲 "3.8 间断点" 一节的定理, 该函数在这样一种区间上的振幅将小于 2ε, 只要这种区间整个地落在区间 d_i 之中, 而且其长度充分小. 现在只要再认定区间 $[a,b]$ 的分划所分出的子区间 Δ_k 是任意地充分细 (即具有充分小的 l_T). 按照前一节末的方法进行讨论, 即把和 (2) 分成两部分, 其一是整个区间 Δ_k 都属于区间 d_i 之一, 其二是哪怕只是部分地落入区间 δ_i 之一. 我们容易得出, 和 (2) 的第一部分小于 $2\varepsilon(b-a)$, 而第二部分不超过 $2\mu(\varepsilon+2nl_T)$, 其中 μ 为函数 $|f(x)|$ 在区间 $[a,b]$ 上的上确界, 而 n 是区间 δ_i 的个数. 选择 ε 及 l_T 充分小, 这样一来, 我们就可以使得和 (2) 任意小, 这就是所要证明的.

2) 设 $f(x)$ 在区间 $[a,b]$ 上可积且 ε 是任意的正数. 我们可以选取区间 $[a,b]$ 的这样的分划, 使得相应地有和 (2) 小于 ε^2. 现在要注意和 (2) 的所有项都非负, 因而当我们从中只保留 $\omega_k>\varepsilon$ 的项而剔除其余项时, 和不会增加. 这样一来, 即有

$$\varepsilon^2>\sum_{k=1}^{n}\omega_k\Delta_k\geqslant\sum_{\omega_k>\varepsilon}\omega_k\Delta_k\geqslant\varepsilon\sum_{\omega_k>\varepsilon}\Delta_k,$$

由此得

$$\sum_{\omega_k>\varepsilon}\Delta_k<\varepsilon,$$

但包含于上述和中的区间 Δ_k 很显然包含了区间 $[a,b]$ 上所有使函数 $f(x)$ 的振幅超过 ε 的点 (因为这样的点不可能属于使得 $\omega_k\leqslant\varepsilon$ 的区间 Δ_k). 也就是说, 我们所要证明的定理之中的可积性条件确实是必要的.

从所证的定理可推出区间 $[a,b]$ 上的**任何单调函数的可积性**. 实际上, 如同我们在第三讲中所看到的, 任何这样的函数在已给区间上必然有界. 其次, 我们已经

① 数学分析中有一个重要定理：定义在 $[a,b]$ 上的函数 $f(x)$ 为黎曼可积的充分必要条件是, 它是有界的, 而且其不连续点 (即 ω_f 不为 0 的点) 的集合是一个零测度集合. 所谓 "零测度" 是指可以用可数多个 (注意不是有限多个) 闭区间覆盖, 而这些闭区间长度之和小于任意 $\varepsilon>0$. 这个定理是勒贝格提出的, 所以时常被称为关于黎曼可积的勒贝格定理, 虽然它没有用到勒贝格积分和勒贝格测度的理论. 因此, 本书这个定理的陈述不妥. 由于篇幅所限, 这里不能给出正确的陈述和证明. 但对于学生, 特别是教师, 知道这个定理是很重要的. 现在的数学分析教材完全没有提到这件事, 是令人遗憾的.—— 译者注

看到, 对于无论怎样小的 $\varepsilon > 0$, 区间 $[a, b]$ 上使得该函数有 $> \varepsilon$ 的振幅的点的个数应当是有限的. 但有限多个点总能包含于有限多个区间中 ①, 且这些区间的长度和可以任意小. 这就是说, 我们刚才证明过的定理中所谈到的可积性准则, 对每一个单调函数必然满足.

6.4 几何应用与物理应用的格式

我们所研究的积分概念, 只与一定形式的和密切相关 (或者用极限的思想, 或者用确界的思想), 而与微分学的任何概念都不相关. 你们都了解, 它有大量的几何应用和物理应用. 当然, 我们在此不必停留在这些应用上, 既不必讲这些应用本身, 甚至也不必列举其中最重要的例子. 但对我们来说, 重要的是要注意, 这一切类似的应用中所碰到的独特且相当精细的逻辑特点, 这些在原则上非常重要的特征, 在教科书中通常强调得不够.

例如, 讨论计算图 27 所示的 “曲边梯形” 的面积, 它的上方是函数 $f(x)$ 的图形. 为简单计, 我们通常总设 $f(x)$ 为正且连续. 当然, 你们都很熟悉这个问题以及如何借助积分学来求解它. 但现在我们来认真从逻辑上想一下. 要计算某个图形的面积, 很显然, 只有当面积概念本身有明确定义时才有意义. 现在, 当我们寻找可以计算图 27 所示的曲边梯形面积的方法时, 我们已经掌握了那种定义吗? 我们已经明了打算进行计算的那个量的确切定义吗? 当然没有. 我们了解的面积定义只是直线形 (多边形) 的面积以及圆的某些部分的面积; 以曲线 $y = f(x)$ 为边界的梯形, 一般来说, 同圆没有任何共同之处.

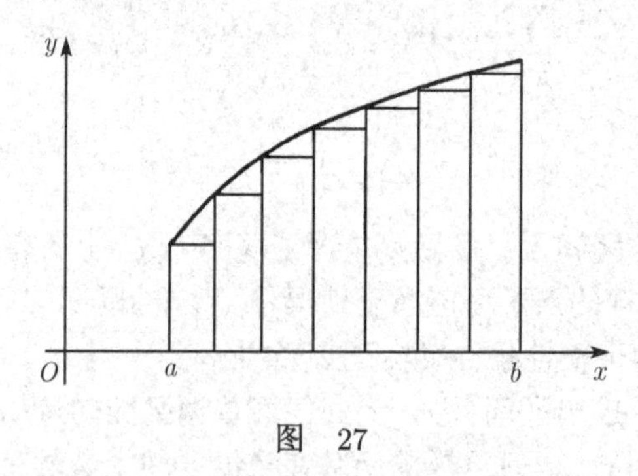

图 27

不了解所求的面积是什么, 我们怎样来计算它? 于是 (比什么都更奇妙的是), 甚至我们不知道要计算的是什么, 这个计算竟然成功了! 问题在于, 在这里提出和解决的问题实际上要比简单的计算更为重要. 我们既**定义**了曲边梯形面积的概念, 又找到了计算此面积的方法. 当我们断定这个图形的面积等于阶梯形式的直线形

① 这个说法也是不对的. 对于固定的 $\varepsilon > 0$, 固然有限多个区间即可覆盖振幅 $> \varepsilon$ 的不连续点, 但当 $\varepsilon \to 0$ 时仍需要可数多个区间才行. —— 译者注

(图 27 中给出了一个) 的面积的极限时, 则这个断言不是定理, 而是我们的曲边梯形面积的**定义**. 试图证明这个断言是无意义的. 反之, 断言所说的极限在这样或那样的条件下 (例如, 在函数 $f(x)$ 连续的情况下) **存在**则是**定理**, 它是可以也应该得到证明的. 任何这类几何和物理的问题, 恰好都有这样的逻辑特性. 不管我们是想计算曲线弧的长度、旋转体的体积和表面积, 还是已知力在已知路径段上所做的功等, 所有情况下讨论的都是想寻求某个概念的定量的度量. 而在此之前, 只是在某些最为简单的特殊情形下, 这种定量的度量才是有定义的. 问题在于, 要给这个概念以适当的一般定义, 这个定义中同时也就包含了相应于这个概念的数量的求法.

现在我们要问：上面所列的几何问题和物理问题 (当然, 还有许多其他问题) 有些什么共同特征, 使得有可能在解析上同样地解决这些问题, 且在所有情形下恰是以积分作为工具, 它既从逻辑上定义所求的量又给出其数量的估计. 关于这些基本特征, 可以指出两点. 在所有情形下, 待求的量都与某个区间 $[a,b]$ 有关, 该量“分布” 在此区间上且随着区间的变化而改变. 例如, 在图 27 上, 如果用另外的区间代替区间 $[a,b]$(当然, 要保持函数 $f(x)$ 不变), 则我们就得到另一个面积值; 对力所做的功, 若动点在不同的路段上, 则功也不同, 等等. 另一方面, 在每一个具体的问题中, 所研究的量都取决于一定的函数 $f(x)$. 在图 27 中, 这是所研究的曲边梯形上面的边界之点的纵坐标, 而此点的横坐标为 x; 在计算功时, 这是离开计算起点距离为 x 处的作用力的数值, 等等. 也就是说, 要使我们所研究的这类问题得到确定的提法, 首先必须给定某个函数 $f(x)$, 以及某个我们的问题与之相关的区间 $a \leqslant x \leqslant b$. 可以指出, 我们要给出其定义, 又要计算其数值的那个量是三个元素的函数 $V(f;a,b)$. 它们是可以彼此无关地选取的：函数 $f(x)$ 以及 a 和 b 是各自独立的. 容易看出, 可以应用积分作为解决上列所有问题 (以及其他许多问题) 的方法, 基本上是由于该函数 $V(f;a,b)$ 具有下述性质.

1) V 作为区间 $[a,b]$ 的函数是**可加的**, 即当 $a<c<b$ 时,

$$V(f;a,b)=V(f;a,c)+V(f;c,b).$$

实际上, 对于图 27 所示图形的面积, 如果其定义是合理的, 当把区间 $[a,b]$ 分割成子区间, 从而曲边梯形也被分割成小曲边梯形, 曲边梯形的面积显然应等于小曲边梯形的面积之和. 对于旋转体的体积, 当我们将其旋转轴分割成小段时, 应等于在每一小段上分布着的旋转体的体积之和. 力在已知路径上所做的功等于该力在对路径进行任意分划时在该路径的各个区段上所做的功之和, 等等.

2) 如果函数 $f(x)$ 在区间 $[a,b]$ 上为常数：$f(x)=C$, 则有

$$V(f;a,b)=C(b-a).$$

实际上, 如果 $f(x)=C(a \leqslant x \leqslant b)$, 图 27 上的图形成为矩形, 其面积等于 $C(b-a)$; 如果是旋转体的情形, 则 $f(x)$ 表示的是垂直截面的面积, 若 $f(x)=C(a \leqslant$

$x \leqslant b$), 则我们遇到的是圆柱体, 其体积等于 $C(b-a)$; 如果作用于点的力在路径 $a \leqslant x \leqslant b$ 上保持常量 C, 则该力在已知路径上所做的功等于 $C(b-a)$, 等等.

现在容易证明, 当未知量 V 与已知元素 $f(x)$, a 及 b 的关系具有特征 1) 及 2) 时, 则自然可以期望, 问题的解答是一个积分

$$V=\int_a^b f(x)\mathrm{d}x.$$

如果我们像通常一样，用分点

$$a=x_0<x_1<\cdots<x_{n-1}<x_n=b$$

把已给区间 $[a,b]$ 分割为子区间，则首先由性质 1) 知,

$$V(f;a,b)=\sum_{k=1}^{n} V(f;x_{k-1},x_k);$$

如果函数 $f(x)$ 对区间 $[x_{k-1},x_k]$ 上的任何 x 都取某个常值 C_k，则由性质 2) 我们就得出

$$V(f;x_{k-1},x_k)=C_k(x_k-x_{k-1}).$$

实际上, 函数 $f(x)$ 在区间 $[x_{k-1},x_k]$ 上一般不等于常数. 但如果该函数连续且区间 $[x_{k-1},x_k]$ 很小, 则该函数 $f(x)$ 在区间 $[x_{k-1},x_k]$ 上所取的值之间相差很小. 在这些值中取定某一个 $f(\xi_k)$, 我们可以说, 在整个区间 $[x_{k-1},x_k]$ 上函数 $f(x)$ 近似等于 $f(\xi_k)$. 因此我们自然认为量 $V(f;x_{k-1},x_k)$ (不应忘记该量还是没有定义的) 近似等于 $f(\xi_k)(x_k-x_{k-1})$, 因而近似地有

$$V(f;a,b)\approx\sum_{k=1}^{n} f(\xi_k)(x_k-x_{k-1}),$$

其中 ξ_k 是区间 $[x_{k-1},x_k]$ 上的任一点. 这里我们自然假设, 该近似等式的误差随着区间 $[x_{k-1},x_k]$ 越小也就越小, 即随着所做的分划的 l_T 变化而更小. 但由此已经完全确定了量 V 的确切意义是

$$\lim_{l_T\to 0}\sum_{k=1}^{n} f(\xi_k)(x_k-x_{k-1})=\int_a^b f(x)\mathrm{d}x.$$

6.5　与微分学的关系

在积分学发展的最初阶段, 积分学与微分学之间的联系的巨大意义还没有以应有的程度进入学者们的思维视界之中时, 要解答我们所述的问题, 还只能通过把积分作为和的极限来直接计算.

在每一个具体问题中都力求选取特别方便的分划并专门挑选 ξ_k 值, 以便在用于每个特别的函数 $f(x)$ 时, 尽可能地减轻和简化这种一般来说是极为繁琐的计算.

有一些问题在很古老的时代就已用这种方法解决了, 后来又增加了一系列新的成果. 但直到利用微分学和积分学之间的关系作为计算积分的基本方法之前, 所有的成果都还是零散的, 并且每一个新问题都需要从本质上创立新方法来解决. 积分学只有在同微分学有了密切的互相作用以后, 才有了普遍适用的完全合格的方法.

你们当然很熟悉积分同微分之间的联系在于: 积分

$$F(x)=\int_a^x f(u)\mathrm{d}u$$

在每一点上以其 "被积函数" $f(x)$ 为导数, 只要该函数 $f(x)$ 在这一点连续 (特别地, 对连续的被积函数 $f(x)$, $F(x)$ 处处以 $f(x)$ 为导数). 证明很简单: 如果 $h>0$ 且 $|h|$ 充分小 ($h<0$ 时的证明类似, 所以略去), 则当 $x-|h|\leqslant u\leqslant x+|h|$ 时有

$$f(x)-\varepsilon\leqslant f(u)\leqslant f(x)+\varepsilon,$$

其中 ε 是预先选定的任意小的正数. 由此得

$$hf(x)-\varepsilon|h|\leqslant\int_x^{x+h} f(u)\mathrm{d}u\leqslant hf(x)+\varepsilon|h|,$$

此即表明

$$f(x)-\varepsilon\leqslant\frac{1}{h}\int_x^{x+h} f(u)\mathrm{d}u=\frac{F(x+h)-F(x)}{h}\leqslant f(x)+\varepsilon.$$

由于 ε 为任意小, 由此就可以推得 ①

$$F'(x)=f(x) \text{ 且 } F(x)-F(a)=\int_a^x f(u)\mathrm{d}u.$$

由于有这种联系, 任何微分法则都可给出某个积分法则, 只要把微分法则反过来看就行了. 不但如此, 微分学的许多一般方法至少允许部分的反转而得出重要的一般的积分方法. 例如代数和的微分法则完全可以反转来给出代数和的积分法则 (它通常也能容易地从积分的原始定义中导出), 乘积的微分法则导出所谓的 "分部积分法", 这种方法的力量你们都已熟知了. "函数的函数" 的微分法则的反转就是你们所熟知的更强的方法: "积分的变量变换法".

---

① 有一个普遍的误解, 以为只要 $F'(x)=f(x)$, 就一定有 $\int_a^x f(u)\mathrm{d}u=F(x)-F(a)$. 实际上这是不对的. 意大利数学家伏尔特拉曾给出过一个著名的例子, 即作出一个函数 $F(x)$ 为可微的, 但 $F'(x)=f(x)$ 却不是黎曼可积的, 因而 $\int_a^x f(u)\mathrm{d}u=F(x)-F(a)$ 没有意义. 本书对此作出了明确的陈述. 我们再把它陈述如下: 1) 若 $f(x)$ 在 $[a,b]$ 上连续, 则 $\int_a^x f(u)\mathrm{d}u$ 以 $f(x)$ 为导数; 2) 若 $F(x)$ 连续可微, 则 $F'(x)=f(x)$ 连续, 因而可积, 而且 $\int_a^x f(u)\mathrm{d}u=F(x)-F(a)$. 总之, $f(x)$ 的连续性起了重要作用. 微分与积分互为逆过程一般并不成立, $f(x)$ 连续是使之成立的一个充分条件. 为了突出这一点, 这一段文字有修改. —— 译者注

应用所有这些方法就可以积分大量的初等函数 (特别地, 是**所有的**有理函数). 如果说对于许多初等函数我们还不会写出它们的积分, 这并不是因为我们所用的方法力量不够, 而是另有原因, 而且这种原因又具有无比巨大的原则性意义. 如果说求初等函数的微分时, 我们在任何情况下总能再得到初等函数的话, 初等函数的积分则完全是另一回事了. 常常是这样的: 这类函数的积分尽管当然是存在的, 但却不是初等函数, 因而不能用任何初等公式表示. 例如 $\frac{1}{\lg x}$ 和 $\frac{1}{\sqrt{x^3+1}}$ 这样简单的函数的积分就如此. 有必要研究这类新函数, 但对此 (至少在最初) 除了利用定义它的积分来研究之外, 没有任何其他工具.

6.6 中值定理

在微分学中, 通常把拉格朗日定理称为中值定理: 如果函数 $f(x)$ 在区间 $[a,b]$ 上连续并且在其内可微, 则存在该区间的一个内点 c, 使得

$$f(b)-f(a)=f'(c)(b-a).$$

一般地,"中值定理" 的特征是在其表述中有某个数 c (量 x 在 a 与 b 之间的 "中间值") 存在. 对于它, 我们只知道它在区间 $[a,b]$ 之内, 而无法更确切地描述它. 在这个意义上, 柯西公式以及有某种形式余项的泰勒公式都是中值定理. 这一类定理也经常用其他几种形式来表述: 说成是区间 $[a,a+h]$, 而把位置未定的内点表示成 $a+\theta h$, 定理中关于数 θ 只说有双边不等式 $0<\theta<1$. 在表述中出现服从双边不等式 $0<\theta<1$ 的这种不确定的数也是中值定理的一种典型特征.

中值定理在积分学中的作用在任何情况下都不小于它在微分学中的作用. 其中之一即你们无疑很熟悉的所谓 "第一" 中值定理. 在最简单的情况下, 它断言: 如果函数 $f(x)$ 在区间 $[a,b]$ 上连续, 则有

$$\int_a^b f(x)\mathrm{d}x=f(c)(b-a), \tag{3}$$

其中 c 是区间 $[a,b]$ 中的某个点. 该命题可直接应用拉格朗日定理于区间 $[a,b]$ 上的函数 $F(x)=\int_a^x f(u)\mathrm{d}u$ 来证明. 下面的关系式更为一般:

$$m(b-a)\leqslant\int_a^b f(x)\mathrm{d}x\leqslant M(b-a)\quad(a<b), \tag{4}$$

其中 m 和 M 相应地表示函数 $f(x)$ 在区间 $[a,b]$ 上的下确界和上确界. 这个关系式对任何有界的可积函数 $f(x)$ 都成立. 但即使该函数连续, 因为点 c 的位置未知, 在用等式 (3) 估计其中的积分时, 其作用也没有不等式 (4) 大.

"第一" 中值定理的更为一般的形式是: 如果函数 $\varphi(x)$ 在区间 $[a,b]$ 上处处非负, 则

$$\int_a^b f(x)\varphi(x)\mathrm{d}x = f(c)\int_a^b \varphi(x)\mathrm{d}x, \tag{5}$$

其中 c 仍表示区间 $[a,b]$ 的某个没有准确确定的内点. 为方便起见, 我们将函数 $f(x)$ 和 $\varphi(x)$ 当作是连续的并且假设 $\varphi(x)>0$ $(a\leqslant x\leqslant b)$. 为证明公式 (5) ($\varphi(x)\equiv 1$ 的特例就是公式 (3)), 只要在区间 $[a,b]$ 上对函数

$$F(x)=\int_a^x f(u)\varphi(u)\mathrm{d}u,\quad \varPhi(x)=\int_a^x \varphi(u)\mathrm{d}u,$$

应用柯西公式就可以得出

$$\frac{\displaystyle\int_a^b f(x)\varphi(x)\mathrm{d}x}{\displaystyle\int_a^b \varphi(x)\mathrm{d}x}=\frac{F(b)-F(a)}{\varPhi(b)-\varPhi(a)}=\frac{F'(c)}{\varPhi'(c)}$$
$$=\frac{f(c)\varphi(c)}{\varphi(c)}=f(c),$$

这就是公式 (5).

第二中值定理则是更为精细的解析工具, 我们现在来研究它. 该定理的对象也是积分

$$\int_a^b f(x)\varphi(x)\mathrm{d}x, \tag{6}$$

但它仅当被积函数的两个因子之一是区间 $[a,b]$ 上的单调函数时才成立. 设函数 $\varphi(x)$ 对 $a<x<b$ 为非负且不增. 像通常一样, 我们对区间 $[a,b]$ 进行分划 T 并保留我们通常的记号. 我们来证明积分 (6) 是和

$$\sum_{k=1}^n \varphi(\xi_k)\int_{x_{k-1}}^{x_k} f(x)\mathrm{d}x \tag{7}$$

当 $l_T\to 0$ 时的极限. 实际上, 我们以 μ 来表示函数 $|f(x)|$ 在区间 $[a,b]$ 上的上确界, 且以 $\varDelta$ 来表示和 (7) 与积分 (6) 的差. 我们由函数 $\varphi(x)$ 的单调不增的假设得到

$$\begin{aligned}|\varDelta| &= \left|\sum_{k=1}^n\int_{x_{k-1}}^{x_k}[\varphi(\xi_k)-\varphi(x)]f(x)\mathrm{d}x\right|\\ &\leqslant \sum_{k=1}^n[\varphi(x_{k-1})-\varphi(x_k)]\mu(x_k-x_{k-1})\\ &\leqslant \mu l_T[\varphi(a)-\varphi(b)],\end{aligned}$$

因而有

$$\Delta \to 0 \quad (\text{当 } l_T \to 0 \text{ 时}).$$

注意到这一点, 我们现在用阿贝尔引理 (参见第四讲 “4.7 幂级数” 一节) 来改写和 (7). 令

$$\int_a^{x_k} f(x)\mathrm{d}x = A_k \quad (k = 0, 1, 2, \cdots, n),$$

我们得到

$$\begin{aligned} S &= \sum_{k=1}^{n} \varphi(\xi_k) \int_{x_{k-1}}^{x_k} f(x)\mathrm{d}x = \sum_{k=1}^{n} \varphi(\xi_k)(A_k - A_{k-1}) \\ &= \sum_{k=1}^{n-1} A_k[\varphi(\xi_k) - \varphi(\xi_{k+1})] + A_n\varphi(\xi_n); \end{aligned} \tag{8}$$

现在分别以 M 和 m 来表示函数

$$\int_a^x f(u)\mathrm{d}u \tag{9}$$

在区间 $a \leqslant x \leqslant b$ 上的上确界和下确界, 很显然有 $m \leqslant A_k \leqslant M$ $(0 \leqslant k \leqslant n)$. 而由于对函数 $\varphi(x)$ 所假设的非负且不增性质, 公式 (8) 右边的所有的 A_k 均是以非负因子相乘, 所以该公式给出

$$m\varphi(\xi_1) \leqslant S \leqslant M\varphi(\xi_1).$$

但当 $l_T \to 0$ 时有

$$\varphi(\xi_1) \to \varphi(a+0), \quad S \to \int_a^b f(x)\varphi(x)\mathrm{d}x,$$

由此得

$$m\varphi(a+0) \leqslant \int_a^b f(x)\varphi(x)\mathrm{d}x \leqslant M\varphi(a+0),$$

或者若 $\varphi(a+0) \neq 0$ ($\varphi(a+0) = 0$ 的情形当然是平凡的), 则有

$$m \leqslant \frac{1}{\varphi(a+0)} \int_a^b f(x)\varphi(x)\mathrm{d}x \leqslant M;$$

但连续的函数 (9) 应当在区间 $[a,b]$ 的某个内点 ξ 处取其两确界间的中间值, 即这些不等式中间一项的值, 由此得

$$\int_a^b f(x)\varphi(x)\mathrm{d}x = \varphi(a+0) \int_a^{\xi} f(x)\mathrm{d}x \quad (a < \xi < b). \tag{10}$$

此公式也就构成了我们特定条件下的 (当函数 $\varphi(x)$ 是非负且不增的函数, 而 $f(x)$ 是任意的可积函数) 第二中值定理的内容. “中值” ξ 在此很独特地成为一个积分限.

如果依然假设函数 $\varphi(x)$ 非负, 但为不减函数, 则令 $x=b-y, \varphi(b-y)=\psi(y)$, 就得到

$$\int_a^b f(x)\varphi(x)\mathrm{d}x=\int_0^{b-a} f(b-y)\psi(y)\mathrm{d}y.$$

因为函数 $\psi(y)$ 很显然非负且不增 (当 $0<y<b-a$ 时), 则我们可以对上面这个积分应用公式 (10) 而得

$$\begin{aligned}\int_0^{b-a} f(b-y)\psi(y)\mathrm{d}y&=\psi(+0)\int_0^{\eta} f(b-y)\mathrm{d}y\\&=\varphi(b-0)\int_{b-\eta}^{b} f(x)\mathrm{d}x,\end{aligned}$$

其中 $0<\eta<b-a$, 因而有 $a<\xi=b-\eta<b$. 也就是说, 此时第二积分中值定理的形式是

$$\int_a^b f(x)\varphi(x)\mathrm{d}x=\varphi(b-0)\int_\xi^b f(x)\mathrm{d}x.$$

最后, 我们将设函数 $\varphi(x)$ 是单调的, 例如是不增的, 但关于其符号我们将不作任何假设. 因为函数 $\varphi(x)-\varphi(b-0)$ 在区间 $[a,b]$ 上非负且不增, 则应用公式 (10), 我们得到

$$\int_a^b f(x)[\varphi(x)-\varphi(b-0)]\mathrm{d}x=[\varphi(a+0)-\varphi(b-0)]\int_a^\xi f(x)\mathrm{d}x,$$

由此得

$$\int_a^b f(x)\varphi(x)\mathrm{d}x=\varphi(a+0)\int_a^\xi f(x)\mathrm{d}x+\varphi(b-0)\int_\xi^b f(x)\mathrm{d}x.$$

这就是一般情形下第二中值定理的表述. 特别地, 若函数 $\varphi(x)$ 在点 a 及点 b 处连续, 则有

$$\int_a^b f(x)\varphi(x)\mathrm{d}x=\varphi(a)\int_a^\xi f(x)\mathrm{d}x+\varphi(b)\int_\xi^b f(x)\mathrm{d}x\quad(a<\xi<b).$$

6.7 广义积分

我们现在应当注意到对积分原始思想的两个最重要的推广：带无穷积分限的积分以及无界函数的积分. 两种情形下谈到的都是积分思想本身的实质上的推广, 它们不是简单地把原有概念用于新的情况, 而是对原有的构造积分的方法再添加一个新的补充的极限过程. 广义积分已经不再是确定形式的和式的确界或极限, 而是通常积分的极限.

你们了解, 符号 $\int_a^{+\infty}, \int_{-\infty}^b$ 以及 $\int_{-\infty}^{+\infty}$ 分别定义为

$$\lim_{b\to+\infty}\int_a^b,\quad \lim_{a\to-\infty}\int_a^b,\quad \lim_{\substack{a\to-\infty\\b\to+\infty}}\int_a^b.$$

为更好地研究这些推广的基本思想, 我们限于简单的特殊情形. 设函数 $f(x)$ 是正的且不增的 (当 $x \geqslant a$ 时) (图 28).

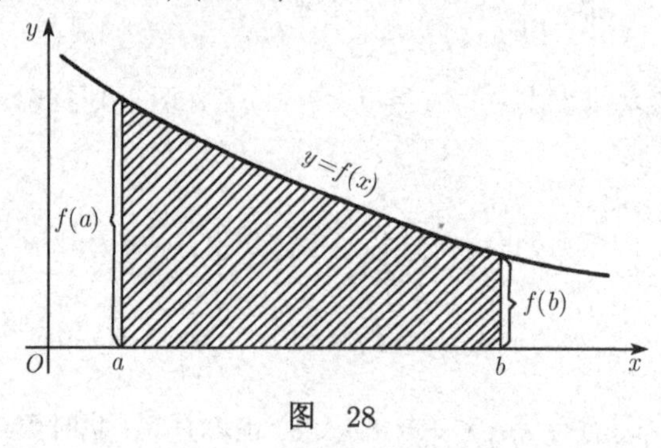

图 28

在几何上, 积分

$$\int_a^b f(x)\mathrm{d}x$$

可用图 28 中阴影部分的面积来表示. 当 b 增加时该面积也增加. 当 $b \to +\infty$ 时它要么无限增加, 要么仍为有界因而趋近于某个极限. 我们称这个极限为广义积分

$$\int_a^{+\infty} f(x)\mathrm{d}x,$$

可以用由 Ox 轴及曲线 $y = f(x)$ 为界的自 $x = a$ 向右的阴影部分的面积来作为其几何解释. 尽管相应的图形是无限延伸的, 但面积却可以是有限的.

第二个推广的最简单的情况是无界函数的积分——尽管它所解决的完全是另一问题, 但实质上同刚刚讨论过的问题几乎没有区别. 这一点可以十分简单地看出来, 只要注意到其几何特征可以通过把图 28 沿 xOy 的平分线作一个镜面反射而简单地得到. 例如, 若函数 $f(x)$ 在点 a 的附近变为无限, 则

$$\int_a^b f(x)\mathrm{d}x$$

可以定义为通常的积分 $\int_{a+\varepsilon}^b f(x)\mathrm{d}x$ 当 $\varepsilon \to +0$ 时的极限 (图 29). 你们知道, 这里所讲的又是图形无限延伸时, 对于面积是否能赋以确定的值的问题. 这个图形像第一种情形一样, 只是摆法不同 —— 它是竖着摆放的. 此外, 你们看得出, 作为近似面积, 这里取的是与第一种情形不同的另一种图形, 但这一切当然都没有本质的区别.

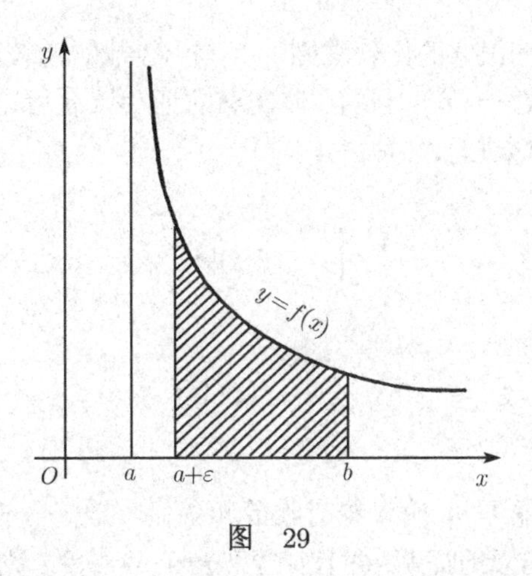

图 29

在一般情况下, 即函数 $f(x)$ 的性态是任意的[1], 广义积分的定义仍然如此, 尽管已经不能用如此简单的几何图形来解释了. 当相应的极限存在时, 就说这一个广义积分**存在**, 或者说**有意义**, 或者说**收敛**. 也就是说, 这样或那样的广义积分的收敛性问题始终是某个函数的极限存在问题. 极限理论的所有一般的命题因此也对广义积分成立. 特别地, 有**柯西准则**. 很显然, 它在此处的形式如下. **如果函数 $f(x)$ 在区间 $[a,b]$ 上对任何有限的 $b>a$ 都可积, 则广义积分**

$$\int_a^{+\infty} f(x)\mathrm{d}x$$

收敛的充分必要条件是: 对于无论怎样小的 $\varepsilon>0$, 当 b_1 和 b_2 充分大时总有

$$\left|\int_{b_1}^{b_2} f(x)\mathrm{d}x\right| < \varepsilon.$$ [2]

同样有下述两个重要的定理, 正如你们马上要了解的, 它们是级数理论相应命题的完全的类比.

1) **如果当 $a<x<+\infty$ 时 $0\leqslant f(x)\leqslant\varphi(x)$, 同时 $f(x)$ 和 $\varphi(x)$ 在任何有限区间 $[a,b]$ $(b>a)$ 上都可积, 则从积分**

$$\int_a^{+\infty} \varphi(x)\mathrm{d}x$$

收敛可以推得积分

$$\int_a^{+\infty} f(x)\mathrm{d}x$$

收敛.

---

① 当然, 在无界时所说的应是 $f(x)$ 在其**一个**点附近无界的情形.

② 为方便计算, 我们在这里及此后只讲一种广义积分, 但所说的一切在作了相应的改变以后 (你们当然容易自己作出) 都可移置到所有其他类型.

该定理可以称为 “积分的比较法则”, 且与 “级数的比较法则” 完全类似 (参见第四讲 “4.3 正项级数” 一节). 同样, 该定理的证明读者可以毫不困难地以那里阐述的思想为基础独立地进行.

2) **从积分**

$$\int_a^{+\infty} |f(x)|\mathrm{d}x \tag{11}$$

的收敛性可推得积分

$$\int_a^{+\infty} f(x)\mathrm{d}x \tag{12}$$

的收敛性.

该定理很显然与第四讲 “4.4 绝对收敛和条件收敛” 一节中相应的定理完全类似, 且可以与它完全相似地证明. 并且如果积分 (11) 收敛, 我们也说积分 (12) 是**绝对收敛的**.

借助这些定理容易建立更多的时常遇到的积分的收敛性. 例如, 从积分

$$\int_1^{+\infty} \frac{\mathrm{d}x}{x^2}$$

的收敛性 (直接观察), 由定理 1) 可推得积分

$$\int_1^{+\infty} \frac{|\sin x|}{x^2}\mathrm{d}x$$

的收敛性, 从而由定理 2) 可推得积分

$$\int_1^{+\infty} \frac{\sin x}{x^2}\mathrm{d}x$$

的收敛性 (且同时又是绝对收敛的). 如果在定理 1) 中选取不同的正的函数 (预先知道其积分收敛) 作为函数 $\varphi(x)$, 则它可以给出一系列正的被积函数积分的直接的收敛性准则, 而借助于定理 2) 则可以对带任意符号的被积函数的收敛性建立相应的准则. 毫无疑问, 这些准则中有一些你们已经熟悉, 我们将不去谈论它们. 我们要研究两个不广为人知的更为精细的准则, 因为其中讲到的积分可能不是绝对收敛的 [顺便说一下, 由此看出这些准则不可能从定理 1) 中导出].

准则 I　*设函数 $\varphi(x)$ 单调且 $\lim\limits_{x\to\infty}\varphi(x)=0$, 函数 $f(x)$ 使得 $\int_a^x f(u)\mathrm{d}u = F(x)$ 当 $x\to\infty$ 时是有界的. 此时积分*

$$\int_a^{+\infty} \varphi(x)f(x)\mathrm{d}x \tag{13}$$

收敛.

实际上, 由第二中值定理, 当 $a < b_1 < b_2 < +\infty$ 时, 区间 (b_1, b_2) 有内点 β, 使得

$$\begin{aligned}&\int_{b_1}^{b_2}\varphi(x)f(x)\mathrm{d}x\\&=\varphi(b_1+0)\int_{b_1}^{\beta}f(x)\mathrm{d}x+\varphi(b_2-0)\int_{\beta}^{b_2}f(x)\mathrm{d}x\\&=\varphi(b_1+0)[F(\beta)-F(b_1)]+\varphi(b_2-0)[F(b_2)-F(\beta)].\end{aligned}\tag{A}$$

因为当 $b_1 \to \infty, b_2 \to \infty$ 时, 由定理的条件, $\varphi(b_1+0)$ 和 $\varphi(b_2-0)$ 趋近于零, 同时我们所遇到的函数 $F(x)$ 的所有的值都有界, 所以上式的右边趋近于零, 从而左边此时也趋近于零, 由柯西准则, 积分 (13) 的收敛性得证.

例　积分

$$\int_1^{+\infty}\frac{\sin x}{x}\mathrm{d}x\tag{14}$$

收敛, 这可直接从准则 I 推得, 只要令 $\varphi(x)=x^{-1}, f(x)=\sin x, F(x)=\cos 1-\cos x$ 即可. 但可以很容易地证明积分 (14) 不是绝对收敛.

准则 II　如果函数 $\varphi(x)$ 单调且有界, 则从积分 (12) 的收敛性可得积分 (13) 的收敛性.

为证明再应用第二中值定理：在 (A) 中的第一个等式中, 当 $b_1 \to \infty, b_2 \to \infty$ 时, 量 $\varphi(b_1+0)$ 及 $\varphi(b_2-0)$ 都有界, 同时由柯西准则及积分 (12) 收敛性的假设, 两个积分都趋近于零. 这就表明此时左边趋近于零, 由此又据柯西准则我们判定积分 (13) 收敛.

例　设 $f(x)=\dfrac{\sin x}{x}$ 且 $\varphi(x)=\arctan x$. 我们从积分 (14) 已证明的收敛性得出, 积分

$$\int_1^{+\infty}\frac{\sin x\arctan x}{x}\mathrm{d}x$$

也收敛.

6.8　二重积分

作为积分学基础的特定的求和过程, 也可以成功地应用于多个变量的函数. 在大量应用领域, 特别是力学和物理学中, 这种多维的积分, 或者如通常所称的 “重” 积分, 起着相当大的作用. 这种积分的理论相较于通常的积分理论, 原则上没有新东西, 但从形式方面讲却是很繁冗的.

今后我们限于二维的情形, 并简要地说明本讲开始所阐述的思想怎样在几乎毫无改变的形式下, 用于重积分的定义, 然后证明其一系列的性质.

现在我们设有定义在坐标平面 Oxy 上的某个有界闭区域[①] D 上的有界二元函数 $z=f(x,y)$. 设 M 和 m 是函数 $f(x,y)$ 在区域 D 上相应的上确界和下确界, 区域 D 的面积我们仍用字母 D 来表示. 与我们在一维的情形所做的相类似, 这里也研究将区域 D 分成部分的各种分划 T. 当然, 这里的情景要比以往复杂得多. 在一维情形下, 不仅基本的区域是区间, 而且将它分割而成的小区域也都是区间. 而我们现在要研究的情形, 不但区域 D, 还有分割成的那些小区域 $\Delta_1,\Delta_2,\cdots,\Delta_n$, 可能形状完全不同. 对于一个理论, 对所有这些区域的形状尽可能不加任何限制, 是有益的. 当然, 重要的只是每一个这类区域都有确定的面积, 且任何两个不同的区域 Δ_k 和 Δ_h 的公共部分 (即相互的边界) 的面积等于零. 除此之外, 我们将不对分划 T 提出任何特殊的要求.

像一维情形一样, 我们设 M_k 和 m_k 相应地表示函数 $f(x,y)$ 在区域 Δ_k 上的上确界和下确界. 我们设

$$S_T=\sum_{k=1}^{n}M_k\Delta_k,\quad s_T=\sum_{k=1}^{n}m_k\Delta_k,$$

其中 Δ_k 当然表示同一符号所代表的区域的面积. 显然有

$$mD\leqslant s_T\leqslant S_T\leqslant MD.$$

因此所有 S_T 的集合下有界, 而所有 s_T 的集合上有界. 设 $\overline{I}$ 和 $\underline{I}$ 分别表示所有的和 S_T 的集合的下确界以及所有的和 s_T 的集合的上确界. 我们在这里将这两个数分别称为函数 $f(x,y)$ 在区域 D 上的上积分和下积分.

如果 $\overline{I}=\underline{I}$, 则称函数 $f(x,y)$ 在区域 D 上**可积**且其积分等于

$$\overline{I}=\underline{I}=I=\iint\limits_D f(x,y)\mathrm{d}x\mathrm{d}y.$$

这种 “二重” 积分的全部理论的基础是一系列命题, 完全类似于我们在一维情形下有过的那样. 我们现在只简单地研究它们, 只证明它们与我们前面已有情况有所不同的地方.

因为缺少更为方便的术语, 我们约定, 称基本区域 D 分成的那些部分 $\Delta_1,\Delta_2,\cdots,\Delta_n$ 为**网眼**, 称属于某个网眼的所有可能的一对点之间的距离的上确界为已知网眼的**直径**. 对每一个分划 T, 我们将以 d_T 来表示网眼 $\Delta_1,\Delta_2,\cdots,\Delta_n$ 的直径中最大的一个. 很显然, 这个量在这里应起到如同量 l_T 在一维情形下所起的那种作用. 最后, 如果分划 T' 的每个网眼都整个属于分划 T 的某一个网眼, 则分划 T' 是分划 T 的**加细**.

---

① 闭区域即包括区域的边界点在内的区域. [有界闭区域上的连续函数和闭区间上的一元连续函数一样, 是一致连续的, 能取最大 (小) 值. 至于中间值定理是否成立, 与函数的定义域是否连通有关. 由于本书完全未提连通性, 这里就不谈了.—— 译者注]

现在我们来建立四个辅助命题, 它们与一维情形下有过的四个引理完全吻合.

引理 I 如果分划 T' 是分划 T 的加细, 则有

$$S_{T'} \leqslant S_T, \quad s_{T'} \geqslant s_T.$$

证明可以逐字逐句地从一维情形搬过来.

引理 II 对任何两个分划 T_1 和 T_2,

$$S_{T_1} \geqslant s_{T_2}.$$

我们可以把一维情形所给的证明完全重复一遍. 要说明的只是如何作出另一个分划 T, 使之成为两个已知分划 T_1 和 T_2 中每一个的加细. 我们简单地就把那些既属于分划 T_1 的一个网眼, 同时又属于分划 T_2 的一个网眼的所有点的全体作为分划 T 的一个网眼. 把 T_1, T_2 的所有这一切网眼两两组合之后, 我们就得到了分划 T 的全部网眼. 依照加细的定义, 很显然分划 T 同时既是分划 T_1 的加细, 又是分划 T_2 的加细.

引理 III $\overline{I} \geqslant \underline{I}$.

此命题如同一维的情形一样, 是引理 II 的直接推论.

引理 IV 对于无论怎样小的 $\varepsilon > 0$, 都存在一个数 $\delta > 0$, 使得对任何满足 $d_T < \delta$ 的分划 T,

$$S_T < \overline{I} + \varepsilon, \quad s_T > \underline{I} - \varepsilon.$$

为简单起见, 我们就说, 当 $d_T \to 0$ 时和 S_T 趋近于其下确界, 而和 s_T 则趋近于其上确界.

该命题的证明原则上也同我们对一维情形的证明没有差别, 但由于这里网眼的构造更为复杂. 为了保证形式上的完美, 我们详细地讲一下.

首先, 因为 $\overline{I}$ 是作为所有的和 S_T 的下确界而定义的, 则必存在一个分划 T_0, 使得 $S_{T_0} < \overline{I} + \dfrac{\varepsilon}{2}$. 设 $\varDelta_k$ 是该分划 T_0 的任意一个网眼. 平面上距此网眼的边界不超过 δ 的所有点的全体, 很显然构成了围绕该边界的一个 "环"(在图 30 中, 该 "环" 的边界用虚线标出). 不难证明, 当 δ 充分小时, 该 "环" 的面积近似等于 $2\delta l_k$, 而误差对于 δ 是高阶无穷小量, 其中 l_k 为网眼 $\varDelta_k$[①] 围线的长. 设

$$\sum_{k=1}^{n} l_k = L,$$

此时由所作类型的所有 "环" 的总体构成的面积 D_1 将不大于 $2\delta L$ (它可能更小, 因

---

① 不言而喻, 我们在这里已经暗含了对分划的网眼一个要求, 而比当初更苛刻一点. 这里, 我们应假定每个网眼都是单连通的, 具有有限长的边界. 遗憾的是, 限于讲义的篇幅, 我们不可能更详细地讲述这些.

为“环”与“环”之间可能相互重叠). 现在设 T 是满足 $d_T < \delta$ 的任意分划. 这个分划的网眼可以分成两组: 整个属于 D_1 的归入第一组, 而其余的归入第二组. 和 S_T 中相应于这两组的部分, 分别表示成 $S_T^{(1)}$ 及 $S_T^{(2)}$. 我们分别来估计每一部分. 在此, 正如一维情形一样, 为不影响讨论的一般性, 可以设在整个区域 D 上有

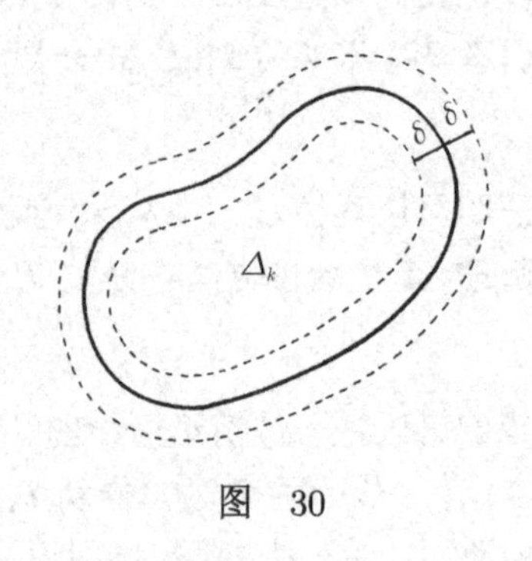

图 30

$$f(x,y) \geqslant 0.$$

因为在和 $S_T^{(1)}$ 的每一项中, 第一个因子不超过 M, 而包含于 $S_T^{(1)}$ 中的网眼的面积和不超过区域 D_1 的面积 (正如我们看到的, 不大于 $2\delta L$), 故有

$$S_T^{(1)} \leqslant 2ML\delta. \tag{15}$$

至于构成和 $S_T^{(2)}$ 中的网眼, 则其中的每一个都整个地属于分划 T_0 的某一个网眼 Δ_k. 实际上, 第二组中不满足此要求的网眼 Δ 就必须包含某一个网眼 Δ_k 的一个边界点 P, 但作为第二组的网眼, Δ 不可能整个属于包围此边界的“环”, 因而还应包含位于此“环”外的点 Q. 但这样一来, 点 P 和点 Q 之间的距离就将大于 δ, 更不用说网眼 Δ 的直径了, 这是不可能的.

如果在 $S_T^{(2)}$ 的每一项中以 M_k 来代替其第一个因子, 将不会使 $S_T^{(2)}$ 变小. 这里 M_k 对应于分划 T_0 的网眼 Δ_k, 这类网眼的一部分就构成了分划 T 的网眼 Δ (第二组) 的已知项. 另一方面, 由于函数 $f(x,y)$ 非负, 则以此方式得到的不减的和很显然总不大于 S_{T_0}, 这样一来

$$S_T^{(2)} \leqslant S_{T_0} < \overline{I} + \frac{\varepsilon}{2}.$$

把这个不等式同不等式 (15) 合并考虑, 并选择数 δ(迄今为止, δ 还是任意的), 使之小于 $\dfrac{\varepsilon}{4ML}$, 我们就得到

$$S_T = S_T^{(1)} + S_T^{(2)} < 2ML\delta + \overline{I} + \frac{\varepsilon}{2} < \overline{I} + \varepsilon.$$

用完全同样的方式可以证明, 当满足条件 $d_T < \delta$ 时, 有 $s_T > \underline{I} - \varepsilon$, 于是引理 IV 的证明完成.

定理 如果函数 $f(x,y)$ 在区域 D 上可积, 则对任意的分划 T, 当 d_T 充分小时有

$$\left|\sum_{k=1}^{n} f(\xi_k,\eta_k)\Delta_k - I\right| < \varepsilon,$$

其中 ε 是任意预先给定的正数, 而 (ξ_k, n_k) $(k=1,2,\cdots,n)$ 是网眼 Δ_k 的任一点.

简单一点, 我们就说, 和 $\sum\limits_{k=1}^{n} f(\xi_k,\eta_k)\Delta_k$ 当 $d_T \to 0$ 时趋近于积分 I. 这里的趋近, 对于一切可能的分划 T 以及点 (ξ_k,η_k) 的所有可能的选择方式, 是一致的.

为简单计, 我们通常以 Σ_T 来表示该和. 很明显, 不等式

$$m_k \leqslant f(\xi_k,\eta_k) \leqslant M_k$$

对任何分划以及任意选择的点 (ξ_k,η_k) 都成立, 所以我们有

$$s_T \leqslant \Sigma_T \leqslant S_T.$$

这就表明, 由引理 IV, 对于充分小的 d_T, 有

$$I-\frac{\varepsilon}{2} \leqslant \Sigma_T \leqslant I+\frac{\varepsilon}{2},$$

由此得 $|\Sigma_T - I| < \varepsilon$. 所证定理的逆定理也成立, 且其证明也和一维的情形完全一样.

收敛性的普遍适用的必要充分准则

$$S_T - s_T = \sum_{k=1}^{n} \omega_k \Delta_k \to 0 \quad (d_T \to 0)$$

的证明同过去一样.

1) 若此准则成立, 则由不等式 $S_T \geqslant \overline{I} \geqslant \underline{I} \geqslant s_T$ (对任意分划), 对充分小的 d_T 有 $\overline{I}-\underline{I} \leqslant S_T - s_T < \varepsilon$. 由此据 ε 的任意性得 $\overline{I}=\underline{I}$.

2) 如果函数 $f(x,y)$ 可积, 则由引理 IV, 对充分小的 d_T, 应有 $S_T < I+\varepsilon, s_T > I-\varepsilon$. 由此得 $S_T - s_T < 2\varepsilon$. 这就表明, 当 $d_T \to 0$ 时 $S_T - s_T \to 0$.

最后, 连续函数的可积性可以用与一维情形完全一样的讨论来证明. 在这里, 该证明的基础仍然是: 连续函数始终具有一致连续性 (在有界闭区域上, 即包含其边界的区域上).

6.9 二重积分的计算

我们在前面讲通常的积分 (即非广义积分) 时已经讲到过, 作为积分定义基础的求和过程, 如果我们试图以它为工具来实际进行积分计算, 几乎不会给出什么. 我们当然更不能期望二重积分的计算可以仅借求和过程就可以方便地进行.

在通常的积分中, 我们看到了, 积分的强有力的一般计算方法只有利用积分学与微分学的关系才得以产生. 对于二重 (以及一般的多维情形) 积分而言, 也可以

发现这种关系. 但二重积分的最一般和最有效的计算方法是将此问题化为两个逐次进行的一维积分, 而这是我们熟知的. 我们现在简单地研究一下怎样去做.

设连续函数 $f(x,y)$ 定义在区域 D 上, 其中区域 D 满足: 任何与坐标轴平行的直线与 D 的边界最多相交于两点 (图 31). 为建立函数 $f(x,y)$ 的积分 I 所做的区域分划 T, 可以具有任何形状的网眼, 只要其直径可以任意小就行. 我们现在以平行于坐标轴的直线网来进行分划, 因而网眼将是长方形 (分布在区域 D 的边界附近的网眼除外). 我们自左至右以 $\xi_1,\xi_2,\cdots$ 来表示平行于 Oy 轴的直线的横坐标, 以 $\eta_1,\eta_2,\cdots$ (自下而上) 来表示平行于 Ox 轴的直线的纵坐标, 而以 a 和 b 分别表示区域 D 上的点的横坐标的下确界和上确界, 以 $y=\varphi_1(x)$ 和 $y=\varphi_2(x)$ 来分别表示区域 D 的下边界和上边界的方程, 以 Δ_{ij} 来表示由直线 $x=\xi_{i-1}$, $x=\xi_i, y=\eta_{j-1}, y=\eta_j$ 为界的网眼. 最后令 $\xi_i-\xi_{i-1}=h_i$, $\eta_j-\eta_{j-1}=k_j$, 因而有 $\Delta_{ij}=h_ik_j$—— 这里我们设网眼 Δ_{ij} 是长方形, 即不在区域 D 的边界上.

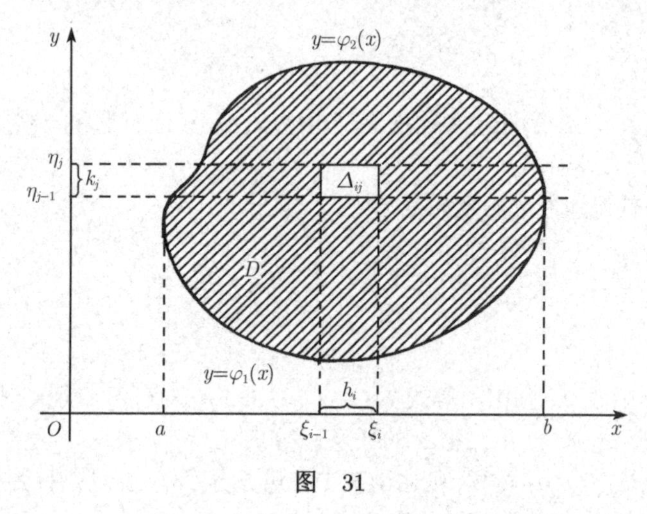

图　31

如果所有的 h_i, k_j 都充分小, 则 d_T 可以任意小, 且积分 I 与和

$$S=\sum_{i,j} f(\xi_i,\eta_j)\Delta_{ij} \tag{16}$$

的差可以任意小. 我们先不管那些位于区域 D 的边界附近的非长方形的网眼. 以 δ 来表示数 h_i, k_j 中最大的. 以直线 $x=\xi_{i-1}$ 和 $x=\xi_i$ 为界的条形中可能在上面或下面含有非长方形的网眼. 在图 32 中图示了以这种带形的上边界为界的网眼的例子. 这种网眼 (图 32 中它们共有三个) 我们用斜线标出, 完全位于某一个长方形内, 该长方形底边长 h_i, 而高很显然不超过 $\omega_i+2\delta$, 其中 ω_i 为函数 $\varphi_2(x)$ 在区间 $[\xi_{i-1},\xi_i]$ 上的振幅 (该长方形在图 32 中也画出来了). 如果 δ 充分小, 则由函数 $\varphi_2(x)$ 的一致连续性, 任何 ω_i 以及任何 $\omega_i+2\delta$ 都可以小于任意小的正数 ε, 因此

图 32 上所描绘出的这类非长方形的网眼的面积之和将小于 εh_i，从而整个区域 D 的边界的上边带形中的网眼之面积和小于 $\varepsilon \sum_i h_i = \varepsilon(b-a)$. 很显然, 对该边界的下边带形中的全部网眼也能得到这个估计. 因此所有的“不全”的网眼的总面积不超过 $2\varepsilon(b-a)$, 从而在和 (16) 中相应这些网眼的那些项之和, 其绝对值不会超过 $2M(b-a)\varepsilon$ (其中 M 为函数 $|f(x,y)|$ 在区域 D 上的上确界). 因此这部分项的和当 δ 充分小时可以任意小. 所以今后只对长方形网眼来作和 (16), 并把这样得出的和记作 $\hat{S}$. 于是对任意分划, 当 d_T 充分小时, 我们仍然有 $|I-\hat{S}|<\varepsilon$; 现在就有

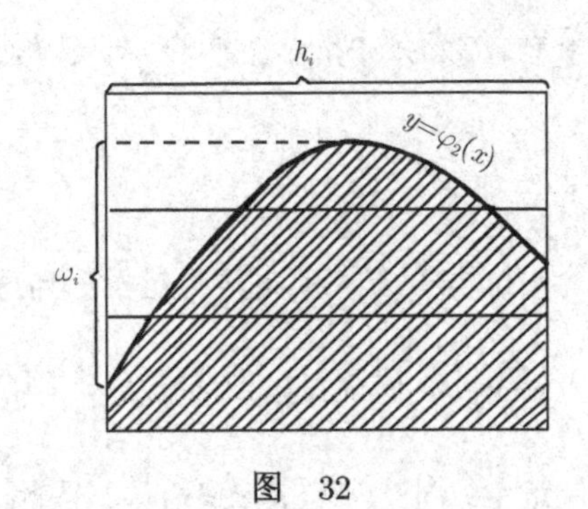

图 32

$$\hat{S} = \sum_{i,j} f(\xi_i, \eta_j) h_i k_j = \sum_i h_i \sum_j f(\xi_i, \eta_j) k_j.$$

如果固定一组确定的值 $\xi_1, \xi_2, \cdots$, 并无限减小所有差 $k_j = \eta_j - \eta_{j-1}$, 则内层的和 $\sum_j f(\xi_i, \eta_j) k_j$ 将以积分

$$\int_{\varphi_1(\xi_i)}^{\varphi_2(\xi_i)} f(\xi_i, y) \mathrm{d}y$$

为其极限. 为方便起见, 我们将此积分写成 $F(\xi_i)$, 即一般地令

$$F(x) = \int_{\varphi_1(x)}^{\varphi_2(x)} f(x,y) \mathrm{d}y$$

(积分时把 x 当作常量, 因而把 $f(x,y)$ 作为单一变量 y 的函数来积分). 我们可以取 k_j 这样小, 使得对任何 i 都有

$$\left| \sum_j f(\xi_i, \eta_j) k_j - F(\xi_i) \right| < \varepsilon,$$

由此得

$$\left| h_i \sum_j f(\xi_i, \eta_j) k_j - F(\xi_i) h_i \right| < \varepsilon h_i$$

且

$$\begin{aligned} &\left| \sum_i h_i \sum_j f(\xi_i, \eta_j) k_j - \sum_i F(\xi_i) h_i \right| \\ = &\left| \hat{S} - \sum_i F(\xi_i) h_i \right| < \varepsilon \sum_i h_i = \varepsilon(b-a); \end{aligned}$$

最后, 对充分小的 h_i, 和 $\sum\limits_i F(\xi_i)h_i$ 很显然可以任意趋近于极限

$$\int_a^b F(x)\mathrm{d}x.$$

这样一来, 我们看到, 对于适当选取的区域 D 的分划, 所有这三个差: $I-\hat{S}, \hat{S}-\sum\limits_i F(\xi_i)h_i$ 以及 $\sum\limits_i F(\xi_i)h_i - \int_a^b F(x)\mathrm{d}x$ 都是任意小, 从而其和 $I-\int_a^b F(x)\mathrm{d}x$ 也是任意小. 但 $I-\int_a^b F(x)\mathrm{d}x$ 是不依赖于任何分划的, 因而它应当等于零. 这就是说, 我们得到

$$\iint\limits_D f(x,y)\mathrm{d}x\mathrm{d}y = \int_a^b \mathrm{d}x \int_{\varphi_1(x)}^{\varphi_2(x)} f(x,y)\mathrm{d}y.$$

这样, 计算二重积分确实化成了两个逐次进行的通常的积分. 内层的积分当然与 x 有关, 但已经是与 y 无关了. 当然, 不用我们所选的积分顺序, 也可以取相反的顺序. 这个附注有时具有实质性的实际意义, 因为可能发生这样的事情: 交换一下积分次序, 我们可以得到相当容易积分的函数.

6.10 积分的一般思想

本讲就要结束了. 在结束之前, 我们还想从更一般的观点来看一下任何一种积分过程的基础, 而不管是通常的积分或者多维的积分, 甚至更为一般的以及抽象的积分.

我们首先涉及某个空间的确定的区域 D. 这里的术语 "空间" 应当在非常广泛的意义下去理解, 它可能是直线、平面以及通常的三维空间, 甚至任何多维空间以及完全另外的空间. 我们不打算在这里给出这个术语的一般定义. 对们的目的而言, 重要的只是: 首先, 空间的任意两点之间是以确定的距离分开的; 其次, 我们所研究的区域 D 及其部分 (网眼) 具有确定的**延伸度**, 这个延伸度视空间的性质可以是通常的长度、面积、体积等. 为通用起见, 我们简单地称之为我们空间相应部分的 "测度".

现在设想: 在区域 D 上分布有某种物质. 希望这个字眼不致吓到你们 —— 我们不打算**定义** "物质" 这个词所表明的概念. 对我们而言, 物质就是**某种东西**, **某种在区域 D 的任何一个部分上都有确定的一份的东西**. 它可以是质量、电荷、热量 —— 任何能以各自不同的方式分布于已知区域 D 上的量. 例如, 它可以是在某个已知的时间段内降落到某个平面区域 D 上的降雨量. 毫无疑问, 对于建立我们的数学对象而言, 该物质的性质无关紧要. 对我们重要的仅是, 所研究的区域 D 的每一部分 Δ 上该物质有一个确定的量 $F(\Delta)$. 当区域 D 被分划 T 分成若干部分

$\Delta_1, \Delta_2, \cdots, \Delta_n$(网眼) 时, 物质的总量 $F(D)$ 都是由在每一个网眼上的物质的量相加而成的:

$$F(D) = F(\Delta_1) + F(\Delta_2) + \cdots + F(\Delta_n).$$

在我们所讲的形式格式的任何现实的解释中, 区域 D 中一定点 P 处的物质的"密度"概念都起着本质的作用. 从数学方面讲, 我们马上就要看到, 可以由**微分**过程来定义密度. 若 Δ 是区域 D 的任意一个部分, 具有确定的测度 $m\Delta$, 则自然称比 $\dfrac{F(\Delta)}{m\Delta}$ 为该物质在区域 Δ 上的**平均密度**. 这是物质位于区域 Δ 上每个单位延伸度(测度) 上的平均数量. 现在设 P 是区域 D 上的任意一点. 如果用一个直径 $d(\Delta)$ 很小的区域 Δ 来包围该点 (在我们的空间中, 任何区域的直径都是完全确定的, 因为任意两点之间的距离已有了定义), 则物质在该微小区域 Δ 上的平均密度刻画了该物质在点 P 附近的稠密程度. 如果这个平均密度, 像我们假设的那样, 当区域 Δ 收缩于点 P 时 $(d(\Delta) \to 0)$ 趋近于确定的极限 $f(P)$, 则我们称该极限 $f(P)$ 为该物质在点 P 处的密度. 所有物理上的物质——质量、电荷等的密度都是这样定义的. 我们看到, 物质的密度 $f(P)$ 是我们空间的**点**的函数, 而物质的总量 $F(\Delta)$ 则是**区域**的函数. 可以说, 函数 $F(\Delta)$ 刻画了该物质在区域 D 上**整体的** (即关于区域的) 分布, 而函数 $f(P)$ 则刻画了**局部的** (即关于点的) 分布. 如果给定函数 $F(\Delta)$, 则可以由它通过**微分**过程而得到函数 $f(P)$. 微分过程的实质, 从原则上说, 最好是直接定义其为对某个现象由整体的刻画转为局部的刻画.

但现在若相反地假定, 在区域 D 的每一点 P 都给定某种物质的分布密度 $f(P)$, 并要求确定出包含于该区域上的物质的总量 $F(D)$. 这个问题就是最一般形式下的积分问题: 从所研究对象的局部刻画转向其整体刻画. 为简单起见, 设函数 $f(P)$ 在区域 D 上连续 (假定此区域是有界的和闭的, $f(P)$ 也就是一致连续的). 为解决我们的问题, 此时将区域 D 分成直径很小的网眼 $\Delta_1, \Delta_2, \cdots, \Delta_n$. 在每一个网眼 Δ_k 中选取任意的点 P_k, $f(P_k)$ 是比 $\dfrac{F(\Delta)}{m\Delta}$ 的极限, 即令 Δ 直径无限减小时的极限. 这里 Δ 始终包围点 P_k, 因此, 如果网眼 Δ_k 很小, 则

$$\left| f(P_k) - \frac{F(\Delta_k)}{m\Delta_k} \right| < \varepsilon,$$

其中 ε 是任何预先给定的正数. 由此得

$$F(\Delta_k) - \varepsilon m\Delta_k < f(P_k)m\Delta_k < F(\Delta_k) + \varepsilon m\Delta_k,$$

将这些不等式对 k 求和, 我们得到

$$F(D) - \varepsilon mD < \sum_{k=1}^{n} f(P_k)m\Delta_k < F(D) + \varepsilon mD,$$

由此当网眼直径无限减小时取极限即得

$$\lim\sum_{k=1}^{n}f(P_k)m\Delta_k=F(D).$$

这样, 我们看到, 对已知函数 $f(P)$ (分布密度), 量 $F(D)$ (物质的总量) 实际上是借助于我们已经熟悉的积分过程来定义的：细分区域 D 成为网眼 Δ_k, 选取点 P_k, 对所有的网眼构造形如 $f(P_k)m\Delta_k$ 的乘积并求和, 最后求此和当网眼的直径趋于零时的极限.

这样, 从我们的非常一般的观点来看, 积分过程对于无论什么样的空间, 都是知道物质在所考虑的基本区域 D 之每一点的密度以后, 再确定分布于这个区域上的物质总量的方法. 任何这种方法都与某个 (解决逆问题的) 微分过程不可避免地有关联. 微分过程的目的, 就是已知物质在每个区域上的分布数量时求物质分布的局部密度. 完全可以充分准确地列举出所有基本的前提, 并在此一般的抽象基础上建立积分理论. 这时通常的积分、二重积分以及其他专门的积分都成为这种一般理论的特殊情形, 其最重要的性质就一劳永逸地由这个一般理论所确定, 而不需要再对每一个个别的情形去证明了.

第七讲　函数的级数展开

7.1　级数作为研究函数的工具

当我们给出正弦和余弦最初的几何定义时，这些函数的一系列最重要的性质都是从其定义中直接推出的. 后来对这些函数引入了通用的记号 $\sin x$ 和 $\cos x$, 但这些"解析表达式"当然对了解它们所表达的函数不会增添任何新东西, 完全类似于以 $f(x)$ 来表示狄利克雷函数时, 我们对该函数的性质并不多了解任何新东西一样. 但当我们稍晚些时找到了三角函数的新的解析表达式, 即把它们表示成幂级数

$$\sin x = \sum_{n=1}^{\infty}(-1)^{n-1}\frac{x^{2n-1}}{(2n-1)\,!},$$

$$\cos x = \sum_{n=0}^{\infty}(-1)^{n}\frac{x^{2n}}{(2n)\,!}$$

的形式时, 则借助于这些表达式我们就可以很容易地建立起这些函数的一系列性质, 这些性质从这些函数最初的定义中是完全不能得出的, 或者只有通过很复杂的途径才能得到. 这种展开首先使得我们能够以原则上最简单的方法对自变量的任意值来计算三角函数的值.

在第三讲中, 我们讲到对于解析表达式的过分迷信所隐含的危险性. 实际上, 在应用科学的代表者中间会时常遇到这种现象的有害后果, 对此已在适当的时候谈过. 但不能排除在现代数学家中有时也会遇到另一个极端, 其带来的危害可能也不小, 即从根本上藐视解析表达式, 从而实际上反过来导致对函数毫无办法、束手无策.

对于解析表达式, 如果我们一开始就以主人的身份对待它, 而不是做它顺从的毫无头脑的附庸, 只把它看作服从于我们的目的和意图的研究函数的工具, 则它在这类研究中可以起到巨大的决定性的作用, 并且能带来很多的好处. 此处, 应当认为下面的情况是正常而自然的: 当一个数学家需要研究一个确定的函数时, 首先就要寻找这函数的方便的解析表达式; 而表示一个函数的这种解析工具的细节, 在许多数情况下都能给出最合理的方法来找出我们所需的该函数的性质.

从作为研究函数的工具这个意义上讲, 在各种有力的解析工具中, 从简单、灵活、明确以及使用的方便而言, 毫无疑问, 第一位的应是函数级数. 这个最重要的解析工具的思想很简单: 我们想要研究的函数可以表示为其他更为简单的、容易研究的函数的序列 (即将此函数表示为级数的部分和序列) 的极限. 如果这个部分和

在所研究的整个区间上完全趋近于所研究的函数, 则我们就有理由从这个近似的部分和的性质来估计所研究函数的一些性质, 尽管只是近似地研究. 特别地, 通过对自变量的某个值近似计算这些部分和的值, 我们同时也就有办法近似计算所研究函数的相应的值.

用什么样的函数作为我们的展开式的元素最方便、最适合呢? 即选什么函数作为表示所研究函数级数的项, 最便于帮助我们研究函数? 对此问题, 我们当然不指望有唯一的适用于所有情形的答案. 这几乎完全取决于所研究函数的性质以及我们对函数所提出问题的性质. 只是必须指出, 有几种最重要的函数级数类值得推荐, 它们会起这种作用, 因为每一步都可以应用它们, 这样就自然地要求创立相应的一般理论. 这里首先要提出的是**幂级数**(其中展开式的元素是自变量的整数次幂 x^n 或 $(x-a)^n$, 首先是非负整数次幂) 和**三角级数**(其元素形式为 $\sin kx$,$\cos kx$, 其中 $k=0,1,2,\cdots$). 但在很多情况下, 作为展开式的元素更方便地并不是选这类最简单的、"万能的" 函数, 而完全是另外的函数, 它们尽管不是这样简单, 但按其性质而言, 同所研究的函数有着更为密切的联系 (例如所谓边界问题中的 "本征函数"). 一般地, 选择展开式的形式的基本指导原则应当是不抱任何偏见, 这样就能在最大程度上在每个个别问题上考虑到这个问题的全部特征. 以下, 我们只简单地讲一下与函数展开为幂级数和三角级数有关的原则上最重要的问题.

7.2　幂级数展开

我们知道, 幂级数[①]的收敛域总是某个区间 (可以是开的、闭的或半开的), 此区间以 $-r$ 和 r 为端点. 函数 $f(x)$ 应当具有什么样的性质才能在该区间上有收敛的展开式

$$f(x)=\sum_{n=0}^{\infty}a_nx^n$$

呢? 我们知道, 函数 $f(x)$ 当然应当在开区间 $(-r,r)$ 上连续 (参见第四讲 "4.7 幂级数" 一节), 但还远远不止于此. 我们首先来证明当 $-r<x<r$ 时函数 $f(x)$ 应当在点 x 处有导数, 同时我们还要证明: 该导数 $f'(x)$ 可以表示为幂级数

$$\sum_{n=1}^{\infty}na_nx^{n-1}, \tag{1}$$

它是由上面给出的级数通过逐项求导而得出的, 并且它也在开区间 $(-r,r)$ 上收敛. 在证明中需要始终注意到, 无论是 $f(x)$ 的导数的存在性, 还是级数 (1) 的收敛性, 我们都没有预先给定, 因此这两件事实都是应当在讨论过程中证明的.

---

① 请注意第四讲 "4.7 幂级数" 一节的第一个脚注. —— 译者注

设 $|x|<r$ 且设 ρ 是介于 $|x|$ 与 r 之间的任意的数. 当 $|h|<\rho-|x|$ 时我们有 $|x+h|<\rho<r$, 因而有下面的收敛级数:

$$f(x+h)=\sum_{n=0}^{\infty}a_n(x+h)^n,$$

由此得

$$\begin{aligned}\frac{f(x+h)-f(x)}{h}&=\sum_{n=0}^{\infty}a_n\frac{(x+h)^n-x^n}{h}\\&=S_N(h)+R_N(h),\end{aligned}$$

其中设

$$\begin{aligned}S_N(h)&=\sum_{n=0}^{N}a_n\frac{(x+h)^n-x^n}{h},\\R_N(h)&=\sum_{n=N+1}^{\infty}a_n\frac{(x+h)^n-x^n}{h}.\end{aligned}$$

因为

$$\begin{aligned}\left|\frac{(x+h)^n-x^n}{(x+h)-x}\right|&=|(x+h)^{n-1}+(x+h)^{n-2}x+\cdots+x^{n-1}|\\&<\rho^{n-1}+\rho^{n-2}|x|+\cdots+|x|^{n-1}\\&=\frac{\rho^n-|x|^n}{\rho-|x|}<\frac{\rho^n}{\rho-|x|},\end{aligned}$$

故当 $|h|<\rho-|x|$ 时有

$$|R_N(h)|<\frac{1}{\rho-|x|}\sum_{n=N+1}^{\infty}|a_n|\rho^n.$$

但 $\rho<r$, 因而上面不等式的右边, 作为收敛级数 $\sum\limits_{n=0}^{\infty}|a_n|\rho^n$ 的余项, 对充分大的 N 会变得小于任何任意小的正数 ε. 也就是说, 如果 N 充分大且 $|h|<\rho-|x|$, 则有

$$|R_N(h)|<\varepsilon,$$

因而有

$$S_N(h)-\varepsilon<\frac{f(x+h)-f(x)}{h}<S_N(h)+\varepsilon.$$

如果我们现在固定 N 不变而令 h 趋近于零, 则和 $S_N(h)$ 很显然地将以和

$$S_N=\sum_{n=1}^{N}na_nx^{n-1}$$

为极限, 因而上面的不等式使我们可以断定, 量 $\frac{f(x+h)-f(x)}{h}$ 的上极限和下极限与量 S_N 之差都不会大于 ε, 所以它们彼此间的差不会超过 2ε. 由 ε 的任意性可得出上下极限彼此相等, 即

$$\lim_{h\to 0}\frac{f(x+h)-f(x)}{h}=f'(x)$$

存在, 且与和 S_N 的差不大于 ε,

$$|f'(x)-S_N|\leqslant\varepsilon,$$

这里只用了唯一一个条件, 即 N 充分大. 但这就表明级数 (1) 收敛且有和 $f'(x)$. 也就是说, 我们已完全证明了命题.

这样一来, 以幂级数来表示的函数不仅应该连续而且也应可微. 但这还是小事. 我们刚刚看到 $f'(x)$ 是用收敛于 $|x|<r$ 的幂级数来表示的; 根据刚刚证明的定理, 在开区间 $(-r,r)$ 上处处都应存在二阶导数 $f''(x)$. 继续讨论下去, 我们就得出结论: **在某个区间内以幂级数表示的函数应当在该区间的每一个内点处都有任意阶的导数**. 而且, 每一个导数都可以表示成同一个 (开) 区间上的幂级数, 此级数是从已知的级数重复进行相应次数的逐项求导而得到的. 因此

$$f(x)=\sum_{n=0}^{\infty}a_nx^n,\quad f'(x)=\sum_{n=1}^{\infty}na_nx^{n-1},$$

且一般地有

$$f^{(k)}(x)=\sum_{n=k}^{\infty}n(n-1)\cdots(n-k+1)a_nx^{n-k}.$$

在此式中令 $x=0$, 我们就得到

$$f^{(k)}(0)=k\,!\,a_k,$$

由此得

$$a_k=\frac{f^{(k)}(0)}{k\,!}\quad(k=1,2,\cdots).$$

这样也就同时**证明了**函数的幂级数展开的**唯一性**, 且找出了该展开式的系数通过这个函数在 $x=0$ 时的各阶导数值表达的式子. 即一般地有: 如果函数 $f(x)$ 能够展开为幂级数, 则此展开式的形状一定是

$$f(x)=\sum_{n=0}^{\infty}\frac{f^{(n)}(0)}{n\,!}x^n. \tag{2}$$

这就是所谓的**麦克劳林级数**. 令 $x=a+h, f(a+h)=\varphi(h)$, 并且把它当作 h 的函数展开, 就得到

$$\varphi(h)=\sum_{n=0}^{\infty}\frac{\varphi^{(n)}(0)}{n\,!}h^n,$$

再回到原来的记号, 我们得到更一般的**泰勒级数**:

$$f(x)=\sum_{n=0}^{\infty}\frac{f^{(n)}(a)}{n\,!}(x-a)^n. \tag{3}$$

把所有这些事实同我们在第五讲中说到过的泰勒公式和麦克劳林公式进行比较, 问题会变得特别明了. 在那里我们没有讲到无穷级数, 而是把

$$R_n(x)=f(x)-\sum_{k=0}^{n}\frac{f^{(k)}(0)}{k\,!}x^k$$

称为已给的麦克劳林公式的余项, 并研究了其当 x 为无穷小时的性质. 现在我们看到了, 就是这个量的性质决定了函数 $f(x)$ 展开为幂级数的问题. 但在第五讲中, 我们假定了 n 是固定的而让 x 趋近于零, 现在则相反, 应当选定某一个 x 值并且固定它, 而令数 n 无限增加. 条件

$$\lim_{n\to\infty}R_n(x)=0$$

很显然是公式 (2) 成立的充分必要条件. 通常, 一个函数是否可以展开为麦克劳林级数, 是要通过对余项的研究才能证明的, 而余项又有多种形式, 从中又要选定某一种. 这些余项形式中, 有一些我们在第五讲中已经讲过. 这些形式中的哪一个对此目的而言最为方便, 当然完全取决于我们想要展开的函数的性质.

正如我们在上面所看到的, 想在某个给定区间上展开为幂级数的函数, 应当在该区间的每一个内点处具有任何阶的导数. 反过来说, 因为每一个具备这些性质的函数在该区间的每一点 a 附近都可以形式地写出泰勒级数 (3) 来, 所以就产生了一个诱人的想法: 各阶导数存在这一条件对于将某一函数展开为幂级数也会是充分的. 但这是不对的. 首先, 可能有这样的情况: 对于已知函数形式地写出的麦克劳林级数 (2) 对任何 $x\neq 0$ 都是发散的. 但更加有意思的是, 对某个函数所建立的麦克劳林级数是收敛的, 但它却可能完全不是以此函数为和, 而是以另一个函数为和. 这种情形的一个经典例子就是函数

$$\varphi(x)=\begin{cases}\mathrm{e}^{-x^{-2}} & (x\neq 0),\\ 0 & (x=0).\end{cases}$$

容易算出, 当 $x=0$ 时函数本身以及它的各阶导数都变为零. 因此其麦克劳林级数的全部系数都等于零, 所以这级数的和对 x 的任意甚至非 0 的值都为 0, 而不是如上式所示的函数.

顺便说一下, 由此得出, 已知函数展开而成的幂级数只有一个, 但反过来, 任何收敛的幂级数就决不只是一个函数的麦克劳林级数, 而是无穷多个函数的麦克劳林

级数. 实际上, 设 $f(x)$ 是某个幂级数的和, 该级数正如我们看到的, 是 $f(x)$ 的麦克劳林级数. 很显然, 这时函数族 $f(x)+\alpha\varphi(x)$ 中所有的函数都以这个级数作为麦克劳林级数 (其中 α 为任意实数, 而 $\varphi(x)$ 则是我们上面定义的函数). 当然, 这族函数中只有一个能用此级数**表示**(即为该级数的和).

7.3　多项式级数, 魏尔斯特拉斯定理

因为幂级数的部分和序列是次数逐步增加的多项式, 则任何能展开为幂级数的函数 $f(x)$ 都可以近似地用多项式来表示而精确到任意的程度. 更确切地应该这样说: 如果函数 $f(x)$ 能用幂级数来表示, 其收敛半径等于 r, 则对任何正数 $\rho<r$ 以及任意的 $\varepsilon>0$ 都存在一个多项式, 它与 $f(x)$ 的差对区间 $[-\rho,\rho]$ 上的所有的 x 都小于 ε, 也就是说, 在任何一个紧包含于 $(-r,r)$ 的区间上, 这个幂级数都是一致收敛的 (我们不能对区间 $(-r,r)$ 断定这一点, 尽管它还是开的, 因为在开区间上一个幂级数的收敛性可能是不一致的).[①] 回想一下, 我们在第五讲中讲到泰勒公式以及麦克劳林公式时就说到过一个函数通过多项式来近似表达时存在这样的问题.

然而, 如果任何能够展开为幂级数的函数都能用多项式近似到任意的精确程度, 则逆命题至少并不显然. 如果在一个区间 $[a,b]$ 上, 函数 $f(x)$ 可以用多项式表示到任意预先给定的精确度, 很显然, 从这一点出发, 还不能得知此函数在什么点上能展开为幂级数. 这个说明有着重要的原则性的意义. 实际上, 函数的多项式形式的近似表达是我们赖以研究这些函数的最重要的工具之一. 从另一方面讲, 我们了解, 幂级数展开只对较为狭窄的函数类可能, 甚至具有任意阶导数的函数还不能全部包含在这个函数类中. 所以 φ 可展为幂级数, 这本身就是一个十分苛刻的要求. 也就是说, 如果可以用多项式近似表示是函数的幂级数可展开性的必要条件, 则这种 (十分珍贵的) 可展开性只有很狭窄的一类函数才具备.

实际上, 事情是另一种情况. 一个函数可以在某个区间上用幂级数展开虽然是极少的, 但用多项式近似表示到任意精确度的充分必要条件却只是它在该区间上的**连续性**. 也就是说, 甚至处处不可微的函数也可能有这样的近似表示. 连续性的必要性当然是很明显的: 能够以多项式近似表示到任意精确度的函数是多项式 (当然是连续函数) 的一致收敛序列 (即一致收敛的级数的和) 的极限, 因而根据熟知的定理 (参见第四讲 “4.6 函数级数” 一节) 它也应该是连续的. 至于这个必要条件同时又是充分条件, 这件事是数学分析的最深刻、最重要的事实之一, 它就是著名的魏尔斯特拉斯定理的内容. 现在我们来证明这个定理.[②]

---

① 按第四讲 “4.7 幂级数” 一节第二个脚注的说法, 就是在任意紧包含于 $(-r,r)$ 的区间上, 都有这个性质. 我们在那里特别推荐使用 “紧包含” 的说法, 所以在本讲以下凡遇到这种情况, 我们一律使用 “紧包含” 一词. 也请参见本节最后一个脚注. —— 译者注

② 大家都熟悉该定理的许多各自不同的证明. 我们在此选用一个从方法论上说最有意义的证明.

魏尔斯特拉斯定理 若函数 $f(x)$ 在闭区间 [0,1] 上连续, 则必可在此闭区间上找到一个多项式序列一致逼近 $f(x)$.

我们马上就可以看到, 我们需要从离题稍远的地方谈起.

我们来研究积分

$$I_n = \int_{-1}^{+1} (1-u^2)^n \mathrm{d}u;$$

很显然, 对任何 $n = 1, 2, \cdots, I_n$ 都是正数. 我们将积分区域分成两部分, 即分别来研究积分

$$K_n = \int_{-n^{-\frac{1}{3}}}^{+n^{-\frac{1}{3}}} (1-u^2)^n \mathrm{d}u,$$

它分布在区间 $\left(-\frac{1}{\sqrt[3]{n}}, +\frac{1}{\sqrt[3]{n}}\right)$ 上 (当 n 很大时这是一个很小的区间), 以及区间余下部分上的积分

$$L_n = \int_{n^{-\frac{1}{3}} \leqslant |u| \leqslant 1} (1-u^2)^n \mathrm{d}u,$$

L_n 实质上是两个积分的和, 分别分布在相应的区间 $\left(-1, -\frac{1}{\sqrt[3]{n}}\right)$ 以及 $\left(\frac{1}{\sqrt[3]{n}}, 1\right)$ 上. 当 n 无限增加时, K_n 的积分区域收缩于 0 点; 反之, L_n 的积分区域则扩大且趋近于覆盖整个区间 $[-1,1]$. 但我们现在却可以证明, 对很大的 n 值, K_n 的值几乎就是 I_n 的值的全部, 而积分 L_n 的值却仅仅占这个值的可以略而不计的一小部分. 当然, 这是因为当 n 很大时被积函数 $(1-u^2)^n$ 只对很小的 $|u|$ 值才多少有显著一些的值, 而对相对较大的 $|u|$ 值, 被积函数都是微不足道地小. 该函数的图形可见图 33.

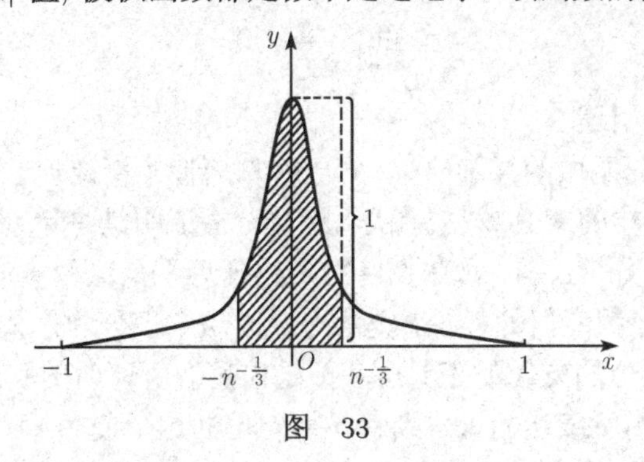

图 33

引理 当 $n \to \infty$ 时, $\frac{K_n}{I_n} \to 1, \frac{L_n}{I_n} \to 0$.

因为这两个关系式中的每一个都很明显地是另一个的推论, 所以只要证明其中任何一个就足够了.

在积分 L_n 中, 很显然当 $|u| = n^{-\frac{1}{3}}$ 时被积函数达到最大值 $(1-n^{-\frac{2}{3}})^n$. 因为积分区域是区间 $[-1,1]$ 的一部分, 所以有

$$L_n < (1 - n^{-\frac{2}{3}})^n \cdot 2.$$

从另一方面讲, 很显然有

$$I_n > \int_{-\frac{1}{2}n^{-\frac{1}{3}}}^{\frac{1}{2}n^{-\frac{1}{3}}} (1-u^2)^n \mathrm{d}u > (1 - \frac{1}{4}n^{-\frac{2}{3}})^n \cdot n^{-\frac{1}{3}},$$

因而有

$$\frac{L_n}{I_n} < 2n^{\frac{1}{3}} \left(\frac{1 - n^{-\frac{2}{3}}}{1 - \frac{1}{4}n^{-\frac{2}{3}}} \right)^n.$$

但是

$$\frac{1 - n^{-\frac{2}{3}}}{1 - \frac{1}{4}n^{-\frac{2}{3}}} = 1 - \frac{\frac{3}{4}n^{-\frac{2}{3}}}{1 - \frac{1}{4}n^{-\frac{2}{3}}} < 1 - \frac{3}{4}n^{-\frac{2}{3}}$$
$$< \mathrm{e}^{-\frac{3}{4}n^{-\frac{2}{3}}},$$ [1]

所以

$$\frac{L_n}{I_n} < 2n^{\frac{1}{3}} \mathrm{e}^{-\frac{3}{4}n^{\frac{1}{3}}},$$

或者令 $\frac{3}{4}n^{\frac{1}{3}} = z$,

$$\frac{L_n}{I_n} < \frac{8}{3} z\mathrm{e}^{-z};$$

但当 $n \to \infty$ 时有 $z \to \infty$, 而此时 $z\mathrm{e}^{-z} \to 0$[2], 所以

$$\lim_{n\to\infty} \frac{L_n}{I_n} = 0.$$

这就证明了我们的引理.

我们对积分 I_n 所做的详细研究, 对于魏尔斯特拉斯定理这样一个如此一般的命题可能具有什么样的意义呢? 在数学分析中, 在证明具有特别大的普遍性的定理时要应用很专门的分析工具. 魏尔斯特拉斯定理远不是这种情形的唯一例子, 而在我们的例子中, 这个很专门的工具就是积分 I_n. 这个积分的什么性质使得它成为证明魏尔斯特拉斯定理的方便的工具呢? 正是在我们所证明的引理中表现出来的性质.[3]也就是说, 我们所叙述的魏尔斯特拉斯定理的这个证明, 可以作为数学分析的讨论的方法论上有教益的例子.

① 大家都熟悉, 对任何 $x \neq 0$ 有 $1 + x < \mathrm{e}^x$. 最简单的证明是求函数 $\mathrm{e}^x - 1 - x$ 的最小值.

② 这里简单地给以证明. 注意到当 $z > 0$ 时 $\mathrm{e}^z = 1 + z + \frac{z^2}{2!} + \cdots > \frac{1}{2}z^2$, 因此 $z\mathrm{e}^{-z} = \frac{z}{\mathrm{e}^z} < \frac{2}{z}$.

③ 请读者注意, 存在许许多多函数具有类似 I_n 的被积函数 $(1-u^2)^n$ 的性质. 它们在三角级数、概率论、偏微分方程甚至物理中应用甚广. 直到 20 世纪 40 到 50 年代, 为工程师们更好地理解数学分析的基础, 出现了 "广义函数论", 大家才明白它的实质就是所谓 δ- 序列. 而作者这本书是 20 世纪 40 年代中期写成的, 所以不提广义函数是可以理解的.—— 译者注

现在假设给定了一个在区间 $[0,1]$ 上连续的任意函数 $f(x)$, 并把积分

$$P_n(x)=\frac{1}{I_n}\int_0^1 f(v)\{1-(v-x)^2\}^n\mathrm{d}v$$

作为 x 的函数来研究, $P_n(x)$ 很显然是 $2n$ 次多项式 (因为被积函数是这样的多项式). 用 $v=x+u$ 来作积分变量变换, 我们得到

$$P_n(x)=\frac{1}{I_n}\int_{-x}^{1-x} f(u+x)(1-u^2)^n\mathrm{d}u.$$

设 $0<\alpha<\beta<1$ 且 $\alpha\leqslant x\leqslant\beta$. 此时

$$-x\leqslant-\alpha<0<1-\beta\leqslant 1-x.$$

因此如果 n 充分大, 使得 $n^{-\frac{1}{3}}$ 不大于数 α 与 $1-\beta$ 中较小的一个, 即 $n^{-\frac{1}{3}}\leqslant\min\{\alpha,1-\beta\}$, 则有

$$-x<-n^{-\frac{1}{3}}<n^{-\frac{1}{3}}<1-x\quad(\alpha\leqslant x\leqslant\beta).$$

由此, 可以把 $P_n(x)$ 的积分写成

$$\int_{-x}^{1-x}=\int_{-x}^{-n^{-\frac{1}{3}}}+\int_{-n^{-\frac{1}{3}}}^{n^{-\frac{1}{3}}}+\int_{n^{-\frac{1}{3}}}^{1-x}.$$

但若以 M 来表示函数 $|f(x)|$ 在区间 $[0,1]$ 上的最大值, 很显然我们有

$$\begin{aligned}&\frac{1}{I_n}\left|\left\{\int_{-x}^{-n^{-\frac{1}{3}}}+\int_{n^{-\frac{1}{3}}}^{1-x}\right\}f(u+x)(1-u^2)^n\mathrm{d}u\right|\\ \leqslant&\frac{M}{I_n}\left\{\int_{-1}^{-n^{-\frac{1}{3}}}+\int_{n^{-\frac{1}{3}}}^{1}\right\}(1-u^2)^n\mathrm{d}u=\frac{ML_n}{I_n}\to 0,\end{aligned}$$

这是令 $n\to\infty$ 时由上面证明的引理得到的. 这里由于 $\frac{ML_n}{I_n}$ 与 x 无关, 故该式的左边当 $n\to\infty$ 时在全区间 $[\alpha,\beta]$ 上关于 x **一致地**趋近于零. 设

$$\frac{1}{I_n}\left\{\int_{-x}^{-n^{-\frac{1}{3}}}+\int_{n^{-\frac{1}{3}}}^{1-x}\right\}f(u+x)(1-u^2)^n\mathrm{d}u=R_n(x),$$

这样一来就有

$$P_n(x)=\frac{1}{I_n}\int_{-n^{-\frac{1}{3}}}^{n^{-\frac{1}{3}}} f(u+x)(1-u^2)^n\mathrm{d}u+R_n(x),$$

而且当 $n \to \infty$ 时在区间 $[\alpha, \beta]$ 上一致地有 $R_n(x) \to 0$. ①

你们大概已经猜想到, 我们想找的近似表达函数 $f(x)$ 的多项式, 正是 $P_n(x)$. 如果是这样, 则你应当看清楚了证明的下一步的方案: 由于当 n 充分大时量 $R_n(x)$ 是一致的无穷小, 只需证明上面关于 $P_n(x)$ 的等式的右边的第一项在整个区间 $[\alpha, \beta]$ 上趋近于 $f(x)$ 即可. 而这几乎是很显然的, 因为包含于积分区间内的 $|u|$ 的值是可以忽略的很小的量, $|u| \leqslant n^{-\frac{1}{3}}$. 所以积分号下的 $f(u+x)$ 与 $f(x)$ 之差无穷小, 这样以 $f(x)$ 来代换 $f(u+x)$, 我们也就得出表达式 $f(x)\dfrac{K_n}{I_n}$来代替整个第一项, 而由我们的引理, 当 $n \to \infty$ 时它是趋近于 $f(x)$ 的. 所以为完成证明, 只要形式完全相同地严格进行这个讨论即可. 最简单的是对此应用第一中值定理 (参见第六讲 "6.6 中值定理" 一节), 由此得

$$\int_{-n^{-\frac{1}{3}}}^{n^{-\frac{1}{3}}} f(u+x)(1-u^2)^n \mathrm{d}u = f(x+\theta n^{-\frac{1}{3}})K_n,$$

其中 $-1 < \theta < 1$. 这样一来, 我们得到

$$\begin{aligned}|f(x) - P_n(x)| &= \left| f(x) - f(x+\theta n^{-\frac{1}{3}})\frac{K_n}{I_n} - R_n(x) \right| \\ &\leqslant \left| f(x) - f(x+\theta n^{-\frac{1}{3}})\frac{K_n}{I_n} \right| + |R_n(x)|.\end{aligned}$$

设 $\varepsilon > 0$ 为任意小, 正如我们已经了解的那样, 对于充分大的 n 有

$$|R_n(x)| < \frac{\varepsilon}{2} \quad (\alpha \leqslant x \leqslant \beta);$$

从另一方面讲, 因为当 $n \to \infty$ 时 $\dfrac{K_n}{I_n} \to 1$, 而函数 $f(x)$ 在整个区间 $[0, 1]$ 上一致连续, 故当 n 充分大时

$$\left| f(x) - f(x+\theta n^{-\frac{1}{3}})\frac{K_n}{I_n} \right| < \frac{\varepsilon}{2} \quad (\alpha \leqslant x \leqslant \beta);$$

这样一来, 对充分大的 n 有

$$|f(x) - P_n(x)| < \frac{\varepsilon}{2} + \frac{\varepsilon}{2} = \varepsilon \quad (\alpha \leqslant x \leqslant \beta).$$

换言之, 当 $n \to \infty$ 时多项式 $P_n(x)$ 在区间 $[\alpha, \beta]$ 上一致趋近于函数 $f(x)$.

魏尔斯特拉斯定理以此得证, 我们只需去掉几个不太重要的限制: 首先, 我们应当从特殊的区间 $[0, 1]$ 转向任意的区间 $[a, b]$; 其次, 我们应当证明魏尔斯特拉斯

① 注意, 我们只在 $[\alpha, \beta]$ 上而不是在 $[0, 1]$ 上证明了这一点, 即只在紧包含于 $(0, 1)$ 中的 $[\alpha, \beta]$ 上证明了这一点.—— 译者注

定理所要求的一致近似不仅是在紧包含于 (a,b)①内的任意区间 $[a',b']$ 上成立 (我们的情形正是这样, 因为区间 $[\alpha,\beta]$ 正是整个包含于 (0,1) 内的任意区间), 而且应该也在整个区间 $[a,b]$ 上成立.

为达到第一个目的, 我们设

$$\frac{x-a}{b-a}=y,\quad x=a+(b-a)y\quad(a\leqslant x\leqslant b),$$
$$f(x)=f[a+(b-a)y]=\varphi(y).$$

当 x 取遍区间 $[a,b]$ 时, y 取遍区间 $[0,1]$, 且若函数 $f(x)$ 在区间 $[a,b]$ 上连续, 则函数 $\varphi(y)$ 在区间 $[0,1]$ 上连续. 令 $a<a'<b'<b$. 设

$$\frac{a'-a}{b-a}=\alpha,\quad \frac{b'-a}{b-a}=\beta,\quad 0<\alpha<\beta<1.$$

由于我们刚刚证明了, 对任意的 $\varepsilon>0$ 都可以找到多项式 $P_n(y)$, 使得

$$|\varphi(y)-P_n(y)|<\varepsilon\quad(\alpha\leqslant y\leqslant\beta);$$

或者改写成

$$\left|f(x)-P_n\left(\frac{x-a}{b-a}\right)\right|<\varepsilon\quad(a'\leqslant x\leqslant b');$$

但很显然

$$\varPi_n(x)=P_n\left(\frac{x-a}{b-a}\right)$$

是关于 x 的多项式, 而且与 $P_n(x)$ 次数相同. 这就是说, 在任意区间 $[a,b]$ 上连续的函数 $f(x)$, 可以在紧包含于区间 (a,b) 内的任何区间 $[a',b']$ 上, 以任意的精确度一致地通过多项式来逼近.

① 此处的 (a,b) 及后面的 $(0,1)$ 原书作 $[a,b],[0,1]$, 现改为开区间, 因为证明假设的是 $0<\alpha<\beta<1$, 而不是 $0\leqslant\alpha<\beta\leqslant1$. 整个包含于 $[0,1]$ 内的任意区间自然也有 $[0,1]$ 本身. 而上面恰好不许可 $\alpha=0,\beta=1$, 否则、$n^{-\frac{1}{3}}\leqslant\min\{\alpha,1-\beta\}$ 就不可能了. 根据第四讲 "4.7 幂级数" 一节的第二个脚注, 这就是在 (0,1)"内部". 或者用我们的说法, 就是在紧包含于 (0,1) 的任意闭区间上. 在那个脚注里, 我们讲了什么叫做集合 U 紧包含于 (0,1) 中. 对于任意集合 V(不一定如 (0,1) 那样是开区间), 什么叫做 U 紧包含于 V 中 (记作 $U\Subset V$) 呢? 那就是: 存在 V 的一个紧子集 K, 使得 $U\subset\mathrm{K}\subset V$. 在涉及我们现在所讲内容的范围内, **紧集就是有界闭集**. 这样魏尔斯特拉斯定理就可以表述为: *若 $f(x)$ 是 V 上的任意连续函数, 则在任意紧包含于 V 内的集合中, 或者说在 V 的任何一个紧子集中, 必存在一个多项式序列一致收敛于 $f(x)$*. 特别地, 若 V 本身就是闭区间 [0,1] 时, 它当然也是自己的一个紧子集. 这样, 就得到了我们陈述的魏尔斯特拉斯定理. 总之, 紧性是一个极为重要的性质, 现在的数学分析教材中多数都不讲它, 这是令人遗憾的. 但有一个例外: 小平邦彦的《微积分入门 I》(人民邮电出版社, 2008) 对此作了很清楚的叙述. 那也是一本以大学生为对象的教科书. —— 译者注

最后, 为取消这第二个限制, 我们再次设函数 $f(x)$ 在区间 $[a,b]$ 上连续, 并且令

$$F(x)=\begin{cases} f(a) & (a-1\leqslant x\leqslant a),\\ f(x) & (a\leqslant x\leqslant b),\\ f(b) & (b\leqslant x\leqslant b+1).\end{cases}$$

很显然, 函数 $F(x)$ 在区间 $[a-1,b+1]$ 上有定义且连续. 区间 $[a,b]$ 紧包含于上面的区间内. 根据刚刚证明的结论, 它应该可以在区间 $[a,b]$ 上以任意的精确度用多项式来一致地逼近. 但因为在此区间上 $F(x)\equiv f(x)$, 所以上述事实对函数 $f(x)$ 也正确. 这样魏尔斯特拉斯定理最终得到证明.

该定理也可以这样表述: **任何连续函数都是一致收敛的多项式级数的和**. 因为例如用 $P_n(x)$ 表示与 $f(x)$ 的差在整个区间 $[a,b]$ 上都小于 $\frac{1}{n}$ 的多项式 ($P_n(x)$ 的存在是刚刚证明了的), 则级数

$$P_1(x)+[P_2(x)-P_1(x)]+\cdots+[P_n(x)-P_{n-1}(x)]+\cdots$$

(其各项都是多项式), 很显然在区间 $[a,b]$ 上一致收敛于函数 $f(x)$.

7.4　三角级数

我们称形如

$$\frac{a_0}{2}+\sum_{n=1}^{\infty}(a_n\cos nx+b_n\sin nx) \tag{4}$$

的级数为三角级数. 因为该级数的所有项都是以 2π 为周期的周期函数, 所以该级数的和也具有同样的周期性. 因此, 如果我们要展开为这种级数的函数不具有这种周期性, 则只有在长度小于 2π 的区间上寻找它的展开式才有意义. 因为这种周期性, 所有关于级数 (4) 的讨论都只要在某个确定的长度为 2π 的区间 (比如区间 $[-\pi,\pi]$) 上进行就行了.

我们首先提出三点考虑. 由于这些考虑, 在某些情况下把函数展开为级数 (4) 比展开为幂级数更为合理.

1) 正如我们所了解的, 幂级数展开只对具有任意阶导数的函数才有可能 (即使这样苛刻的要求, 一般来说也还不是充分条件); 反之, 对于函数展开为级数 (4), 远为平凡的前提条件就足够了. 特别地, 正如你们将要看到的, 这种展开只要一个函数的导数是有界且可积的①就行了, 同时连这个条件也还不是必要的.

① 可能读者会认为, 凡导函数一定黎曼可积. 这是一个大的误解, 而误解的来源正是由于把微分和积分看成简单的逆运算. 请注意, 即使在黎曼可积的意义下, 微积分的基本定理 $\int_a^b f'(x)\mathrm{d}x=f(b)-f(a)$ 也并不是对一切 $f(x)$ 都成立的. 它成立的一个充分条件是 $f'(x)$ 连续. —— 译者注

2) 级数 (4) 的项是波状的周期函数, 这个波状周期性的某些特性对该级数的部分和仍适用——一般来说, 这是幂级数所没有的特点. 因此若所研究的函数表现出有点像是波的趋势 (如在力学、物理学、生物学、经济学中时常遇到这类函数), 则我们完全有理由期望, 用三角级数的部分和来模仿该函数的性质要比用幂级数的部分和更好一些.

3) 作为级数 (4) 的项的三角函数具有一个重要的性质, 它在极大的程度上使得研究三角级数或对它们进行运算变得容易得多, 而幂级数的项完全没有这个性质. 这个性质就是函数系

$$1,\ \sin nx,\ \cos nx \quad (n=1,2,\cdots) \tag{5}$$

的**正交性**, 其含义是该函数系中任意两个不同的函数的乘积在任何长度为 2π 的区间上的积分都等于零 (这一点或许你们已经知道, 证明起来也很容易: 只要对积分号下的乘积应用初等三角中的积化和差公式就行了). 这个著名的性质的重要性不难想象: 甚至远比三角函数复杂得多的函数, 只要它们能构成正交系, 则在许多情况下都可以用它们组成级数而成为研究函数特别方便的工具. 三角函数系 (5) 的许多性质都是任何正交系普遍具有的性质, 这促使人们去建立关于这个函数系的完整而独特的理论. 这个理论现在已得到广泛的发展, 并且包含了数学分析中许多重要、深刻的事实.①

7.5 傅里叶系数

在幂级数的情形我们已经看到, 级数的系数很容易确定, 只要知道被展开的函数及其导数在 $x=0$ 时的值就行了. 对于三角级数自然也首先提出这个问题. 设函数 $f(x)$ 在区间 $[-\pi,\pi]$ 上能展开为**一致收敛的**级数 (4). 对等式

$$f(x)=\frac{a_0}{2}+\sum_{n=1}^{\infty}(a_n\cos nx+b_n\sin nx)$$

的两边乘以 $\cos kx$, 其中 k 是数列 $0,1,2,\cdots$ 中的一个. 我们很容易地得知, 函数 $f(x)\cos kx$ 也能展开为某个一致收敛的级数, 所以对所得到的等式两边在区间 $[-\pi,\pi]$ 上积分时, 对右边的级数我们可以逐项积分 (参见第四讲 "4.6 函数级数" 一节). 但由于三角函数系的正交性, 除了唯一一项外, 该级数的其他项的积分都等于零, 这一项就是积分

$$\int_{-\pi}^{\pi} a_k\cos^2 kx\,\mathrm{d}x=a_k\int_{-\pi}^{\pi}\frac{1+\cos 2kx}{2}\mathrm{d}x=\pi a_k, \tag{6}$$

这里我们设 $k>0$. 当 $k=0$ 时我们得到唯一的不为零的积分则是

① 作者这里讲到的理论现在通常称为调和分析, 它不但是当前分析数学的主流的一部分, 而且几乎在一切应用领域中都成了不可缺少的工具. —— 译者注

$$\int_{-\pi}^{\pi}\frac{a_0}{2}\mathrm{d}x=\pi a_0,$$

所以一般的公式 (6) 也包括了这种情况 (正是为此目的, 级数 (4) 的第一项通常才写为 $\frac{a_0}{2}$). 这就是说, 对任何 $k\geqslant 0$ 我们有

$$\int_{-\pi}^{\pi}f(x)\cos kx\,\mathrm{d}x=\pi a_k,$$

或者

$$a_k=\frac{1}{\pi}\int_{-\pi}^{\pi}f(x)\cos kx\,\mathrm{d}x\quad(k=0,1,2,\cdots);\tag{7}$$

以类似的方式也可得到

$$b_k=\frac{1}{\pi}\int_{-\pi}^{\pi}f(x)\sin kx\,\mathrm{d}x\quad(k=1,2,\cdots).\tag{8}$$

公式 (7) 和 (8) 也就解决了我们提出的问题——将级数 (4) 的系数用该级数所表示的函数表示出来. 这些公式甚至都不需要函数 $f(x)$ 一阶导数的存在. 对任何可积函数, 系数 a_k 和 b_k 都可以通过这些公式确定. 它们通常被称为这个可积函数 $f(x)$ 的**傅里叶系数**, 而由它们构成的级数 (4) 则被称为该函数的**傅里叶级数**(尽管公式 (7) 和 (8) 是欧拉首先得到的). 但从这里不能得出 (从逻辑方面来说, 这里完全与我们在研究幂级数时所遇到的情形相类似) 可积函数的傅里叶级数是收敛的, 而且即使它收敛, 则如前面所作, 无论怎样也不能推出其和应是函数 $f(x)$. 也确实存在着这样的情形: 对可积函数所建立的傅里叶级数有时却是发散的. 至今为止我们已证明的一切可以这样表述: **如果函数 $f(x)$ 可以表示为在区间 $[-\pi,\pi]$ 上一致收敛的三角级数, 则该级数是它的傅里叶级数**. 即它的系数可以通过该函数由公式 (7) 和 (8) 表示出来. 在麦克劳林级数的情形下我们得到了完全类似的结论, 不同的只是那里并不特别要求一致收敛性, 因为从幂级数的性质本身得知, 其在紧包含于收敛区域内的任何区间上具有一致收敛性.

很显然, 三角级数理论的基本任务在于确定这样的条件, 使得某函数成为其傅里叶级数的和. 许多人对这个问题作过大量的研究, 写出了大量的研究著作. 今后我们只研究与此问题有关的几个最简单的结果.

7.6　平均逼近

我们首先要指出, 怎样在研究一个完全另外的问题时会出现傅里叶系数. 现在设有在区间 $[-\pi,\pi]$ 上有界且可积分的函数 $f(x)$. 我们希望对它找出一个 "n 阶三角多项式" 形式的近似表达式

$$\Pi_n(x)=\frac{\alpha_0}{2}+\sum_{k=1}^{n}(\alpha_k\cos kx+\beta_k\sin kx),$$

并且问：应当怎样选择系数 α_k, β_k 才能使这个近似尽可能精确. 当然, 我们这样提出的问题还是没有确定性的, 因为没有确定以什么样的量来度量所得到的近似式. 很明显, 选择这种量有很广泛的任意性. 例如我们可以取差

$$|f(x) - \Pi_n(x)|$$

在 $-\pi \leqslant x \leqslant \pi$ 上的上确界作为我们近似式的误差. 另一个可用以估计这样或那样的近似式的误差的量是

$$\int_{-\pi}^{\pi} |f(x) - \Pi_n(x)| \mathrm{d}x;$$

最后也可以用积分

$$\int_{-\pi}^{\pi} [f(x) - \Pi_n(x)]^2 \mathrm{d}x \tag{9}$$

来估计这个误差. 从数学形式上讲, 最后一个表达式不仅在理论探索中, 而且在实际计算上最为方便, 因为它没有用到在解析运算中时常带来困难的绝对值符号. 我们来讲讲最后这个估计误差的公式. 与这个确定的误差值相关的近似方法在数学上通常称为“平均逼近”.

现在摆在我们面前的完全确定的任务是：选择数 α_k, β_k, 使积分 (9) 得到可能的最小值. 很显然, 这个积分是 $2n+1$ 个变量 $\alpha_0, \alpha_1, \beta_1, \cdots, \alpha_n, \beta_n$ 的函数, 因此这里是一个多元函数的极小值问题. 不过, 这个问题的特殊性质使得解决它时可以不用微分学的方法.

把积分 (9) 改写为形式

$$\int_{-\pi}^{\pi} f^2(x) \mathrm{d}x + \int_{-\pi}^{\pi} \Pi_n^2(x) \mathrm{d}x - 2\int_{-\pi}^{\pi} f(x)\Pi_n(x) \mathrm{d}x.$$

以 a_k, b_k 来表示函数 $f(x)$ 的傅里叶系数, 很显然, 我们由公式 (7) 和 (8) 得到

$$\int_{-\pi}^{\pi} f(x)\Pi_n(x) \mathrm{d}x = \pi \left\{ \frac{\alpha_0 a_0}{2} + \sum_{k=1}^{n} (\alpha_k a_k + \beta_k b_k) \right\}. \tag{10}$$

从另一方面讲, 如果我们注意到

$$\int_{-\pi}^{\pi} \cos^2 kx \, \mathrm{d}x = \int_{-\pi}^{\pi} \sin^2 kx \, \mathrm{d}x = \pi,$$

则由函数组 (5) 的正交性容易得出

$$\int_{-\pi}^{\pi} \Pi_n^2(x) \mathrm{d}x = \pi \left\{ \frac{\alpha_0^2}{2} + \sum_{k=1}^{n} (\alpha_k^2 + \beta_k^2) \right\}. \tag{11}$$

比较式 (10) 和式 (11), 并利用初等的关系式

$$\alpha_k^2 - 2a_k\alpha_k = (\alpha_k - a_k)^2 - a_k^2,$$
$$\beta_k^2 - 2b_k\beta_k = (\beta_k - b_k)^2 - b_k^2,$$

我们得到

$$\begin{aligned}&\int_{-\pi}^{\pi} \Pi_n^2(x)\mathrm{d}x - 2\int_{-\pi}^{\pi} f(x)\Pi_n(x)\mathrm{d}x\\ =&\pi\left\{\frac{(\alpha_0 - a_0)^2}{2} + \sum_{k=1}^{n}[(\alpha_k - a_k)^2 + (\beta_k - b_k)^2]\right\}\\ &-\pi\left\{\frac{a_0^2}{2} + \sum_{k=1}^{n}(a_k^2 + b_k^2)\right\},\end{aligned}$$

因而有

$$\begin{aligned}&\int_{-\pi}^{\pi}[f(x) - \Pi_n(x)]^2\mathrm{d}x\\ =&\int_{-\pi}^{\pi} f^2(x)\mathrm{d}x - \pi\left\{\frac{a_0^2}{2} + \sum_{k=1}^{n}(a_k^2 + b_k^2)\right\}\\ &+\pi\left\{\frac{(\alpha_0 - a_0)^2}{2} + \sum_{k=1}^{n}[(\alpha_k - a_k)^2 + (\beta_k - b_k)^2]\right\}.\end{aligned}$$

右边只有最后一项与数 α_k, β_k 有关. 因此我们只需要找出这最后一项的最小值. 因为这一项是许多非负项之和, 所以只有当所有这些非负项都变为零时, 即当

$$\alpha_0 = a_0, \quad \alpha_k = a_k, \quad \beta_k = b_k \quad (k = 1, 2, \cdots, n)$$

时, 它才得到其最小值 (零). 这就是说, 我们所提问题的答案是: **在所有的 n 阶三角多项式中, 已知的有界的可积函数 $f(x)$ 的最好的平均近似式是这样一个三角多项式, 其系数恰是该函数的傅里叶系数**. 我们以 $P_n(x)$ 来表示这个三角多项式, 则有

$$\begin{aligned}&\int_{-\pi}^{\pi}[f(x) - P_n(x)]^2\mathrm{d}x\\ =&\int_{-\pi}^{\pi} f^2(x)\mathrm{d}x - \pi\left\{\frac{a_0^2}{2} + \sum_{k=1}^{n}(a_k^2 + b_k^2)\right\}.\end{aligned}$$

这个关系式同时还证明了一个很重要的命题: 因为左边很显然是非负的, 则对任何 n 有

$$\frac{a_0^2}{2} + \sum_{k=1}^{n}(a_k^2 + b_k^2) \leqslant \frac{1}{\pi}\int_{-\pi}^{\pi} f^2(x)\mathrm{d}x.$$

因为此不等式的右端与 n 无关, 故左边的和当 n 增加时是有界的. 换言之, **对任一个有界可积函数 $f(x)$, 级数**

$$\sum_{k=1}^{\infty}(a_k^2+b_k^2)$$

收敛. 特别地, 由此得知, 每一个这样的函数的 傅里叶系数 a_k, b_k 当 $k\to\infty$ 时都趋近于零.

这些完全是由初等方法得到的结果, 对于傅里叶级数理论有着很大的意义.

7.7 三角函数系的封闭性

正如我们在幂级数理论中看到的, 同一个级数有可能是无穷多个不同函数的麦克劳林级数. 对傅里叶级数, 类似的现象也是可能的吗? 这个问题同三角函数系 (5) 的一个重要性质紧密联系. 如果级数 (4) 是两个在区间 $[-\pi,\pi]$ 上连续的[①]且互不相同的函数 $f_1(x)$ 和 $f_2(x)$ 的傅里叶级数, 则这意味着这两个函数所有相应的傅里叶系数都应彼此相等, 因而这两个函数的差

$$f(x)=f_1(x)-f_2(x)$$

在区间 $[-\pi,\pi]$ 上虽然不恒等于零, 但其所有的傅里叶系数都等于零. 由 (7) 和 (8), 这一点很显然等价于命题: 函数 $f(x)$ 与组 (5) 中的任何函数都**正交**. 也就是说, 此时正交组 (5) 就是常说的**不封闭的**, 即还可以添加新的不恒等于零的函数, 使得扩大后的函数组还是正交的. 很显然, 逆命题也是对的: 如果组 (5) 不封闭, 则添加的与组 (5) 的所有函数都正交的函数 $f(x)$ 的所有的傅里叶系数都为零. 而此时组合

$$f_1(x)+\alpha f(x)$$

的所有函数都具有同样的傅里叶系数 (其中的 α 为任意的实数).

我们指出, 实际上组 (5) 是封闭的. 换言之, 任何与组 (5) 中的所有函数都正交的连续函数应当恒等于零.

设 $f(x)$ 是这样的函数. 很显然, 这时对任何三角多项式 $T(x)$ 有

$$\int_{-\pi}^{\pi} f(x)T(x)\mathrm{d}x=0.$$

让我们假设 $f(x)$ 不恒等于零. 为确定起见, 设当 $x=\alpha$ 时 $f(x)>0$. 这时从我们熟知的函数的连续性理论中, 可以得到这样的正数 c 和 δ, 使得当 $-\pi<\alpha-\delta\leqslant x\leqslant\alpha+\delta<\pi$[②]时有

$$f(x)>c.$$

① 如果不添加任何连续性的要求, 所提问题的解决则是平凡的, 因为很显然两个只在某一个点上互不相同的函数的所有的傅里叶系数都彼此相同.

② 很显然在我们的条件下, 可以认为 α 是区间 $[-\pi,\pi]$ 的内点.

现在我们来研究表达式

$$T_n(x) = \left[\frac{1+\cos(x-\alpha)}{2}\right]^n;$$

按照二项式公式进行乘方, 我们对函数 $T_n(x)$ 得到形如

$$T_n(x) = \sum_{r=0}^{n} c_r[\cos(x-\alpha)]^r$$

的表达式; 但从三角学中已知, 任何幂 $\cos^n x$ 都可以表示为函数

$$1, \cos x, \cos 2x, \cdots, \cos nx$$

的常系数线性组合 (证明它只需很简单地用完全归纳法). 也就是说, 我们得到

$$T_n(x) = \sum_{r=0}^{n} d_r \cos r(x-\alpha);$$

最后注意到

$$\cos r(x-\alpha) = \cos r\alpha \cos rx + \sin r\alpha \sin rx,$$

很显然我们会得到表达式

$$T_n(x) = \frac{\alpha_0}{2} + \sum_{r=0}^{n}(\alpha_r \cos rx + \beta_r \sin rx),$$

其中 α_r, β_r 是常系数. 这就是说, 函数 $T_n(x)$ 对任何 n 都是三角多项式, 因此

$$\int_{-\pi}^{\pi} f(x) T_n(x) \mathrm{d}x = 0 \quad (n = 1, 2, \cdots). \tag{12}$$

我们从另一方面想一下, 对于很大的 n, 函数 $T_n(x)$ 的性状的基本特点如何. 因为函数 $\dfrac{1+\cos(x-\alpha)}{2}$ 在区间 $[-\pi, \pi]$ 上很显然介于 0 和 1 之间, 同时它仅当 $x = \alpha$ 时才等于 1, 则当 n 很大时, 量 $T_n(x)$ 非负, 且当 $x = \alpha$ 时等于 1 并在任何离 α 稍有距离的位置上变得小得微不足道. 换言之, 它的变动和本讲中图 33 所描述的那类图形是同一类型的, 只有一点区别, 即需将区间 $[-1, 1]$ 代之以区间 $[-\pi, \pi]$, 最大值的位置 $x = 0$ 代之以点 $x = \alpha$.①

① 把这里的证明与证明魏尔斯特拉斯定理的方法相比较, 就能知道, 它们用的都是同样的技巧, 只不过 $(1-u^2)^n$ 换成了 $\left[\frac{1+\cos(x-\alpha)}{2}\right]^n$. 此外值得注意的是, 魏尔斯特拉斯还有另一个逼近定理, 它指出对于任一定义于 $[-\pi, \pi]$ 上的以 2π 为周期的连续函数 $f(x)$ 必可用三角多项式序列 $\{T_n(x)\}$ 一致逼近. 这个结论可用于直接证明三角函数的封闭性. —— 译者注

由此我们下一步讨论的计划已经明朗. 因为当 n 的值很大时函数 $T_n(x)$ 在区间 $[\alpha-\delta,\alpha+\delta]$ 之外变得微不足道地小, 故积分 (12) 的相应部分也是微不足道地小, 因此其符号取决于积分

$$\int_{\alpha-\delta}^{\alpha+\delta} f(x)T_n(x)\mathrm{d}x \tag{13}$$

的符号, 又因积分号下的 $T_n(x)>0$ 以及 $f(x)>c$, 则只需证明：积分 (12) 中被我们抛开的部分按绝对值来讲比正的积分 (13) 要小得多, 则积分 (12) 就不可能等于零, 这也就导致了矛盾. 我们现在进行必要的估计. 设

$$\int_{\alpha-\delta}^{\alpha+\delta} f(x)T_n(x)\mathrm{d}x = I_1,$$

$$\left\{\int_{-\pi}^{\alpha-\delta}+\int_{\alpha+\delta}^{\pi}\right\} f(x)T_n(x)\mathrm{d}x = I_2,$$

因此

$$0=\int_{-\pi}^{\pi} f(x)T_n(x)\mathrm{d}x = I_1+I_2.$$

注意到等式 $\dfrac{1+\cos(x-\alpha)}{2}=\cos^2\dfrac{x-\alpha}{2}$, 我们得到

$$\begin{aligned}I_1 &\geqslant c\int_{\alpha-\delta}^{\alpha+\delta}\cos^{2n}\frac{x-\alpha}{2}\mathrm{d}x = c\int_{-\delta}^{\delta}\cos^{2n}\frac{y}{2}\mathrm{d}y\\ &= 2c\int_0^{\delta}\left(1-\sin^2\frac{y}{2}\right)^n\mathrm{d}y.\end{aligned}$$

但对已知的积分区域有

$$0\leqslant \sin\frac{y}{2}<1,\quad 0<\cos\frac{y}{2}\leqslant 1,$$

因此

$$I_1>2c\int_0^{\delta}\left(1-\sin\frac{y}{2}\right)^n\cos\frac{y}{2}\mathrm{d}y,$$

或者令 $\sin\dfrac{y}{2}=z, \dfrac{1}{2}\cos\dfrac{y}{2}\mathrm{d}y=\mathrm{d}z$,

$$I_1>4c\int_0^{\sin\frac{\delta}{2}}(1-z)^n\mathrm{d}z=\frac{4c}{n+1}\left[1-\left(1-\sin\frac{\delta}{2}\right)^{n+1}\right].$$

因为对充分大的 n, 括号内的表达式很显然大于 $\dfrac{1}{2}$, 故有

$$I_1>\frac{2c}{n+1}. \tag{14}$$

另一方面, 如果我们以 M 来表示函数 $f(x)$ 在区间 $[-\pi,\pi]$ 上的最大值, 并注意到, 在构成 I_2 的那两个积分的积分区间内

$$\cos^2\frac{x-\alpha}{2}\leqslant\cos^2\frac{\delta}{2},$$

因而

$$T_n(x)\leqslant\cos^{2n}\frac{\delta}{2},$$

则我们得到

$$\begin{aligned}|I_2|&\leqslant M\cos^{2n}\frac{\delta}{2}(\alpha-\delta+\pi+\pi-\alpha-\delta)\\&<2\pi M\cos^{2n}\frac{\delta}{2}=2\pi M\rho^n,\end{aligned}\tag{15}$$

这里设

$$\rho=\cos^2\frac{\delta}{2}<1.$$

因为 $I_1+I_2=0$, 故 $|I_1|=|I_2|$, 由此据 (14) 及 (15) 有

$$2\pi M\rho^n>\frac{2c}{n+1},\quad (n+1)\rho^{n+1}>\frac{c\rho}{\pi M},$$

这就得到了我们要找的矛盾. 因为当 $n\to\infty$ 时 $n\rho^n\to 0$[①], 因而不可能对任意的 n 都大于正的常数 $\frac{c\rho}{\pi M}$.

这就是说, 我们已证明了正交函数组 (5) 的封闭性. 正如我们已经看到的, 由此得出已知的三角级数 (4) 不可能是一个以上的连续函数的傅里叶级数. 特别地, 如果这个级数一致收敛, 则其和是以此级数为傅里叶级数的唯一的连续函数.

7.8 具有有界可积导函数的函数之傅里叶级数的收敛性

现在我们来证明, 任何以 2π 为周期的有界且具有可积的导函数的函数 $f(x)$, 都可以展开为一致收敛的三角级数 (它当然是 $f(x)$ 的傅里叶级数).

我们约定以 a_k,b_k 来表示函数 $f(x)$ 的傅里叶系数, 而以 a'_k,b'_k 来表示函数 $f'(x)$ 的傅里叶系数. 此时由分部积分得

$$\begin{aligned}\pi a_k&=\int_{-\pi}^{\pi}f(x)\cos kx\,\mathrm{d}x\\&=\left[\frac{f(x)\sin kx}{k}\right]_{-\pi}^{\pi}-\frac{1}{k}\int_{-\pi}^{\pi}f'(x)\sin kx\,\mathrm{d}x=-\frac{b'_k}{k},\end{aligned}$$

以同样的方式得 $\pi b_k=\frac{a'_k}{k}$. 今后为方便计, 我们将应用柯西–施瓦茨不等式

① 设 $n\ln\frac{1}{\rho}=x$, 得 $n\rho^n=\frac{1}{\ln\frac{1}{\rho}}x\mathrm{e}^{-x}\to 0(x\to\infty)$.

$$\left[\sum_{k=1}^{n} u_k v_k\right]^2 \leqslant \sum_{k=1}^{n} u_k^2 \sum_{k=1}^{n} v_k^2,$$

它对任意的实数 u_k, v_k 以及任意的 n 成立.①

注意到

$$a_k\cos kx + b_k\sin kx = \frac{1}{\pi k}(-b_k'\cos kx + a_k'\sin kx),$$

我们由不等式

$$\begin{aligned}(\alpha\cos\varphi + \beta\sin\varphi)^2 &= \alpha^2 + \beta^2 - (\alpha\sin\varphi - \beta\cos\varphi)^2\\ &\leqslant \alpha^2 + \beta^2\end{aligned}$$

对 $m > n$ 得到

$$\begin{aligned}&\left|\sum_{k=n}^{m}(a_k\cos kx + b_k\sin kx)\right|^2\\ =&\left|\sum_{k=n}^{m}\frac{1}{\pi k}(-b_k' \cos kx + a_k' \sin kx)\right|^2\\ \leqslant&\frac{1}{\pi^2}\sum_{k=n}^{m}\frac{1}{k^2}\sum_{k=n}^{m}(-b_k' \cos kx + a_k' \sin kx)^2\\ \leqslant&\frac{1}{\pi^2}\sum_{k=n}^{m}\frac{1}{k^2}\cdot\sum_{k=n}^{m}(a_k'^2 + b_k'^2).\end{aligned}$$

但级数 $\sum\limits_{k=1}^{\infty}\frac{1}{k^2}$ 收敛. 同样, 级数

$$\sum_{k=1}^{\infty}(a_k'^2 + b_k'^2)$$

也收敛, 因为 a_k' 和 b_k' 是有界可积函数 $f'(x)$ 的傅里叶系数. 因此最后一个不等式右边的两个因子当 $n\to\infty$ 以及 $m > n$ 时都趋近于零 (柯西准则!). 这就表明

$$\lim_{\substack{n\to\infty\\ m>n}}\sum_{k=n}^{m}(a_k\cos kx + b_k\sin kx) = 0,$$

① 证明: $\sum\limits_{k=1}^{n}(u_k x + v_k)^2$ 作为 x 的函数是二次三项式, 且无论何时均是非负的, 因而其判别式

$$4\left[\left(\sum_{k=1}^{n} u_k v_k\right)^2 - \sum_{k=1}^{n} u_k^2 \sum_{k=1}^{n} v_k^2\right] \leqslant 0.$$

并且它对 x 是一致成立的, 因为上面的不等式的右边是与 x 无关的. 但这由柯西准则也表明, 级数 (4) 是在区间 $[-\pi,\pi]$ 上一致收敛的. 以 $s(x)$ 来表示级数的和, 我们看到, 级数 (4) 同时是函数 $f(x)$ 和 $s(x)$ 的傅里叶级数. 但现在我们已经知道, 这些连续函数应当是恒等的. 这样我们的命题完全得证.

三角级数的现代理论证明了比我们研究过的函数类宽泛得多的函数类之傅里叶级数的收敛性. 但这种推广也不可能太广, 因为我们已知：有一些连续函数, 其傅里叶级数并不是对所有的 x 值都收敛的. 这里我们当然不可能详细地涉及此领域的问题. 我们只要注意到, 有大量的文献、教科书专门讲三角级数理论, 而且该理论中至今还有大量重要的问题没有得到解决, 因而自然吸引了许多人去研究它.

7.9　对任意区间的推广

至此, 我们只讲到定义在区间 $[-\pi,\pi]$ 上的函数, 且只在此区间上去寻找一个函数的三角级数展开式. 这里我们实质上还暗中假设了 $f(\pi)=f(-\pi)$, 因为只有在这个条件下, 函数 $f(x)$ 才可能在整个闭区间 $[-\pi,\pi]$ 的任何点处展开为形如 (4) 的级数.[①]现在我们应该来看一看, 怎样才能摆脱这些限制, 因为很明显, 三角级数理论要能得到较为广泛的应用, 只有在我们掌握了把定义在任意区间的函数展开为三角级数, 并且不以周期性为前提才行.

首先, 很显然有 (其实我们在一开始就证明了)：如果以长度为 2π 的任意区间 $[a,a+2\pi]$ 来代替区间 $[-\pi,\pi]$ 作为讨论的基础, 则所有的讨论都不需要改变, 只要有 $f(a+2\pi)=f(a)$ 就行了. 也就是说, 我们的叙述表明, 只对所研究的区间的长度有要求, 而不考虑它的位置. 对于函数, 则只要求它在已知区间端点处的值相等.

现在设我们要把定义在完全任意的区间 $[a,b]$ 上且不受周期性条件限制的函数 $f(x)$ 展开为三角级数. 像以往一样, 我们将只假设函数 $f(x)$ 在区间 $[a,b]$ 的每一点处可微且其导函数在此区间上有界、可积.

首先假设 $b-a<2\pi$. 很显然, 我们可以有无数种方法在区间 $[a,a+2\pi]$ 上定义一个函数 $f^*(x)$, 它在该区间上具有有界且可积的导函数, 并满足条件 $f^*(a+2\pi)=f^*(a)$, 在区间 $[a,b]$ 的任何点处都等于函数 $f(x)$. 根据我们前面的证明, 函数 $f^*(x)$ 在区间 $[a,a+2\pi]$ 上可以展开为一致收敛的三角级数. 很显然, 在区间 $[a,b]$ 上该级数也表示函数 $f(x)$. 也就是说, 我们已完全解决了所提出的问题.

现在设 $b-a>2\pi$. 此时我们首先取任意的数 $b'>b$ 并在区间 $[a,b']$ 上定义函数 $f^*(x)$, 使得它在该区间上具有有界且可积的导函数, 并且满足条件 $f^*(b')=f^*(a)$, 而且在区间 $[a,b]$ 的任意点上等于 $f(x)$. 如果我们除此以外还要求 $f^{*\prime}(b')=f^{*\prime}(a)$(这当然总是可能的), 并且将函数 $f^*(x)$ 向区间 $[a,b']$ 之外朝两个方向作周期

① 只有这样, $f(x)$ 才是以 2π 为周期的. —— 译者注

性的延拓, 则我们就得到周期为 $b'-a=2l>2\pi$ 的周期函数 $f^*(x)$, 它在任何区间上都具有有界且可积的导函数, 并且在区间 $[a,b]$ 上同 $f(x)$ 的导函数相等.

现在设

$$x=\frac{l}{\pi}y,\quad f^*(x)=f^*\left(\frac{l}{\pi}y\right)=\varphi(y).$$

因为当 x 从 $-l$ 变化到 l 时, y 遍取区间 $[-\pi,\pi]$ 上的一切值, 所以函数 $\varphi(y)$ 在区间 $[-\pi,\pi]$ 上具有有界且可积的导函数, 同时

$$\varphi(-\pi)=f^*(-l)=f^*(l)=\varphi(\pi).$$

由我们的定理, 函数 $\varphi(y)$ 的傅里叶级数在区间 $[-\pi,\pi]$ 上一致收敛于该函数:

$$\varphi(y)=\frac{a_0}{2}+\sum_{n=1}^{\infty}(a_n\cos ny+b_n\sin ny)\quad(-\pi\leqslant y\leqslant\pi).$$

由此很显然 $\left(y=\dfrac{\pi}{l}x\right)$ 有

$$f^*(x)=\frac{a_0}{2}+\sum_{n=1}^{\infty}\left(a_n\cos\frac{n\pi}{l}x+b_n\sin\frac{n\pi}{l}x\right),\tag{16}$$

而且在区间 $-l\leqslant x\leqslant l$ 上是一致收敛的. 因为函数 $\cos\dfrac{n\pi}{l}x$与 $\sin\dfrac{n\pi}{l}x$ 同函数 $f^*(x)$ 一样有周期 $2l$, 所以展开式 (16) 在整个数轴上也一致收敛. 由此特别地得出, 在区间 $[a,b]$ 上一致地有

$$f(x)=\frac{a_0}{2}+\sum_{n=1}^{\infty}\left(a_n\cos\frac{n\pi}{l}x+b_n\sin\frac{n\pi}{l}x\right).$$

这样一来我们看到, 函数 $f(x)$ 在区间 $[a,b]$ 上展开为三角级数, 与级数 (4) 的区别仅在于: 展开式中我们用以 $2l$ 为周期的函数 $\cos\dfrac{n\pi}{l}x,\sin\dfrac{n\pi}{l}x$代替周期为 2π 的函数 $\cos nx,\sin nx$ 作为基本元素. 这个结果最佳地解决了我们所提出的问题, 因为我们当然预先就明白, (4) 的各项都以 2π 为周期, 所以定义在区间 $[a,b]$ 上的函数 $f(x)$ 一般来说不可能用它来表示 (因为 $b-a>2\pi$).

我们还应看一看, 对函数 $f(x)$ 怎样找出表示它的级数的系数 a_n,b_n. 为此我们注意到, 按照最开始时的定义

$$a_k=\frac{1}{\pi}\int_{-\pi}^{\pi}\varphi(y)\cos ky\,\mathrm{d}y,$$
$$b_k=\frac{1}{\pi}\int_{-\pi}^{\pi}\varphi(y)\sin ky\,\mathrm{d}y.$$

令 $y = \dfrac{\pi}{l}x$, 我们得到

$$\begin{aligned} a_k &= \frac{1}{l}\int_{-l}^{l} \varphi\left(\frac{\pi}{l}x\right) \cos k\frac{\pi}{l}x \, \mathrm{d}x \\ &= \frac{1}{l}\int_{-l}^{l} f^*(x)\cos k\frac{\pi}{l}x \, \mathrm{d}x \\ &= \frac{1}{l}\int_{a}^{b'} f^*(x)\cos k\frac{\pi}{l}x \, \mathrm{d}x, \end{aligned}$$

且类似地有

$$b_k = \frac{1}{l}\int_{a}^{b'} f^*(x)\sin k\frac{\pi}{l}x \, \mathrm{d}x.$$

因为满足所提一切条件的函数 $f^*(x)$ 有无穷多个, 则由函数 $f(x)$ 在区间 (a,b) 上给出的 a_k 和 b_k 不是唯一确定的. 这不应使我们感到惊奇: 级数 (16) 只是在长度小于该展开式的元素的周期 $2l$ 的区间 $[a,b]$ 上表示函数 $f(x)$. 与我们最初了解的情形完全相似, 我们可以得到无穷多个不同形式的级数 (4), 可以在区间 $[-\pi,\pi]$ 的任何部分区间 (但不是在整个的区间) 上表示函数 $f(x)$.[①]

① 如果 $f(x)$ 在 $[a,b]$ 上可微, 且 $f(a)=f(b)$, $f'(x)$ 有界可积, 则不论 $b-a>2\pi$ 或 $<2\pi$, 只要作一个变换 $y=-\pi+\frac{\pi(x-a)}{l}$, 这里 $2l=b-a$, 则 $f(x)=\varphi(y)$ 作为 y 的函数就在区间 $[-\pi,\pi]$ 上可微, $\varphi'(y)$ 有界可积, 且适合 $\varphi(-\pi)=\varphi(\pi)$, 所以 $\varphi(y)$ 可以展开为 $\cos ny, \sin ny$ 的傅里叶级数. 由 $\varphi(y)$ 再回到 $f(x)$ 的方法和本书讲的是一样的. 一般教科书都是这样处理的. 问题在于, 本书作者关心的是必须有 $f(-\pi)=f(\pi)$, 所以才采用了以上的讲法. 但这就有一个漏洞: 反而 $b-a=2\pi$ 时上面讲的办法不能用了, 因为不可能再使 $f(a)=f(b)$. 可见 $f(x)$ 非周期的问题是不可避免的. 详细一点的数学分析教材中都讨论过这个问题. 值得注意的是, 这种情况在应用中可以说更为常见, 不过人们都不去过问这个问题了. —— 译者注

第八讲　微分方程

8.1　基本概念

在第六讲的末尾我们说到了, 从总体思想来讲, 任何积分过程的目的都在于按其已知的**局部的**特征来建立所考虑对象的**总和的“整体的”**特征. 这个方向的问题在以数学分析为工具的任何应用科学中都是大量存在着的. 然而, 这类问题对数学工具的多种多样的要求远非积分 (通常的积分或者多元积分) 这样一些初等工具所能满足的. 这种最简单的积分工具只在较少的最原始的情形下才对解决所提出的问题适用.

最常见的情况是这样的: 所研究现象的已知的局部特征导致建立**微分方程**(即联系自变量、函数及其不同阶的导数的方程), 其中的未知量恰恰是描述该现象的整体特征的函数; 求解所提的问题从数学上转化为解某个微分方程组, 即归结为定出含于这些方程中的未知函数. 这个数学问题比简单地求函数的积分要复杂得多, 后者从微分方程理论的观点看只是其最简单且平凡的特例. 这一点表现在, 一旦我们把某个类型的微分方程的求解化成了最简单的求函数积分的问题, 我们就认为这个问题已解决了 (所以在微分方程理论中通常就说化为 “求积”).

研究某些很简单的例子对我们将是有益的: 看一看已知的现象的局部特征是怎样产生出微分方程的, 方程的解又怎样给出这个现象的总和的整体表述.

设想有一个容积为 a 升的容器装满了水, 里面溶解有某种盐. 设有液体连续流过该容器, 在单位时间内向其中注入 b 升纯净的水且从中流出同样升数的溶液. 还知道在某个初始时刻 $t=0$ 时容器内有 c 千克盐, 我们想要知道经过 t 个单位时间后, 容器里还留有的盐的数量 x(千克).

所提的问题给了我们这一现象的什么局部特征呢? 我们知道, 从容器中以每单位时间 b 升的速度流出溶液;[①] 在已知的时刻 t 容器保留有未知的 x 千克盐, 而因为容器的容积是 a 升, 则每升溶液含 $\frac{x}{a}$ 千克盐, b 升溶液则含 $\frac{bx}{a}$ 千克盐. 这就表明, 如果从时刻 t 开始的单位时间里, 溶液的浓度不变 (即保持它在时刻 t 的数值), 则在此单位时间内容器中盐的数量将减少 $\frac{bx}{a}$ 千克. 因此容器中盐的数量减少的速度将是 $-\frac{\mathrm{d}x}{\mathrm{d}t}$(负号 “−” 是必要的, 因为 $\frac{\mathrm{d}x}{\mathrm{d}t}$ 是盐的数量**增加**的速度). 我们得到

---

① 这里我们假设盐在溶解后扩散得非常快, 使得实际上可以认为在容器的所有点处, 盐的浓度在每一已知时刻都是相同的.

$$\frac{\mathrm{d}x}{\mathrm{d}t}=-\frac{bx}{a};\tag{1}$$

此式把盐的数量增加的瞬时速度 $\frac{\mathrm{d}x}{\mathrm{d}t}$ 用在该时刻存在的盐量 x 表示出来, 也给了我们该现象的局部特征 (这里当然说成 "瞬时的" 或 "顷刻间" 的特征更为方便了). 我们想求的函数 $x=x(t)$ 就是所得到的方程的未知函数.

这个函数能否直接用积分法得到? 我们给出了其导数的表达式. 当导数已知时求原函数本来是积分学的基本问题. 但问题总是不太平常: 未知函数的导数不是通过自变量 (像我们习惯的那样), 而是通过未知函数本身来表示的. 积分学不能直接用于解这类问题, 因此这在形式上就提出了一个原则上是新的问题——**解微分方程**(1). 不过, 这种情形的问题可十分轻易地化为积分学的问题. 将方程 (1) 改写为形式

$$\frac{\mathrm{d}x}{x}=-\frac{b}{a}\mathrm{d}t,$$

我们就说是已经 "分离" 了变量. 简单地积分左边给出 $\ln x$, 右边则给出 $-\frac{b}{a}t$, 因此

$$\ln x=-\frac{b}{a}t+k,$$

这里 k 是一个常数. 为确定此数 (在讨论微分方程的全部过程中, 这项工作是它所特有的), 我们要回到 "初始的" 条件: 当 $t=0$ 时 $x=c$. 它给我们以 $k=\ln c$, 因此最后得

$$x=c\mathrm{e}^{-\frac{b}{a}t}.$$

这样一来, 我们所提的问题得到完全的解决. 我们看到容器中盐的数量是随着时间按 "指数" 规律减少的.

现在设想从容器中流出的液体还要流过第二个同样容积的容器, 最初 (即在时刻 $t=0$) 第二个容器中也装满了纯净的水, 而且也是每单位时间流进和流出 b 升溶液. 很显然, 这时也不断地向第二个容器输入了盐. 现在想要求在时刻 t 第二个容器中的盐的数量 y(千克) 是多少.

这里给我们的也只是现象的局部 (瞬时的) 特征. 很显然, 在单位时间里向第二个容器中注入的盐的数量恰是从第一个容器中排出的量, 即像我们所了解的,

$$\frac{b}{a}x=\frac{bc}{a}\mathrm{e}^{-\frac{b}{a}t}(\text{千克}).$$

从另一方面讲, 在时刻 t 第二个容器中的每升溶液含 $\frac{y}{a}$ 千克盐, 即单位时间里从其中流出的 b 升溶液中含有 $\frac{b}{a}y$ 千克盐. 因此第二个容器中盐的数量在时刻 t 的瞬时增加量 (按单位时间计) 等于

$$\frac{\mathrm{d}y}{\mathrm{d}t}=\frac{bc}{a}\mathrm{e}^{-\frac{b}{a}t}-\frac{b}{a}y=\frac{b}{a}(c\mathrm{e}^{-\frac{b}{a}t}-y).\tag{2}$$

你们看到, 局部地描写现象的数学表达式也是一个微分方程. 我们再次给出了未知函数 y 的导数表达式. 但解所得的微分方程已经远不像前面那样容易了. 方程 (2) 给出的导数 $\frac{\mathrm{d}y}{\mathrm{d}t}$ 的表达式, 既包含有自变量 t, 也包含有未知函数 y. 想像我们在方程 (1) 中所做的那样 "分离" 变量, 在这里已不能直接办到. 也就是说, 我们面临着一个原则上是新的问题. 说实在的, 在这种情况下它还可以比较简单地解出, 但在一般的情况下求解微分方程我们还没有任何办法.

如何看待这个 "一般情形"? 如何定义微分方程的一般概念? 在我们的几个例子中, 遇到的都是形如

$$\frac{\mathrm{d}y}{\mathrm{d}x} = f(x, y) \tag{3}$$

的方程, 其中 x 是自变量, y 是 x 的未知函数. 函数 $f(x,y)$ 当然是给定了的. 问题在于求函数 $y = \varphi(x)$ 满足方程 (3), 即要求在某个区间 $a \leqslant x \leqslant b$ 上恒有

$$\varphi'(x) = f(x, \varphi(x)).$$

更一般形式的微分方程是

$$F(x, y, y') = 0,$$

其中 x 仍是自变量, y 是 x 的未知函数且 $y' = \frac{\mathrm{d}y}{\mathrm{d}x}$. 与以往一样, 要找出恒满足关系式

$$F(x, \varphi(x), \varphi'(x)) = 0$$

的函数 $y = \varphi(x)$.

其次, 常有这样的情形, 即所研究对象的局部特征要求其表达式中不仅有未知函数的一阶导数, 而且还含有其高阶导数, 因此问题的微分方程的形状是

$$F(x, y, y', \cdots, y^{(n)}) = 0; \tag{4}$$

此类方程称为n**阶**微分方程. 很显然, 这是最一般的只含一个单自变量的未知函数的微分方程. 然而, 只有最简单的情形才会出现只含一个未知函数的方程, 时常遇到的是含依赖于**几个**自变量的**几个**未知函数的情形.

首先假设我们讲的是任意个未知函数 $y_1, y_2, \cdots, y_k$, 它们都只依赖于一个自变量 x. 要使问题得以确定, 现象的局部特征应当给出微分方程**组**, 其中方程的个数等于未知函数的个数 k. 这类方程组的一般形式很显然是这样的:

$$F_i(x, y_1, y_1', \cdots, y_1^{(n_1)}, y_2, y_2', \cdots, y_2^{(n_2)}, \cdots, y_k, y_k', \cdots, y_k^{(n_k)}) = 0 \quad (i = 1, 2, \cdots, k).$$

这样一来, 我们得到了所谓 "**常**" 微分方程理论的最一般的问题. 这个 "常" 字是指仅含一个自变量的微分方程和方程组.

质点运动方程组 (当然是你们所熟知的) 是一个很好的例子:

$$m\frac{\mathrm{d}^2x}{\mathrm{d}t^2}=X(t,x,y,z,\frac{\mathrm{d}x}{\mathrm{d}t},\frac{\mathrm{d}y}{\mathrm{d}t},\frac{\mathrm{d}z}{\mathrm{d}t}),$$
$$m\frac{\mathrm{d}^2y}{\mathrm{d}t^2}=Y(t,x,y,z,\frac{\mathrm{d}x}{\mathrm{d}t},\frac{\mathrm{d}y}{\mathrm{d}t},\frac{\mathrm{d}z}{\mathrm{d}t}),$$
$$m\frac{\mathrm{d}^2z}{\mathrm{d}t^2}=Z(t,x,y,z,\frac{\mathrm{d}x}{\mathrm{d}t},\frac{\mathrm{d}y}{\mathrm{d}t},\frac{\mathrm{d}z}{\mathrm{d}t}),$$

其中唯一的自变量是时间 t, 未知函数是质点的坐标 x,y,z, 这里的 m 表示该质点的质量, X,Y,Z 则是作用于质点的力的分量 (在一般情况下, 力是与时间、位置及点的移动速度有关的). 初始数据是在某个确定的 "初始" 时刻 $t=t_0$ 时, 该点的三个坐标和三个速度分量.

如果自变量有几个, 则我们会遇到**偏微分方程**(或方程组). 未知函数现在是多元函数, 于是方程自然就包含有未知函数对这些自变量的偏导数. 容易理解, 偏微分方程的理论, 要比 "常" 微分方程理论复杂得多. 这里我们完全不打算涉及.

但就是常微分方程理论也没有几个有效的一般方法, 能用以求解较为广泛类型的常微分方程. 这一点也部分地容易预见到, 在许多情况下, 甚至初等函数的通常的积分, 正如我们所了解的那样, 尚且常得到非初等的函数, 更何况是对于这里更为一般和复杂的问题. 但即使我们停留在对于微分方程理论的那种通常观点 —— 只要问题的求解化成了通常的积分, 我们就可以认为该问题是解决了 —— 甚至按照这种观点, 我们所能得到的进展也只能是很有限的, 因为化简为 "求积法" 只对很少几类最简单的微分方程可以办得到 (但说实在的, 从纯粹应用的观点看, 这已经是最重要的类型). 我们在这里不再研究它们, 甚至也不打算列出这些类型, 因为对于这个问题你们可以在任何甚至最初等的教材中找到所需的材料. 我们自然应当着力于更具原则性意义的问题.

8.2 解的存在性

我们已经说过, 积分学的基本问题可以看作是研究微分方程解的最简单的情况. 因为, 若方程

$$\frac{\mathrm{d}y}{\mathrm{d}x}=f(x,y) \tag{3}$$

的右方与 y 无关, 那么我们得到形如

$$\frac{\mathrm{d}y}{\mathrm{d}x}=f(x) \tag{3'}$$

的方程. 解此方程很显然等价于求积函数 $f(x)$. 关于这个问题, 我们已经看到, 甚至当函数 $f(x)$ 是连续的, 要证明积分的存在 (即方程 (3′) 的解存在) 也要专门地讨论 (依靠函数 $f(x)$ 的一致连续性): 如果函数 $f(x)$ 只是有界, 但有间断点, 则积分一般来说是不存在的.

从这一切我们可以预见, 方程 (3) 的解的存在性问题会复杂得多, 并且在任何情况下都需要专门研究, 尤其对于我们上面导出的一般类型的方程和方程组更是如此. 为更突出作为微分方程理论基础的这个问题的基本思想, 我们应当尽可能地摆脱纯属技术性的复杂之处. 因此我们今后限于研究 (3) 那样的方程, 即未知函数的导数已经解出的一阶方程.

设函数 $f(x,y)$ 在 Oxy 平面的某个区域 D 上连续, 我们来证明此时在该区域的每一个内点[①] (x_0,y_0) 处, 都存在着函数 $y=\varphi(x)$, 在点 x_0 的某个邻域内满足方程 (3) 且同时有 $y_0=\varphi(x_0)$. 很显然, 区域 D 可能被认为是闭的和有界的.

为证明它, 我们需要一个辅助命题, 同时这个辅助命题本身也是具有独立价值的. 我们设有任意的定义在某个区间 $[a,b]$ 上的函数的无穷集合 $S=\{F(x)\}$. 我们约定, 如果存在某个正数 M, 使得对区间 $[a,b]$ 上的任意的 x 及对集合 S 中的**任意**的函数 $F(x)$ 都有 $|F(x)|<M$, 则称集合 S 为此区间上的**有界**集合. 其次, 如果对任何 $\varepsilon>0$ 都可以找到一个正数 δ, 使得对集合 S 中的**任何**函数 $F(x)$ 以及对区间 $[a,b]$ 上的**任意**一对满足不等式 $|x_1-x_2|<\delta$ 的点 x_1 和 x_2, 不等式

$$|F(x_1)-F(x_2)|<\varepsilon$$

都成立, 则称集合 S 是在区间 $[a,b]$ 上**等度连续**的.

很明显, 如果集合 S 在区间 $[a,b]$ 上有界 (等度连续), 则其中的每一个函数也在此区间上有界 (一致连续). 当然, 逆命题一般来说是不成立的. 集合 S 的有界性以及等度连续性要求除了该集合的每个函数具备相应性质之外, 还要求该性质对于已知集合的所有函数具有**一致性**.

最后, 我们约定, 称量 $|F_1(x)-F_2(x)|$ 的上确界为集合 S 在区间 $[a,b]$ 上的**宽度**. 这里的 x 是区间 $[a,b]$ 的任意一点, F_1 和 F_2 是集合 S 的两个任意的函数.

引理 (阿尔泽拉–阿斯科拉引理) 任何在区间 $[a,b]$ 上有界且等度连续的无穷函数集合 S 都包含在此区间上一致收敛的函数序列.

证明分几步进行.

1) 首先来证明无论正数 ε 怎样小, 都存在着另外的正数 δ, 使得对任何长度小于 δ 的区间 $[\alpha,\beta]\subset[a,b]$, 集合 S 都包含一个无穷子集 S', 它在区间 $[\alpha,\beta]$ 上的宽度小于 ε. 由集合 S 在区间 $[a,b]$ 上的等度连续性, 对任意的自然数 n 都可以找到一个正数 δ, 使得集合 S 的任何函数在任何长度小于 δ 的区间上的振幅都小于 $\dfrac{M}{n}$. 由此得知, 这些函数中的每一个在区间 $[\alpha,\beta]$ 所取的一切值都位于某个长为 $\dfrac{M}{n}$ 的区间中. 暂令 $\xi,\eta(\eta-\xi=\dfrac{M}{n})$ 表示这样一个区间的端点. 很显然, 我们可以确定一

① 因为下文说 D 可以是闭的, 则这里解的存在性定理应规定 (x_0,y_0) 是内点. (x_0,y_0) 是边界点的情况将会复杂得多. —— 译者注

个整数 k 使得 $\frac{k-1}{n}M \leqslant \xi < \frac{k}{n}M$. 这时有

$$\frac{k-1}{n}M \leqslant \xi < \eta < \frac{k+1}{n}M.$$

因为区间 $[\xi,\eta]$ 含于区间 $[-M,M]$ 内, 故有 $-(n-1) \leqslant k \leqslant n-1$. 也就是说, 集合 S 中的任何一个函数在区间 $[\alpha,\beta]$ 上所取的所有的值都属于形如

$$\left[\frac{k-1}{n}M, \frac{k+1}{n}M\right] \quad (-(n-1) \leqslant k \leqslant n-1)$$

的某个区间. 因为这些区间个数有限, 而集合 S 包含有无穷多个函数, 所以这些区间至少有一个含有 S 中无穷多个函数在 $[\alpha,\beta]$ 中之值. 令这些函数组成 S', 则 S' 是无穷子集. 很显然, 子集 S' 在区间 $[\alpha,\beta]$ 上的宽度不会超过 $\frac{2M}{n}$, 如果我们选取数 n 使得 $\frac{2M}{n} < \varepsilon$, 则上述宽度小于 ε.

2) 现在来证明集合 S 还包含这样的无穷子集 S', 它在整个区间 $[a,b]$ 上的宽度小于 ε. 为此, 我们选取自然数 m 充分大, 使得 $\frac{b-a}{m} < \delta$. 此时根据第 1) 段中的证明, 集合 S 应当包含有无穷子集 S_1, 它在区间 $\left[a, a+\frac{b-a}{m}\right]$ 上的宽度小于 ε. 同样的理由, 集合 S_1 包含有无穷子集 S_2, 它在区间 $\left[a+\frac{b-a}{m}, a+2\frac{b-a}{m}\right]$ 上的宽度也小于 ε, 等等. 最后, 我们得到了集合 S 的无穷的子集 $S_m = S'$, 它在区间 $\left[a+(m-1)\frac{b-a}{m}, b\right]$ 上的宽度小于 ε. 在这个区间以前的每一个区间上, 它的宽度也小于 ε, 因为 $S_m \subset S_{m-1} \subset \cdots \subset S_2 \subset S_1$. 这就表明, 集合 S' 在整个区间 $[a,b]$ 上的宽度小于 ε, 我们的命题得证.

3) 现在再来完成引理的证明已是非常简单的事了. 我们以 S_1 来表示集合 S 在 $[a,b]$ 上宽度小于 1 的无穷子集, 以 S_2 来表示 S_1 在 $[a,b]$ 上宽度小于 $\frac{1}{2}$ 的无穷子集, 且一般地以 S_n 来表示在 $[a,b]$ 上宽度小于 $\frac{1}{n}$ 的集合 S_{n-1} 的无穷子集 [根据第 2) 段的证明, 所有这些子集合都是存在]. 设 $F_1(x)$ 是集合 S_1 中任意的函数, $F_2(x)$ 是集合 S_2 中任意的不等于 $F_1(x)$ 的函数, 一般的 $F_n(x)$ 是集合 S_n 中任何一个与 $F_{n-1}(x), F_{n-2}(x), \cdots, F_1(x)$ 都不同的函数. 因为对任何 $p>0$ 都有 $S_{n+p} \subset S_n$, 则 $F_n(x) \in S_n$ 且 $F_{n+p}(x) \in S_n$, 由此对区间 $[a,b]$ 的任意的点 x 都有

$$|F_n(x) - F_{n+p}(x)| < \frac{1}{n} \quad (p = 0, 1, 2, \cdots).$$

按照柯西准则由此得出: 函数序列 $F_1(x), F_2(x), \cdots, F_n(x), \cdots$ 在区间 $[a,b]$ 上一致收敛. 于是引理的证明完成.

现在我们可以转过来证明前述的基本定理了.

因为这个证明是以下面的思想为基础的, 而要掌握这个思想, 最简单的是用它的几何解释, 所以在着手证明之前, 看一看求解已给方程 (3) 这个问题本身的几何解释将是很有益处的.

该方程的解 $y=\varphi(x)$ 的图像通常称为方程的**积分曲线**. 方程 (3) 对区域 D 的每一点 (x,y) 都给出一个确定的**方向**, 它的斜率是

$$\frac{\mathrm{d}y}{\mathrm{d}x}=f(x,y).$$

区域 D 的每一个点都带有确定的方向, 这样的点和方向的全体构成所谓的**方向场**, 这个场正是由方程 (3) 给定的. 这个方程的积分曲线就是这样一条曲线, 它上面每一点处的切线方向都与在该点处的方向场的方向一致. 从几何上来看, 我们寻找方程 (3) 的解 $y=\varphi(x)$(它在 $x=x_0$ 时变为 y_0) 的问题, 也就是求该方程的经过点 (x_0,y_0) 的积分曲线. 因此证明该方程的解的存在性就意味着：证明过该点至少有一条积分曲线.

你们将要看到, 我们为此而采用的方法是造一条辅助曲线, 其性质是越来越接近于积分曲线, 再通过极限过程就可以得到积分曲线.

设 (x_0,y_0) 是有界闭区域 D 的内点, 函数 $f(x,y)$ 在该点连续, 且令 M 是函数 $|f(x,y)|$ 在该区域上的上确界. 如果数 $\alpha>0$ 充分小, 则当

$$x_0-\alpha\leqslant x\leqslant x_0+\alpha,\quad y_0-M\alpha\leqslant y\leqslant y_0+M\alpha$$

时, 点 (x,y) 也将属于区域 D. 我们来证明存在一个函数 $y=\varphi(x)$, 它在区间 $[x_0-\alpha,x_0+\alpha]$ 上满足方程 (3), 且有 $\varphi(x_0)=y_0$. 为更易于看懂, 我们再次分段来证明.

1) 设 $x_k=x_0+\dfrac{k}{n}\alpha(0\leqslant k\leqslant n)$, 因此点 $x_1,x_2,\cdots,x_{n-1}$ 把区间 $[x_0,x_0+\alpha]n$ 等分.

我们在区间 $[x_0,x_0+\alpha]$ 上作折线 $y=\varphi_n(x)$(图 34), 其顶点的横坐标是 x_0, $x_1,\cdots,x_n$, 而每一段的斜率都与场在其左端点的方向一致. 很显然, 它可以从 x_{k-1} 到 x_k 递推地做出来. 同时纵坐标 $y_k=\varphi_n(x_k)$ 由递推公式

$$\begin{aligned}y_k&=y_{k-1}+f(x_{k-1},y_{k-1})(x_k-x_{k-1})\\&=y_{k-1}+f(x_{k-1},y_{k-1})\frac{\alpha}{n}\quad(1\leqslant k\leqslant n)\end{aligned}\tag{5}$$

确定, 而在区间 $x_{k-1}\leqslant x\leqslant x_k$ 上的折线方程由公式

$$\varphi_n(x)=y_{k-1}+f(x_{k-1},y_{k-1})(x-x_{k-1})\quad(1\leqslant k\leqslant n)$$

给出.

折线 $y=\varphi_n(x)$ 在从 $x=x_0$ 到 $x=x_0+\alpha$ 的整个区间上都属于区域 D, 这是很显然的, 因为只要证明

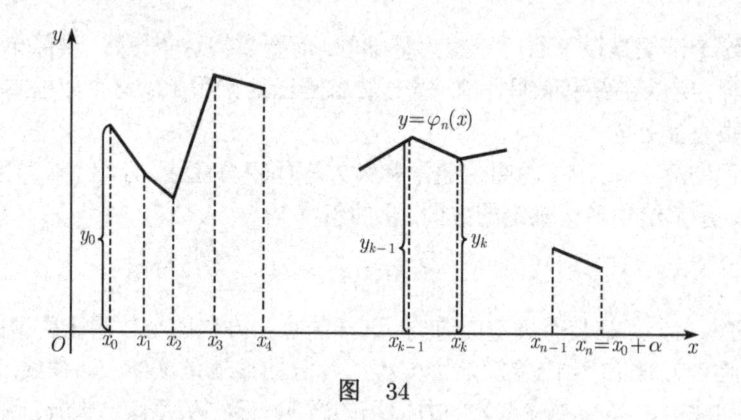

图 34

$$|y_k - y_0| < M\alpha \quad (1 \leqslant k \leqslant n)$$

就够了. 不过, 证明更强的不等式

$$|y_k - y_0| \leqslant \frac{k}{n} M\alpha \quad (1 \leqslant k \leqslant n)$$

更方便一些. 很显然这个不等式对 $k=0$ 成立. 如果它对某个 $k<n$ 成立, 即点 (x_k, y_k) 属于区域 D, 那么有 $|f(x_k, y_k)| \leqslant M$. 此时递推公式 (5) 给出

$$\begin{aligned} |y_{k+1} - y_0| &\leqslant |y_k - y_0| + \frac{\alpha}{n}|f(x_k, y_k)| \\ &\leqslant \frac{k+1}{n} M\alpha, \end{aligned} \tag{6}$$

因此我们的不等式对 $k+1$ 也成立. 这样

$$|\varphi_n(x) - y_0| \leqslant M\alpha \quad (x_0 \leqslant x \leqslant x_0 + \alpha), \tag{7}$$

而整个折线 $y=\varphi_n(x)$ 都在区域 D 内. 因为这对任何 n 都成立, 则特别地, 由此得出函数集合 $\varphi_n(x)(n=1,2,\cdots)$ 在区间 $[x_0, x_0+\alpha]$ 上有界.

2) 设 x' 和 x'' 是区间 $[x_0, x_0+\alpha]$ 的两个点, 并且为确定起见, 设

$$x_{k-1} \leqslant x' < x_k < \cdots < x_{l-1} \leqslant x'' < x_l,$$

此时有

$$\begin{aligned} &\varphi_n(x'') - \varphi_n(x') \\ =&[\varphi_n(x'') - \varphi_n(x_{l-1})] + [\varphi_n(x_{l-1}) - \varphi_n(x_{l-2})] + \cdots + [\varphi_n(x_k) - \varphi_n(x')] \\ =&(x'' - x_{l-1}) f(x_{l-1}, y_{l-1}) + \frac{\alpha}{n}\{f(x_{l-2}, y_{l-2}) + \cdots + f(x_k, y_k)\} \\ &+ (x_k - x') f(x_{k-1}, y_{k-1}). \end{aligned} \tag{8}$$

从这个基本关系我们现在可得一系列推论.

我们首先来证明函数 $\varphi_n(x)$ 的集合 $(n=1,2,\cdots)$ 在区间 $[x_0, x_0+\alpha]$ 上等度连续. 实际上, 关系式 (8) 给出

$$|\varphi_n(x'') - \varphi_n(x')|$$

$$\leqslant M\left\{x''-x_{l-1}+(l-k-1)\frac{\alpha}{n}+x_k-x'\right\}$$
$$=M\{x''-x_{l-1}+(x_{l-1}-x_k)+x_k-x'\}$$
$$=M(x''-x'). \tag{9}$$

由此直接看出, 当 $|x''-x'|$ 充分小时有 $|\varphi_n(x'')-\varphi_n(x')|<\varepsilon$, 不管点 x' 与 x'' 的位置怎样以及 n 是怎样的数.

3) 因为函数 $\varphi_n(x)$ 的集合在区间 $[x_0, x_0+\alpha]$ 上有界且等度连续, 则由所证明的引理, 它应包含有在此区间上一致收敛的函数序列. 因此今后我们将只考虑这个序列, 而且我们可以毫无顾虑地仍旧以 $\varphi_1(x), \varphi_2(x), \cdots, \varphi_n(x), \cdots$ 来表示它. 也就是说, 当 $n\to\infty$ 时 $\varphi_n(x)\to\varphi(x)$ 对 $x_0\leqslant x\leqslant x_0+\alpha$ 一致成立. 现在我们来证明, 以这种方式确定的函数 $\varphi(x)$ 满足所求证的定理的所有条件. 因为对任何 n 都有 $\varphi_n(x_0)=y_0$, 所以首先有 $\varphi(x_0)=y_0$.

4) 我们来证明当 $x_0\leqslant x\leqslant x_0+\alpha$ 时函数 $\varphi(x)$ 满足微分方程 (3). 设给定任意的 $\varepsilon>0$. 由函数 $f(x,y)$ 的连续性及区域 D 的有界性和闭性可知, 存在 $\delta>0$, 使得对区域 D 的任意两点 (ξ_1,η_1) 和 (ξ_2,η_2), 只要有不等式 $|\xi_2-\xi_1|<\delta$, $|\eta_2-\eta_1|<2M\delta$, 则必成立不等式

$$|f(\xi_2,\eta_2)-f(\xi_1,\eta_1)|<\varepsilon.$$

像以往一样, 记 $\varphi_n(x_i)=y_i$. 由不等式 (9) 我们得到, 当 $x'\leqslant x_i\leqslant x''$ 时,

$$|y_i-\varphi_n(x')|\leqslant M(x_i-x')\leqslant M(x''-x').$$

又因为对充分大的 n 有

$$|\varphi_n(x')-\varphi(x')|\leqslant M(x''-x'),$$

所以

$$|y_i-\varphi(x')|\leqslant 2M(x''-x').$$

因此, 如果 $|x''-x'|\leqslant\delta$, 则对充分大的 n 以及 $x'\leqslant x_i\leqslant x''$, 我们有

$$|x_i-x'|<\delta,\quad |y_i-y'|\leqslant 2M\delta,$$

这里设 $y'=\varphi(x')$. 由此按数 δ 的定义, 当 $x'\leqslant x_i\leqslant x''$ 时, 对充分大的 n, 我们得到

$$|f(x_i,y_i)-f(x',y')|<\varepsilon$$

或者

$$f(x',y')-\varepsilon\leqslant f(x_i,y_i)\leqslant f(x',y')+\varepsilon.$$

如果对式 (8) 右边的每一项应用此估计式, 则我们很显然得到: 当 $0<x''-x'<\delta$ 以及 n 充分大时有

$$[f(x',y')-\varepsilon](x''-x')\leqslant\varphi_n(x'')-\varphi_n(x')$$

$$\leqslant [f(x', y') + \varepsilon](x'' - x').$$

因为此不等式的左右两边都与 n 无关, 则取极限得到, 在唯一的条件 $|x'' - x'| < \delta$ 之下有

$$[f(x', y') - \varepsilon](x'' - x') \leqslant \varphi(x'') - \varphi(x')$$
$$\leqslant [f(x', y') + \varepsilon](x'' - x'),$$

或者, 同样地有

$$\left|\frac{\varphi(x'') - \varphi(x')}{x'' - x'} - f(x', y')\right| \leqslant \varepsilon.$$

这就表明

$$\varphi'(x) = f(x, y) \quad (x_0 \leqslant x \leqslant x_0 + \alpha)$$

(当 $x = x_0$ 时 $\varphi'(x)$ 当然表示右导数).

5) 最后, 因为我们很显然可以完全类似地对于区间 $[x_0 - \alpha, x_0]$ 得到这个结果, 所以 $\varphi(x)$ 满足定理的所有条件. 这样一来我们的定理得证.

我们确定的函数 $y = \varphi_n(x)$ 的图像是折线, 这条折线每一段的方向都与其左端点处场的方向一致. 随着 n 的无限增加, 每段折线的长度减小. 也就是说, n 越大, 在越来越密的折点处折线的方向与场的方向一致. 因此自然期望, 如果这些折线有极限曲线 (当 $n \to \infty$ 时), 那么这个曲线的方向将与场的方向在每一点处一致, 即这就是积分曲线. 极限函数的存在性 (如果不是对整个函数序列 $\varphi_n(x)$, 那么至少是对某个子序列有极限存在, 这对我们的目的而言并没有区别) 已经在预备引理中证明. 余下的只需以严格的准确的讨论来证实我们期望的正确性, 我们已做到了这一点.

8.3 解的唯一性

在一定条件下保证方程 (3) 的解存在的定理, 其重要性是不言而喻的. 当有必要解某个微分方程时, 我们是要耗费一点力气的, 有时甚至是相当大的力气: 我们试图把求解化为 "求积法"(最简单的积分), 如果这不行, 那么应用通常的某种近似计算法. 要使我们的这种活动成为明智之举, 当然应该相信所求的对象实际上存在. 因为如果方程完全没有解, 那么我们的努力就白费了.

关于所求解的**唯一性**当然也是重要的. 设想我们所提问题的结论是: 未知函数 $y = \varphi(x)$ 应当满足方程 (3), 且当 $x = x_0$ 时等于 y_0. 如果方程 (3) 的这种解找到了, 则我们认为问题只是在这种情形下才解决了的, 即相信方程 (3) 不存在任何另外的解满足同样的初始条件 $\varphi(x_0) = y_0$. 因为如果这样的解有几个, 那么我们就不可能确信, 问题的解恰好是我们所找的那个, 甚至即使我们找出了方程 (3) 的**所有**这样的解, 一般来说仍然没有理由判定其中哪一个解答了所提的问题.

十分重要的是, 即使满足上面证明未知解的存在性的那些条件 (即仅假设函数 $f(x,y)$ 在已给的区域 D 上的连续性), 我们还不能保证该解的唯一性. 有这样的情形: 函数 $f(x,y)$ 在区域 D 上连续, 但是却存在方程 (3) 的几个当 $x=x_0$ 时等于 y_0 的解. 然而, 只要对函数 $f(x,y)$ 的要求稍多于简单的连续性, 就可以保证解的唯一性. 其中最方便的形式之一是一个更强的条件, 它可表述成: **存在正的常数 k, 使得对区域 D 的任意的点 (x,y_1) 和 (x,y_2) 有**

$$|f(x,y_1)-f(x,y_2)| \leqslant k|y_1-y_2|. \tag{A}$$

说实在的, 这个条件还不是条件中最宽的, 但多数实际碰到的情况能满足它, 并且由于它很简单, 所以它是很方便应用的.

这样一来, 就需要证明: **如果函数 $f(x,y)$ 在区域 D 上连续且满足条件(A)**[①], **则方程 (3) 当 $x=x_0$ 时等于 y_0 的解 $y=\varphi(x)$是唯一的.**

我们假定, 有两个函数 $\varphi_1(x),\varphi_2(x)$, 当 $x_0-\alpha\leqslant x\leqslant x_0+\alpha$ 时都满足方程 (3), 且有 $\varphi_1(x_0)=\varphi_2(x_0)=y_0$. 设

$$\varphi_2(x)-\varphi_1(x)=\omega(x),$$

因而 $\omega(x_0)=0$. 此时, 当 $x_0-\alpha\leqslant x\leqslant x_0+\alpha$ 时有

$$\begin{aligned}\left|\frac{\mathrm{d}\omega}{\mathrm{d}x}\right| &= \left|\frac{\mathrm{d}\varphi_2}{\mathrm{d}x}-\frac{\mathrm{d}\varphi_1}{\mathrm{d}x}\right| = |f(x,\varphi_2(x))-f(x,\varphi_1(x))| \\ &\leqslant k|\varphi_2(x)-\varphi_1(x)| = k|\omega(x)|.\end{aligned} \tag{10}$$

我们以 μ 来表示函数 $|\omega(x)|$ 在区间 $\left[x_0-\dfrac{1}{2k},x_0+\dfrac{1}{2k}\right]$ 和 $[x_0-\alpha,x_0+\alpha]$ 中的较小一个上的最大值 (记这个区间为 $[x_0-r,x_0+r]$, 其中 r 表示数 α 与 $\dfrac{1}{2k}$ 中较小的一个). 由函数 $|\omega(x)|$ 的连续性可知, 这个最大值在某个确定的 $x=x_1$ 处达到: $|\omega(x_1)|=\mu$. 应用关系式 (10) 和第一中值定理, 我们得到

$$\begin{aligned}\mu=|\omega(x_1)|=|\omega(x_1)-\omega(x_0)| &= \left|\int_{x_0}^{x_1}\frac{\mathrm{d}\omega}{\mathrm{d}x}\mathrm{d}x\right| \\ &\leqslant \left|\int_{x_0}^{x_1}\left|\frac{\mathrm{d}\omega}{\mathrm{d}x}\right|\mathrm{d}x\right| \leqslant k\left|\int_{x_0}^{x_1}|\omega(x)|\mathrm{d}x\right| \\ &\leqslant k\mu\cdot|x_1-x_0| \leqslant k\mu\cdot\frac{1}{2k}=\frac{\mu}{2}.\end{aligned}$$

由此得到 $\mu=0$.[②] 这表明当 $x_0-r\leqslant x\leqslant x_0+r$ 时 $\omega(x)=0$. 如果 $r=\alpha$, 定理得证. 如果 $r=\dfrac{1}{2k}<\alpha$, 则总会有

---

① 这条件称为利普希茨条件. —— 译者注

② 我们在这里取了积分 $\displaystyle\int_{x_0}^{x_1}\left|\frac{\mathrm{d}w}{\mathrm{d}x}\right|\mathrm{d}x$ 的绝对值, 因为有可能 $x_1<x_0$, 这时原式就不对了. 在取了绝对值 $\left|\displaystyle\int_{x_0}^{x_1}\left|\frac{\mathrm{d}w}{\mathrm{d}x}\right|\mathrm{d}x\right|$ 后, 就不必分成 $x_0<x_1$ 与 $x_1<x_0$ 两种情况了.

$$\omega\left(x_0-\frac{1}{2k}\right)=\omega\left(x_0+\frac{1}{2k}\right)=0.$$

因此我们可以逐次利用点 $x_0-\dfrac{1}{2k}$ 及 $x_0+\dfrac{1}{2k}$ 代替 $x=x_0$ 作为始点来重复我们的讨论. 这使得我们可以断定, $\omega(x)=0$ 或者在区间 $\left[x_0-2\cdot\dfrac{1}{2k},x_0+2\cdot\dfrac{1}{2k}\right]$ 上成立, 或者在区间 $[x_0-\alpha,x_0+\alpha]$ 上成立. 如果是前一种情况, 则继续这个过程充分多次, 显然我们可把使得 $\omega(x)=0$ 的区间扩展到 $[x_0-\alpha,x_0+\alpha]$, 于是定理最终得证.

8.4 解对参数的依赖性

如果一个微分方程来自某个具体的问题, 则此方程总会包含一定数量的参数, 它们决定了所研究现象的特定条件. 例如在本讲开始时作为例子引入的问题中, 这些参数就是: 容器的容积 a、液体的流速 b 以及在第一个容器中最初含有的盐量 c. 所有这三个数当然包含在我们所列的方程之中. 同样地, 该方程的任何解都将与这些参数有关. 这样, 如果希望强调这种关系, 我们就应当把方程 (3) 写成

$$\frac{\mathrm{d}y}{\mathrm{d}x}=f(x,y,p_1,p_2,\cdots,p_r),$$

且把它的解写为

$$y=\varphi(x,p_1,p_2,\cdots,p_r),$$

其中 $p_1,p_2,\cdots,p_r$ 是刚才讲到的参数.

不难明白, 对于应用问题, 所得到的微分方程的解对这类参数的依赖性的性质具有十分本质的意义, 尤其重要的是, 证明这种依赖性是**连续的**. 实际上, 参数的值通常是作为某种测量的结果而得到的, 因此我们通常得到的不是绝对准确的而只是其近似值, 带有某个尽管是很小的误差. 因此, 如果参数值的微不足道的改变会使函数 $\varphi(x,p_1,p_2,\cdots,p_r)$ 可能有相当大的变化, 则问题的这类解在实践中是毫无用处的. 对于实际目标适用的只是这样的解: 对于参数的微小变化, 它本身也只有微小的改变. 因此, 近似地知道参数的值, 我们就能够近似地找到这些解的值. 但很显然, 这个性质确切的数学表示就是函数 $\varphi(x,p_1,p_2,\cdots,p_r)$ 关于参数 $p_1,p_2,\cdots,p_r$ 的连续性.

我们现在来证明: 如果函数 $f(x,y,p_1,p_2,\cdots,p_r)$ 关于某一个参数 p_i 连续, 并且这个连续性关于区域 D 上点 (x,y) 的位置是一致的, 则若前面证明方程 (3) 的解的存在性及唯一性时的那些条件不变, 这些解也是参数 p_i 的连续函数. 因为这里讲的是对每一个个别的参数, 所以如果为书写简单计我们设函数 f 只与一个参数 p 有关 (函数 φ 是同样的), 那么我们的证明一点也不失一般性.

这样一来, 我们假定函数 $f(x,y,p)$ 对其所有的三个自变量连续, 这里点 (x,y) 位于闭区域 D 内, 参数 p 属于某个区间 d, 此外还假设若 $(x,y_1)\in D,(x,y_2)\in D$

以及 $p \in d$, 则

$$|f(x, y_1, p) - f(x, y_2, p)| \leqslant k|y_1 - y_2|, \tag{A$'$}$$

我们可以断定此时方程

$$\frac{\mathrm{d}y}{\mathrm{d}x} = f(x, y, p) \tag{3$''$}$$

当 $x = x_0$ 时等于 y_0 的唯一解 $y = \varphi(x, p)$ 在区间 d 上关于 p 连续.

为了给出证明, 我们回到前面证明方程 (3) 的解的存在的步骤, 并且研究我们在那里所建立的函数 $\varphi_n(x)$ 对参数 p 的关系的性质. 当然, 我们现在将把它写成 $\varphi_n(x, p)$. 借助于递推关系式 (5) 定义的量 y_i 很显然也与 p 有关: $y_i = y_i(p)$, 且公式 (5) 成为

$$y_i(p) = y_{i-1}(p) + f(x_{i-1}, y_{i-1}(p), p)\frac{\alpha}{n}. \tag{11}$$

由于我们的假设, 函数 $f(x, y, p)$ 关于参数 p 连续, 对任意的 $\varepsilon > 0$ 都存在 $\delta > 0$, 使得

$$|f(x, y, p + h) - f(x, y, p)| < \varepsilon \tag{12}$$

当 $|h| < \delta, p \in d, p + h \in d, (x, y) \in D$ 时成立. 由公式 (11)

$$\begin{aligned} y_i(p+h) - y_i(p) &= y_{i-1}(p+h) - y_{i-1}(p) \\ &+ \frac{\alpha}{n}\{f(x_{i-1}, y_{i-1}(p+h), p+h) - f(x_{i-1}, y_{i-1}(p), p)\} \quad (1 \leqslant i \leqslant n). \end{aligned}$$

为简单计, 设

$$y_i(p+h) - y_i(p) = \varDelta_i \quad (0 \leqslant i \leqslant n),$$

因此

$$\varDelta_i = \varDelta_{i-1} + \frac{\alpha}{n}\{f(x_{i-1}, y_{i-1}(p+h), p+h) - f(x_{i-1}, y_{i-1}(p), p)\} \quad (1 \leqslant i \leqslant n). \tag{13}$$

花括号内的式子可以写成

$$\begin{aligned} &f(x_{i-1}, y_{i-1}(p+h), p+h) - f(x_{i-1}, y_{i-1}(p), p+h) \\ &+ f(x_{i-1}, y_{i-1}(p), p+h) - f(x_{i-1}, y_{i-1}(p), p). \end{aligned}$$

由 (A$'$) 知, 这些差中的第一个绝对值不超过 $k|\varDelta_{i-1}|$; 由 (12) 知, 第二个差绝对值小于 ε. 这样一来我们得到

$$|\varDelta_i| < |\varDelta_{i-1}| + \frac{\alpha}{n}\{k|\varDelta_{i-1}| + \varepsilon\} = \frac{\varepsilon\alpha}{n} + |\varDelta_{i-1}|(1 + \frac{\alpha k}{n}) \quad (1 \leqslant i \leqslant n).$$

应用此估计式于右边式子的量 $|\Delta_{i-1}|$ 并重复这个过程, 我们得到关系式

$$
\begin{aligned}
|\Delta_i| &< \frac{\varepsilon\alpha}{n} + \frac{\varepsilon\alpha}{n}\left(1+\frac{\alpha k}{n}\right) + \frac{\varepsilon\alpha}{n}\left(1+\frac{\alpha k}{n}\right)^2 + \cdots + \frac{\varepsilon\alpha}{n}\left(1+\frac{\alpha k}{n}\right)^{i-1} \\
&= \frac{\varepsilon}{k}\left[\left(1+\frac{\alpha k}{n}\right)^i - 1\right] \leqslant \frac{\varepsilon}{k}\left[\left(1+\frac{\alpha k}{n}\right)^n - 1\right] < \frac{\varepsilon}{k}(\mathrm{e}^{\alpha k}-1) \quad (1 \leqslant i \leqslant n).
\end{aligned}
$$

这就是说, 当 $|h| < \delta$ 时我们有

$$
|y_i(p+h) - y_i(p)| < \frac{\varepsilon}{k}(\mathrm{e}^{\alpha k}-1) \quad (1 \leqslant i \leqslant n),
$$

或者, 同样地有

$$
|\varphi_n(x_i, p+h) - \varphi_n(x_i, p)| < \frac{\varepsilon}{k}(\mathrm{e}^{\alpha k}-1) \quad (n = 1, 2, \cdots; 1 \leqslant i \leqslant n);
$$

但在每一个区间 $[x_{i-1}, x_i]$ 上函数 $\varphi_n(x,p)$ 及 $\varphi_n(x,p+h)$ 都是线性函数, 又因为不等式

$$
|\varphi_n(x, p+h) - \varphi_n(x, p)| < \frac{\varepsilon}{k}(\mathrm{e}^{\alpha k}-1),
$$

像我们刚刚看到的, 当 $|h| < \delta$ 时, 在每一个这种区间的端点处成立, 它必然也应对整个该区间成立, 即在整个区间 $[x_0-\alpha, x_0+\alpha]$ 上成立. 由数 ε 的任意性, 这就意味着, 函数集合 $\varphi_n(x,p)$ 在区间 d 上关于参数 p 等度连续. 我们以 S 来表示这个集合, 则这个集合 (序列)S 包含一个子序列 S', 而它关于 x 在区间 $[x_0-\alpha, x_0+\alpha]$ 上一致收敛于函数 $\varphi(x,p)$. 函数 $\varphi(x,p)$ 也就是方程 $(3'')$ 的解. 但作为集合 S 的子集的序列 S' 很显然也是关于参数 p 等度连续的集合. 因此由前面证明过的引理, 它应当包含有在区间 d 上关于 p 一致收敛 (当然是收敛于函数 $\varphi_n(x,p)$) 的子序列 S''. 因为所有的函数 $\varphi_n(x,p)$ 都关于 p 连续, 所以函数 $\varphi(x,p)$ 在区间 d 上关于 p 也连续. 这就是所要证明的.

正如我们了解的, 方程 (3) 的解在我们的条件下是由当 $x = x_0$ 时它所取的 y_0 值唯一确定的, 故函数 $\varphi(x)$ 由于数 x_0 及 y_0 的改变而改变, 因此 $\varphi(x)$ 本质上是三个自变量的函数 $\varphi(x, x_0, y_0)$. 按照我们上面所说的原因, 解 $\varphi(x, x_0, y_0)$ 对这些 "初始值" 的关系的性质也具有本质的意义, 不仅是理论上的意义, 而且也是实际上的意义. 骤然看来可能认为这是一个新问题, 不能化为我们刚刚研究过的解对参数的依赖性问题, 因为数 x_0 和 y_0 并不是显式地含于函数 $f(x,y)$ 中. 但实际上这种化约是完全可能的. 实际上, 如果我们用关系式

$$
x = x_0 + x^*, \quad y = y_0 + y^*
$$

在方程 (3) 中既变换自变量, 又变换未知函数, 以 x^* 和 y^* 为新的自变量和未知函数, 方程 (3) 将成为

$$
\frac{\mathrm{d}y^*}{\mathrm{d}x^*} = f(x_0 + x^*, y_0 + y^*), \tag{3'''}
$$

同时要求找出此方程当 $x^*=0$ 时等于零的解. 在这里, x_0 和 y_0 已经显式地作为方程右边的参数而出现. 设

$$y^*=\varphi^*(x^*,x_0,y_0) \tag{14}$$

是方程 $(3''')$ 的解. 由我们刚刚证明的定理, 它关于 x_0 和 y_0 是连续的, 因为函数 $f(x_0+x^*,y_0+y^*)$ 是对它的两个自变量都连续的函数, 因而自动地关于 x_0 和 y_0 连续. 但为得到所求的方程 (3) 的解, 很显然应当在式 (14) 中从新变量变回到老变量, 这就给出

$$y=\varphi(x,x_0,y_0)=y_0+\varphi^*(x-x_0,x_0,y_0),$$

由此直接得出, 这个解对于初始值 x_0 和 y_0 连续.

8.5 变量替换

你们了解, 当积分一个函数时, 将问题化简, 有时甚至完全解决此问题的最有效的方法之一是变换积分变量 (即所谓 “变换法”). 在求解微分方程时, 这种方法也是最有力的工具之一. 其灵活性在这里还会大大的增强, 因为既可以变换自变量, 又可以变换未知函数. 正如我们在本讲开始时所看到的, 如果变量可以 “分离”(这就表明, 通过乘和除可把方程化为形式 $M(y)\mathrm{d}y+N(x)\mathrm{d}x=0$, 其左边的每一项中只出现变量 x,y 中的一个), 则微分方程的求解容易化为求积法. 通常的变量替换也正是以此为目的的. 通过变换自变量 x 或者变换未知函数 y, 或者同时变换两者, 我们时常可以得出新的已经可以分离变量的方程, 来代替变量没有分离的方程. 尽管通过这种途径可以化为求积法的微分方程的类型还是很有限的, 它总还包含了一系列最简单的、也是实际中最常遇到的类型, 因此变量替换法具有很大的实际意义.

这里首先是一阶方程中所有的**线性**方程, 即在其中无论未知函数 y, 还是其导数 y' 都只以最高为一次幂的形式出现. 这类方程的一般形式是

$$y'+f_1(x)y+f_2(x)=0, \tag{15}$$

其中 $f_1(x)$ 和 $f_2(x)$ 是 x 的给定的连续函数. 所有这类方程都可以用同一种方法化为变量可分离的形式.

为证明这一点, 我们首先研究方程

$$z'+f_1(x)z=0, \tag{16}$$

其中 z 表示未知函数. 这个方程与方程 (15) 是同一类型, 只是没有 “自由项”$f_2(x)$. 其中的变量立即可以分离:

$$\frac{\mathrm{d}z}{z}+f_1(x)\mathrm{d}x=0,$$

且积分后给出

$$\ln\frac{z}{z_0}+\int_{x_0}^{x}f_1(u)\mathrm{d}u=0.$$

对我们的目的, 只要求方程 (16) 的某一个解就够了. 我们设 $z_0=1$, 因此

$$\ln z+\int_{x_0}^{x}f_1(u)\mathrm{d}u=0,$$

由此得

$$z=\mathrm{e}^{-\int_{x_0}^{x}f_1(u)\mathrm{d}u}=\varphi(x), \tag{17}$$

也就是说, 方程 (16) 的解通过一次求积就得到了.

为将一般的方程 (15) 化为求积法, 我们在其中用关系式

$$y=\varphi(x)y^*$$

来变换未知函数 y, 其中 y^* 是新的未知函数, 而 $\varphi(x)$ 是由公式 (17) 确定的方程 (16) 的解. 此时方程 (15) 的形状是

$$\varphi(x)y'^*+\varphi'(x)y^*+f_1(x)\varphi(x)y^*+f_2(x)=0,$$

或者

$$\varphi(x)y'^*+f_2(x)=0;$$

因为由方程 (16),

$$\varphi'(x)+f_1(x)\varphi(x)=0;$$

由此得

$$y'^*=-\frac{f_2(x)}{\varphi(x)}=-f_2(x)\mathrm{e}^{\int_{x_0}^{x}f_1(u)\mathrm{d}u},$$

因而有

$$y^*=-\int_{x_0}^{x}f_2(v)\mathrm{e}^{\int_{x_0}^{v}f_1(u)\mathrm{d}u}\mathrm{d}v+C,$$

其中 C 是积分常数. 最后得

$$y=\varphi(x)y^*=-\mathrm{e}^{-\int_{x_0}^{x}f_1(u)\mathrm{d}u}\left\{\int_{x_0}^{x}f_2(v)\mathrm{e}^{\int_{x_0}^{v}f_1(u)\mathrm{d}u}\mathrm{d}v+C\right\}.$$

这是方程 (15) 的通解, 从中以适当的方式选择常数 C 就可得到其所有特解. 例如, 如果我们想要当 $x=x_0$ 时有 $y=y_0$, 那么从通解中得到 $y_0=-C$, 于是所求的特解的形状是

$$y=\mathrm{e}^{-\int_{x_0}^{x}f_1(u)\mathrm{d}u}\left\{y_0-\int_{x_0}^{x}f_2(v)\mathrm{e}^{\int_{x_0}^{v}f_1(u)\mathrm{d}u}\mathrm{d}v\right\}. \tag{18}$$

这样我们看到, 求解方程 (15), 通过适当选择未知函数的变换化为依次求积分两次. 作为例子, 我们继续本讲开始时研究的问题的求解.

我们在那里得到的方程是

$$\frac{\mathrm{d}y}{\mathrm{d}t}+\frac{b}{a}y-\frac{bc}{a}\mathrm{e}^{-\frac{b}{a}t}=0,$$

很显然, 它是 (15) 那种类型的方程. 在这里, $f_1(t)=\frac{b}{a}$ 且 $f_2(t)=-\frac{bc}{a}\mathrm{e}^{-\frac{b}{a}t}$. 此外有 $t_0=0$ 时 $y_0=0$, 因为在时刻 $t=0$ 时第二个容器完全不含盐. 我们有 $\int_0^t f_1(u)\mathrm{d}u=\frac{b}{a}t$, 于是公式 (18) 给出

$$y=\mathrm{e}^{-\frac{b}{a}t}\left\{0+\int_0^t\frac{bc}{a}\mathrm{e}^{-\frac{b}{a}v}\mathrm{e}^{\frac{b}{a}v}\mathrm{d}v\right\}=\frac{bc}{a}t\mathrm{e}^{-\frac{b}{a}t}. \tag{19}$$

此式完全解答了所提出的问题. 研究所得到的函数, 我们容易发现: 第二个容器中盐的数量一开始是增加的, 然后从时刻 $t=\frac{a}{b}$ 起开始减少且当 $t\to\infty$ 时趋近于零. 在时刻 $t=\frac{a}{b}$ 时此容器中盐的数量最大, 这个数量等于 $\frac{c}{\mathrm{e}}$. 重要的是, 这个最大的数量既与 a 无关, 也与 b 无关. 相反地, 第二个容器内盐达到最大含量所需的时间与 a 和 b 有关, 但却与 c 无关. 研究函数 (19) 就能得到所有这一切, 以及这个现象的其他整体特性. 我们看到, 解微分方程在此实际上使我们得到关于整个过程的所有必需的整体知识, 而微分方程自身却只能给我们以参与此过程的数量之间**瞬时的(局部的)**关系.

另一类常见的, 通过简单地变换未知函数就可化为可分离变量的方程类型是所谓的**齐次方程**, 其一般形状是

$$\frac{\mathrm{d}y}{\mathrm{d}x}=f\left(\frac{y}{x}\right); \tag{20}$$

特别地, 经常遇到的方程

$$P(x,y)\mathrm{d}y=Q(x,y)\mathrm{d}x,$$

(其中 $P(x,y)$ 和 $Q(x,y)$ 都是 n 次的齐次多项式) 就属于这种类型. 实际上容易看出, 这类齐次多项式, 在除以 x^n 后变成关于变量 $\frac{y}{x}$ 的多项式, 由此在关系式

$$\frac{\mathrm{d}y}{\mathrm{d}x}=\frac{Q(x,y)}{P(x,y)}=\frac{Q(x,y):x^n}{P(x,y):x^n}$$

的右边, 分子和分母都是比 $\frac{y}{x}$ 的有理整函数, 而这就表明, 整个右边是这个比的有理函数.

在方程 (20) 中, 用关系式 $y=xy^*$ 来变换未知函数, 我们就将它化为形式 $y^*+xy'^*=f(y^*)$, 由此得

$$\frac{\mathrm{d}y^*}{\mathrm{d}x}=\frac{f(y^*)-y^*}{x},$$

或者

$$\frac{\mathrm{d}y^*}{f(y^*)-y^*}=\frac{\mathrm{d}x}{x},$$

这时变量已经分离, 积分后容易得到 x 通过 y^* 表示的表达式. 如果此式关于 y^* 唯一可解, 则从中我们反过来也可得到 y^* 用 x 表示的表达式, 从而也得到 y 用 x 表示的表达式. 一般情况下, 这个关系式是把 y^*, 从而也把 y 确定为 x 的 "隐" 函数的.

8.6 方程组和高阶方程

结束本书前, 我们再来简略谈谈一阶微分方程组的问题以及高阶方程的问题.

设我们有 n 个一阶微分方程构成的方程组, 包含有同一个自变量 x 的 n 个未知函数 $y_1, y_2, \cdots, y_n$. 不言而喻, 我们称任何满足所有这些给定方程的函数组

$$y_i=\varphi_i(x)\quad(1\leqslant i\leqslant n)$$

为这个方程组的**解**. 假设已知方程组关于导数 $\frac{\mathrm{d}y_i}{\mathrm{d}x}(1\leqslant i\leqslant n)$ 已经解出, 因而形如

$$\frac{\mathrm{d}y_i}{\mathrm{d}x}=f_i(x, y_1, y_2, \cdots, y_n)\quad(1\leqslant i\leqslant n).\tag{21}$$

为方便计, 我们在这里称变量 $x, y_1, \cdots, y_n$ 的值的总体是一个 "点". 这当然是在 $n+1$ 维空间中的点. 我们此后在所有的地方都将假定所有的函数 f_i 都在该空间的某个区域 D 内连续. 任何函数组 $y_i=\varphi_i(x)(1\leqslant i\leqslant n)$ 在该空间内的几何图形都是某条曲线. 如果已给的函数构成方程组 (21) 的解, 那么我们将称表示它们的曲线为方程组 (21) 的积分曲线. 这个几何术语在此不仅以其直观性而特别有益, 更重要的是, 通过它, 对方程组的许多表述和讨论都可以像对一个方程一样, 以同样的格式和术语进行.

例如, 我们可以完全简单地把解的存在的基本定理说成: 过区域 D 的每一点都至少可以引一条积分曲线. 当然, 解析地就要说成: 无论属于区域 D 的 $n+1$ 数组 $x_0, y_1^{(0)}, y_2^{(0)}, \cdots, y_n^{(0)}$ 是怎么样的数组, 都存在函数组 $y_i=\varphi_i(x)(1\leqslant i\leqslant n)$, 在某个区间 $x_0-\alpha\leqslant x\leqslant x_0+\alpha$ 上满足方程组 (21) 且有 $\varphi_i(x_0)=y_i^{(0)}(1\leqslant i\leqslant n)$. 相较于一个方程的情形, 对方程组证明这个定理只是在纯粹技术性的方面复杂一些. 它的基础是一个引理, 而且与我们前面用过的完全类似. 该引理可以直接证明, 也可以作为我们以往的引理的推论而得出. 后一种方法特别简单: 在这里, 集合的元素不是个别的函数, 而是由 n 个函数所构成的组 $(F_1(x), \cdots, F_n(x))$, 有时称它为 n 维向量, 记作 $F(x)$, S 就是这些 n 维函数向量的集合:

$$S = \{F_1(x), F_2(x), \cdots, F_n(x)\} = \{F(x)\}.$$

需要证明: 若 S 作为函数向量的已给的集合是有界的且等度连续的, 那么可以选取函数组序列 $F^{(1)}(x), F^{(2)}(x), \cdots, F^{(k)}(x), \cdots$, 它在某个已知区间上一致收敛. 这就意味着, 设

$$F^{(k)}(x) = \{F_{1,k}(x), F_{2,k}(x), \cdots, F_{n,k}(x)\} \quad (k = 1, 2, \cdots),$$

则得到 n 个函数序列

$$F_{i,k}(x) \quad (k = 1, 2, \cdots; 1 \leqslant i \leqslant n),$$

其中的每一个都在已知区间上一致收敛. 证明如下. 由前面的引理, 我们可以找出函数组序列 S_k, 使得序列 $F_{1,k}(x)$ 在已知区间上一致收敛. 依据同样的引理, 从这个函数组序列可以选择子序列, 使得第二个函数序列 $F_{2,k}(x)$ 也在已知区间上一致收敛. 重复这个过程 n 次, 我们很显然得到了一个函数向量序列, 这个函数向量序列其实是 n 个函数序列 $\{F_{i,k}(x)\}(1 \leqslant i \leqslant n)$, 即这个向量的各个分量的序列, 它们都在已给的区间上一致收敛, 这就证明了新推广的引理.

存在性的基本定理的进一步证明同我们以往的讨论十分相似. 作为指导方针, 这里最方便的是采取几何解释. 像以往一样, 我们作出某个折线集合, 每段折线的长可以任意小, 并且根据证明过的引理, 我们从此折线集中选取一致收敛于某条曲线的序列, 对此曲线我们可以用以往的方法 (稍微复杂一些, 要作一些自明的纯技术性的修改) 证明它是方程组 (21) 的积分曲线. 这条曲线经过已知点 $(x_0, y_1^{(0)}, \cdots, y_n^{(0)})$, 因为所作的所有折线都经过它.

过已知点的积分曲线的唯一性可以像以往一样证明, 只对函数 f_i 添加一些补充条件. 这些条件中最简单的形式完全类似于条件 (A) 且归结为要求在整个区域 D 上满足不等式

$$|f_i(x, y_1^{(1)}, y_2^{(1)}, \cdots, y_n^{(1)}) - f_i(x, y_1^{(2)}, y_2^{(2)}, \cdots, y_n^{(2)})| \leqslant k \sum_{j=1}^{n} |y_j^{(2)} - y_j^{(1)}| \quad (1 \leqslant i \leqslant n),$$

其中 k 是某个正的常数.[①]

我们对于高于一阶的方程没有时间讨论了. 只是指出, 任何 n 阶方程

$$F(x, y, y', y'', \cdots, y^{(n)}) = 0 \tag{22}$$

的求解都可以化为求解一阶方程组. 实际上, 我们研究以下形状的方程组, 它由含有 n 个未知函数 $y_1, y_2, \cdots, y_n$ 的 n 个方程构成:

---

① 它称为关于函数向量 $(f_1(x, y_1, \cdots, y_n), \cdots, f_n(x, y_1, \cdots, y_n))$ 的利普希茨条件. —— 译者注

$$\begin{cases} F(x, y_1, y_2, \cdots, y_{n-1}, y_n, y_n') = 0, \\ y_1' = y_2, \\ y_2' = y_3, \\ \cdots \\ y_{n-1}' = y_n, \end{cases} \tag{23}$$

并且设我们找到了该方程组的解

$$y_i = \varphi_i(x) \quad (1 \leqslant i \leqslant n).$$

此时由方程组 (23) 得

$$\begin{aligned} &\varphi_1'(x) = \varphi_2(x) = y_2, \\ &\varphi_1''(x) = \varphi_2'(x) = \varphi_3(x) = y_3, \\ &\varphi_1'''(x) = \varphi_2''(x) = \varphi_3'(x) = \varphi_4(x) = y_4, \\ &\cdots \\ &\varphi_1^{(n-1)}(x) = \varphi_2^{n-2}(x) = \cdots = \varphi_n(x) = y_n, \\ &\varphi_1^{(n)}(x) = y_n', \end{aligned}$$

因此方程组 (23) 中的第一个给出

$$F(x, \varphi_1(x), \varphi_1'(x), \cdots, \varphi_1^{(n)}(x)) = 0,$$

即函数 $y = \varphi_1(x)$ 是方程 (22) 的解.

反之, 设函数 $y = \varphi(x)$ 满足方程 (22). 令

$$y_1 = \varphi(x), y_2 = \varphi'(x), \cdots, y_n = \varphi^{(n-1)}(x),$$

我们直接看到, 函数组 $(y_1, y_2, \cdots, y_n)$ 构成方程组 (23) 的解. 这就是说, 求方程 (22) 的所有解和求方程组 (23) 的所有解实际上完全是可以互化的.

译 后 记

这本书的另一位译者王会林已经看不到自己的劳动成果了. 王会林是武汉大学数学系 1969 年的毕业生, 后来长期在襄阳师范专科学校教数学. 1996 年, 他有幸作为访问学者, 重回母校再读一年. 可惜进修尚未完成, 他就因肝病不幸辞世. 当时我们曾讨论, 如果学习某个专门的分支, 学完后写篇文章, 短期内也许会受益, 但是过一段时间, 学到的东西就会逐渐淡忘, 自己的工作水平也不会有太大进展, 那么这样做有什么意义呢? 于是, 我们决定找一个共同有兴趣的问题——“怎样教好数学分析课”, 在这一段时间里认真思索一下. 这么多年来, 他一直在教这门课, 而我却多年没有接触它了. 不过, 最初担任教学工作时, 我一直教这门课, 所以始终关心这个问题. 辛钦这本书从 1953 年起一直陪伴着我. 这一次, 我又把它找了出来. 虽然时过 40 年, 但仍感到它极有价值. 王会林懂俄文, 于是我们决定一同把它翻译出来. 这本书的出版, 一方面是希望对当前的教学有所助益, 另一方面也是对这位数十年默默奉献精力于斯的普通教师的纪念. 作为一名普通的教师, 总要不断地改进自己的工作, 逐渐形成一些看法, 以期有利于青年学生. 所以借此机会, 把我们这段时间常谈的一些问题记录于此.

数学分析的 “主要矛盾” 是什么? 是 “ε-δ”, 这恐怕是最常听到的答复. 数学分析是高等数学的入门, 它的产生就是为适应通过数学工具描述自然和社会现象的需要. 因此, 真正要注意的是, 为何应用微积分来说明自然和社会现象 (当前对经济现象的数学研究是十分引人注目的), 寻找其客观规律. 这决不是在习题中增加一些 “应用问题” 就能奏效的, 因为这些应用问题, 例如计算重心、体积、面积等, 都是完全程式化了的材料. 这是改进数学分析教学最大的困难, 很需要通盘考虑教师培训、教材编写、建立新的教学环节 (如建模), 以及所有数学、物理 (还有计算机科学) 课程的教学, 这里不再细说.

至于 ε-δ, 这确实是一只拦路虎. 学微积分 (即数学分析) 的学生大概有两种. 一种只需要大体懂得其基本的内容, 学会一些运算技能, 能解决一些比较容易的典型问题, 学习其他课程时不至于看见微积分公式就不知所措就行了. 另一种或者是未来的专业数学工作者, 或者他所从事的专业会用到越来越多的, 甚至很新的数学知识, 这些知识又不可能都在大学里学到, 而且将来他甚至需要能够用数学的方法自己解决一些问题. 随着科学的发展, 后一类学生和专业只会越来越多. 当前经济学的发展对数学的要求就是一个有力的例证. 讲 ε-δ, 我们认为是对后一类学生 (包括学经济的学生) 的要求. 有一种做法是把这门课分成初等微积分和高等微积分,前者适应前一部分学生, 后者适应后一部分学生. 这是美国人通常的做法. 但是这两部分互有重叠, 因此对后一部分人实在是浪费了不少精力. 不少人主张这样分划是因为感到数学分析太难, 学生不易掌握. 在我国, 把两部分合成一门数学分析固然是 20 世纪 50 年代以后的事, 但这并不是前苏联所独有的 "计划经济的弊端" 的产物, 欧洲大陆多少年来都是这样的. 从 20 世纪 50 年代和 60 年代的 20 年左右的实践看, 以我国高校教师的能力, 特别是针对能够进入这一类专业的高中生来看, 可接受性应该不是太大的问题.

真正的问题在于, 少数教师对 ε-δ 过分苛求, 使数学分析成了有人戏说的 "大头微积分", 教了一年半载还在基本概念里转. 教师生怕学生不懂, 学生又学得总不对劲. 其实 ε-δ 是一种非常简洁准确的语言, 是每一个需要较多数学知识的学生 (即上述第二种学生) 所必不可少的. 可是, 学会一种语言 (这是一个过程, 不能希望一年级大学生就能学会) 决不等于要成为一位 "语言学家". "大头微积分" 的毛病大概在此. 我还曾请王会林从苏联杂志《数学科学的成就》上译了一篇 "在国立拉脱维亚大学数学、物理系进行的一场大学生数学竞赛" 的文章, 发表在《数学通讯》1987 年第一期 (44 页) 上. 对于函数的一致连续性定义这个 ε-δ 命题变换了 23 种说法, 而且要求把适合每一种说法的函数都找出来. 读者不妨看一下, 这样要求大学生行不行? 这个材料在数学中确有用处, 我曾选用其中少数与同学们讨论, 同学们都感到得益不少. 可是这还不是问题真正所在: ε-δ 既然是一种语言, 重要的是它表述的究竟是什么, 为什么又一定要这样表述. 这一点, 读一下辛钦这本书定会大有收获. 例如我们通常都说定积分是和的极限, 这本书就告诉了我们为什么要说是上和的下确界、下和的上确界, 而不说是极限. 其实这是很深刻的问题. 如果一定要讲到穆尔–史密斯–沙图诺夫斯基的极限理论, 那就要求更高了. 穆尔 (E. H. Moore) 和史密斯 (D. E. Smith) 都是美国数学家, 前者是后者的老师. 沙图诺夫斯基 (С. О. Шатуновский) 则是乌克兰数学家, 可惜西方人一般不知道他. 他们的理论现在常称为网的理论, 在点集拓扑学书上常有介绍. 而在数学分析教材里, 可以参看菲赫金哥尔茨《微积分学教程 (第三卷)》(高等教育出版社, 2006) 的 "附录: 极限的一般观点". 1937 年, 法国数学家嘉当 (Henri Cartan, 布尔巴基学派的领袖人物之一) 又把它发展为 "滤子" 理论, 这是值得注意的. 本书提出的一些问题, 例如第二讲第一节末怀疑自变量 "x 的极限等于 a" 这句话究竟有没有意义; 又如积分学一讲尽量避免说积分就是 "积分和的极限", 都可以由此得到很好的解释. 现在也有一些数学分析教材 [例如 В. А. 卓里奇的《数学分析 (第一卷)》(高等教育出版社, 2006)] 就作了很好的介绍. 但这对一般大学生而言就是 "语言学家" 的要求了. 甚至对于大学生们, 就选择一个积分和系列、定义其极限为定积分也无不可 (至少对于连续函数的积分). 但作为一名教师, 懂得这一点确是必要的. 相信不少读者读了这本书定然有恍然大悟的感觉. 特别是第一讲讲实数理论等是十分精彩的. 读了这本书, 读者会感到辛钦确实是一位了不起的教师. 他写的《数学分析简明教程》在 20 世纪 50 年代末、60 年代初在我国风行一时. 依我拙见, 比他写得更好的教材至今还是凤毛麟角. 教师自己能 "恍然大悟", 又能理解自己的学生, 处处有分寸感, 这样的教学定会是成功的.

近年来常谈一个问题, 即数学课程的现代化. 有不少同志主张讲一点外微分, 有一些同志主张加上一点样条函数, 等等. 我的看法是顺其自然, 不求一律为好. 本来, 不同的学校, 不同的教师, 对同一门课就会有不同的讲法, 这也是古今中外概莫能免的事. 我曾分析了一些著名的教材. 例如英国人哈代的《纯数学教程》(人民邮电出版社, 2009), 如果联系 Titchmarsh(也是英国人) 的《函数论》, 二者何其相近? 而 Goursat(法国人) 的《分析教程》与 Courant(德国人) 的《微积分和数学分析引论》(科学出版社, 2005), 谁也看得出来在风格上是大相径庭的. 但是所有这些书, 在基本内容上均无二致. 因此, 如果一位教师自己喜欢几何, 或者自己的研究工作常用外微分, 教教学生, 如有一定分寸, 自然无可厚非. 其他教师各有自己的绝招, 怎么可能划一? 重要的是, 一要注意到科学发展的总趋势. 当前十分清楚的是, 数学与物理、工程、社会科学的一些部门, 特别是经济学、计算机科学的接近. 这一点前面说过, 此处不再谈. 二要考虑是不是忽略了最基本的东西的变化. 基本的东西是比较稳定的, 因此是教学中要大为着力之处. 可是, 就连最基本的东西也会有些变化. 举一个例子, 本书关于海涅–博雷尔引理的叙述是有毛病的 (见 13 页). 海涅–博雷尔引理实际上是紧性的定义, 如作者所说, 紧性是 "时代稍晚些才产生的". 本书中涉及紧性之处, 总使人感到作者未能运用自如, 与其他章节之如行云流水有些不同. 辛钦是 20 世纪的大数学家, 他从 30 年代起就有大贡献于概率论等方面, 而紧性虽是拓扑学中的根本问题, 与辛钦所专长的领域却有些距离. 如果说数学的发展甚至使辛钦这样的大人物尚有难于运用自如之处, 对于我们这样的普通人则更是如此. 所以, 要想做一名好教师, 就要不断充实自己. 这一点也只能顺其自然, 尽到努力而已.

译文加了一些注解, 一是改正一些错误, 二是对某些应注意的问题作些说明, 希望能与作者写作此书的宗旨一致.

齐民友

1998 年 5 月

А. Я. ХИНЧИН

ВОСЕМЬ ЛЕКЦИЙ ПО МАТЕМАТИЧЕСКОМУ АНАЛИЗУ

(ИЗДАНИЕ ТРЕТЬЕ)

МОСКВА-ЛЕНИНГРАД: ОГИЗ. ГОСУЛАРСТВЕННОЕ

ИЗДАТЕЛЬСТВО ТЕХНИКО-ТЕОРЕТЧЕСКОЙ ЛИТЕРАТУРЫ, 1948

根据苏联国立技术理论书籍出版社 1948 年第三版译出